次の化学式が表すイオンは何？

H^+

1

次の化学式が表すイオンは何？

Na^+

次の化学式が表すイオンは何？

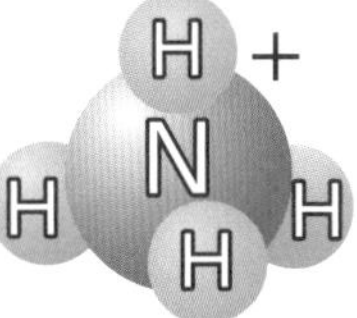

NH_4^+

3

次の化学式が表すイオンは何？

Cu^{2+}

4

次の化学式が表すイオンは何？

Zn^{2+}

5

次の化学式が表すイオンは何？

Cl^-

6

次の化学式が表すイオンは何？

OH^-

7

次の化学式が表すイオンは何？

CO_3^{2-}

8

次の化学式が表すイオンは何？

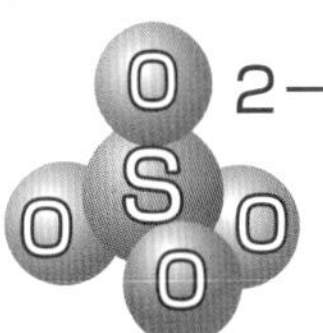

SO_4^{2-}

9

水素イオン

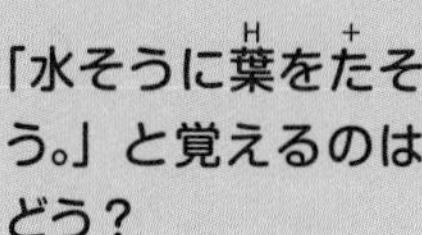

「水そうに葉をたそう。」と覚えるのはどう？

水素イオンの化学式は？

使い方

- ミシン目で切りとり，穴をあけてリングなどを通して使いましょう。
- カードの表面の問題の答えは裏面に，裏面の問題の答えは表面にあります。

アンモニウムイオン

「アンモニアくん，はしりだす。」と覚えるのはどう？

アンモニウムイオンの化学式は？

ナトリウムイオン

ナトリウムの「ナ」をアルファベットでかくと「Na」だね。

ナトリウムイオンの化学式は？

亜鉛イオン

亜鉛原子の記号はZnだよ。「ぜんぜん会えん。(Zn：亜鉛)」と覚えよう。

亜鉛イオンの化学式は？

銅イオン

「親友どうしの2人で助けあう。」と覚えるのはどう？

銅イオンの化学式は？

水酸化物イオン

水酸化物イオンの「水」は水素(H)のこと，「酸」は酸素(O)のことだね。

水酸化物イオンの化学式は？

塩化物イオン

塩素原子の記号はClだよ。「遠足で苦労…(塩素：Cl)」と覚えよう。

塩化物イオンの化学式は？

硫酸イオン

「リュウさん，掃除できずにマイナス評価」と覚えるのはいかが？

硫酸イオンの化学式は？

炭酸イオン

「炭酸が強くて降参…にマイナス評価」と覚えるのはいかが？

炭酸イオンの化学式は？

次の分裂を何という？

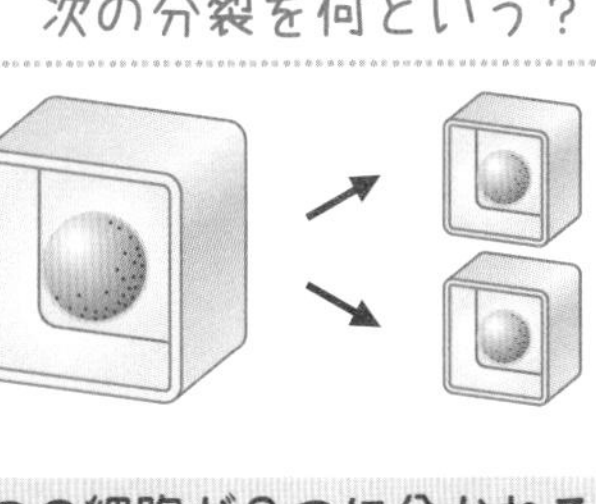

1つの細胞が2つに分かれること

10

次の細胞を何という？

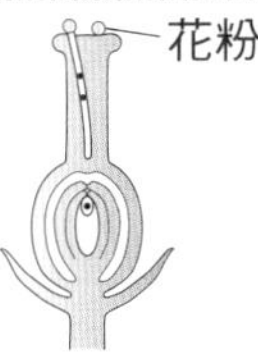

子をつくるための特別な細胞

11

次の細胞を何という？

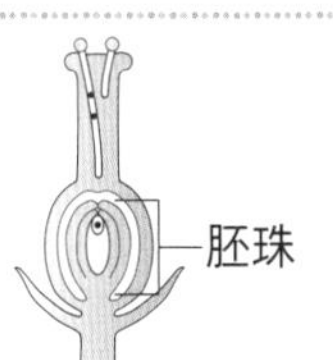

植物の花粉の中にできる生殖細胞

12

次の細胞を何という？

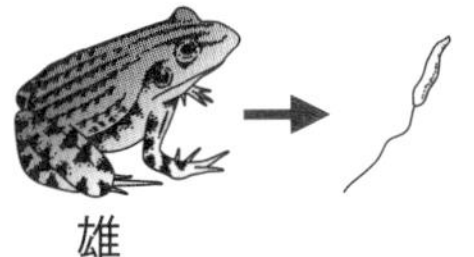

植物の胚珠の中にできる生殖細胞

13

次の細胞を何という？

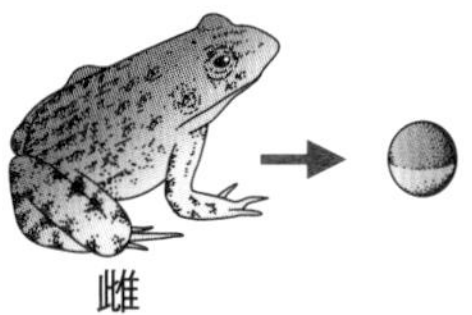

動物の雄の精巣でつくられる生殖細胞

14

次の細胞を何という？

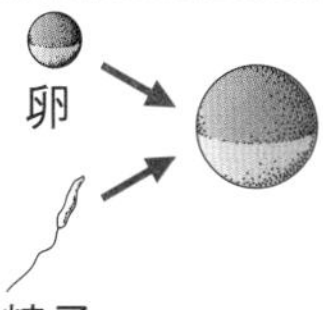

動物の雌の卵巣でつくられる生殖細胞

15

次の細胞を何という？

卵と精子（卵細胞と精細胞）が受精してできた細胞

16

次の生物を何という？

植物など，無機物から有機物をつくり出す生物

17

次の生物を何という？

動物など，ほかの生物から栄養分をとり入れている生物

18

次の生物を何という？

生物の死がいやふんなどから栄養分をとり入れている生物

19

生殖細胞

生殖細胞はどのような細胞？

雌の生殖細胞には「卵」，雄の生殖細胞には「精」の文字がつくね。

細胞分裂

細胞分裂とはどのようなこと？

細胞分裂には，体細胞分裂と減数分裂があるよ。

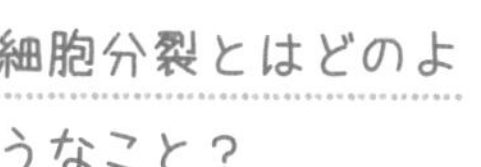

卵細胞

卵細胞はどのような細胞？

花粉管は卵細胞を目指してのびていくよ。受粉しても，受精までは長い道のりだね。

精細胞

精細胞はどのような細胞？

「精」には生命力のもとという意味があるよ。精細胞は新しい生命のもとになる細胞だね。

卵

卵はどのような細胞？

卵は卵巣でつくられるよ。「巣」には，集まっているところという意味があるんだ。

精子

精子はどのような細胞？

植物とはちがって，動物の生殖細胞には「細胞」という言葉がつかないんだね。

生産者

生産者はどのような生物？

自分で有機物を生産するから生産者だね。

受精卵

受精卵はどのようにしてできた細胞？

「受精卵，分裂したら胚になる」とリズムよく唱えて覚えよう。

分解者

分解者はどのような生物？

「最近の文化（細菌類，菌類，分解者）」と覚えるのはどう？

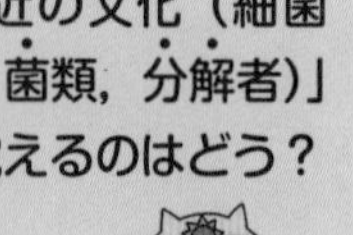

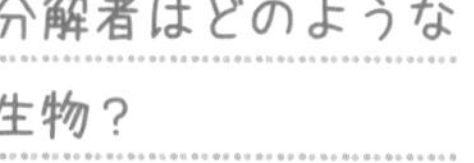

消費者

消費者はどのような生物？

食物を消費するから消費者だね。食物によってさらに分けられるよ。

次の力を何という？

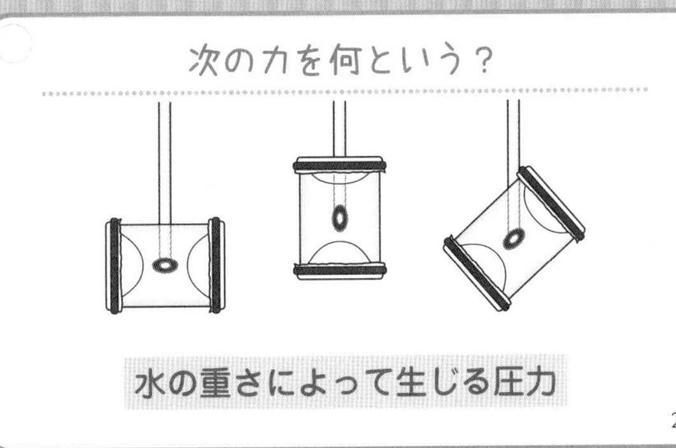

水の重さによって生じる圧力

20

次の力を何という？

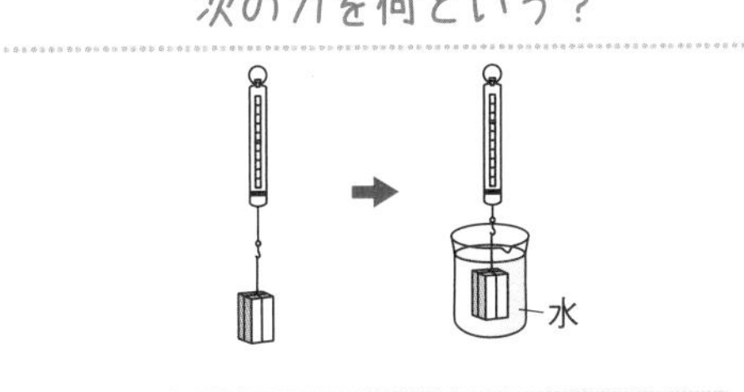

水中の物体にはたらく上向きの力

21

次の法則を何という？

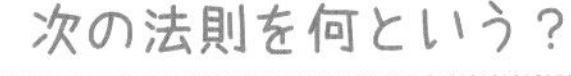

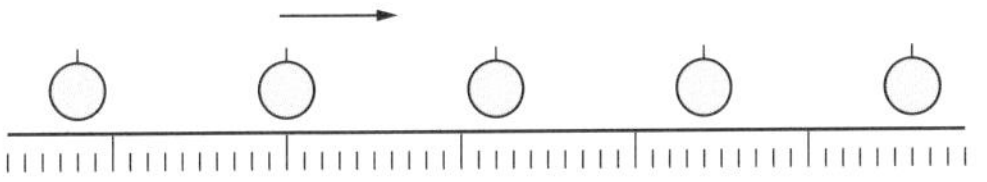

物体にはたらく力がつり合っているとき，
物体は等速直線運動を続ける

22

次の法則を何という？

ある物体に力を加えると，同時に同じ
大きさで逆向きの力を受ける

23

次の法則を何という？

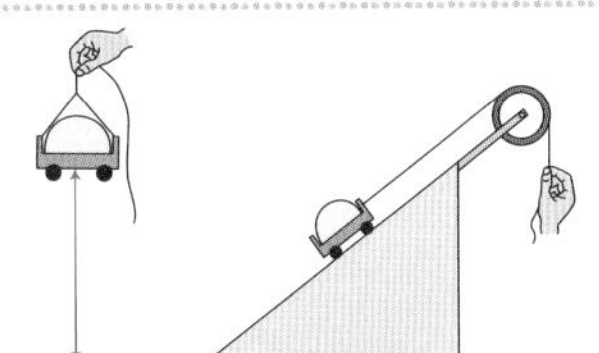

道具を使っても使わなくても，
仕事の大きさは変わらない

24

次の法則を何という？

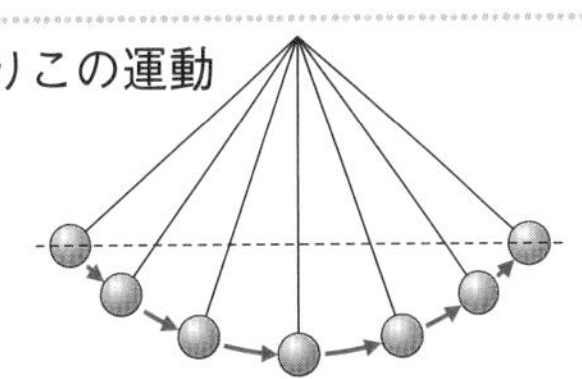

摩擦などがないとき，力学的エネルギーは
一定に保たれる

25

次の法則を何という？

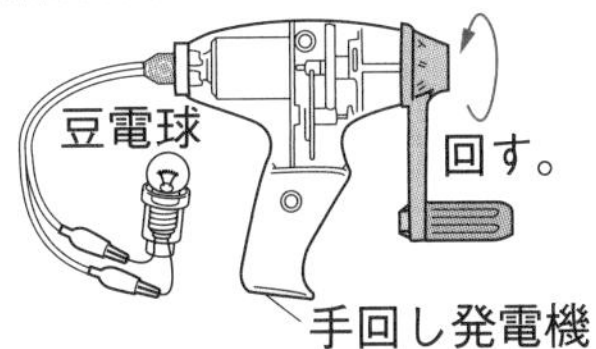

エネルギーは移り変わるが，
その総量は一定に保たれる

26

次のエネルギーを何という？

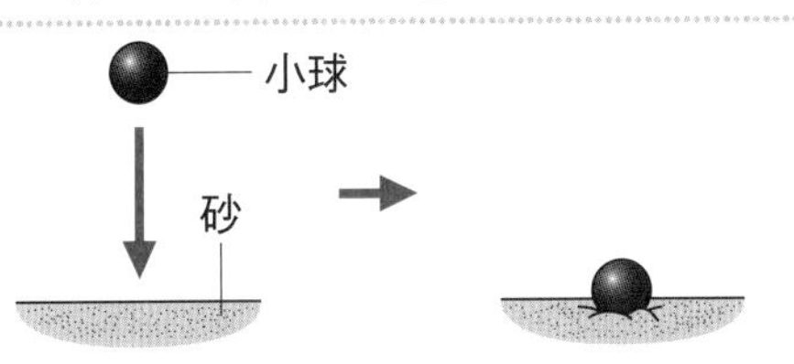

高いところにある物体がもつエネルギー

27

次のエネルギーを何という？

運動している物体がもつエネルギー

28

次のエネルギーを何という？

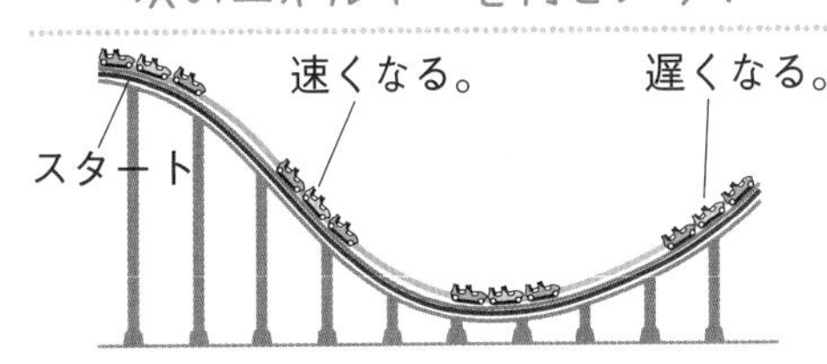

位置エネルギーと運動エネルギーの和

29

浮力

死海という湖は，塩分がたくさんとけていて浮力が大きいよ。人の体も浮いてしまうんだ。

浮力はどのような力？

水圧

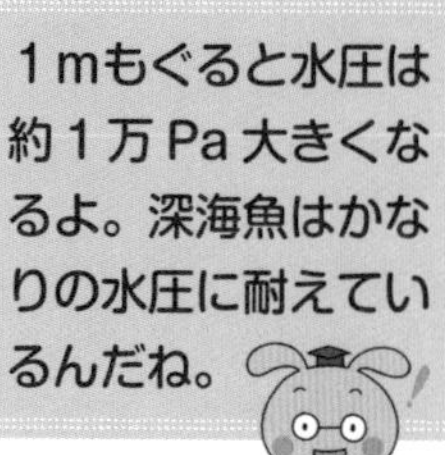

1mもぐると水圧は約1万Pa大きくなるよ。深海魚はかなりの水圧に耐えているんだね。

水圧はどのような力？

作用・反作用の法則

「作用」は，ほかに力をおよぼすという意味だよ。力をおよぼし，およぼされる関係だね。

作用・反作用の法則とはどのようなこと？

慣性の法則

「慣」は慣れるという意味だよ。慣性は物体が慣れた動きを続ける性質だね。

慣性の法則とはどのようなこと？

力学的エネルギーの保存

「保存」は，そのままで保つという意味だよ。エネルギーがそのまま保たれるんだね。

力学的エネルギーの保存とはどのようなこと？

仕事の原理

仕事の大きさは「仕事では協力しよう。(仕事＝距離×力)」と覚えよう。

仕事の原理とはどのようなこと？

位置エネルギー

重いものを高い位置へ運ぶには，エネルギーがいるよね。

位置エネルギーとはどのようなエネルギー？

エネルギーの保存

エネルギーの種類は「電気で熱・音・光を出す化学の力」と覚えよう。

エネルギーの保存とはどのようなこと？

力学的エネルギー

「一日運動して，力をつける。(位置，運動，力学的エネルギー)」と覚えてはどう？

力学的エネルギーとはどのようなエネルギー？

運動エネルギー

重いものをすばやく動かすには，エネルギーがいるよね。

運動エネルギーとはどのようなエネルギー？

次の天体を何という？

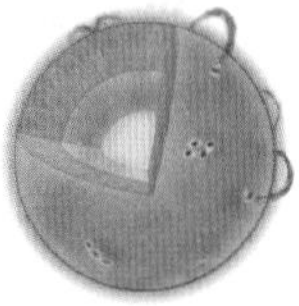

自ら光を出している天体

30

次の天体を何という？

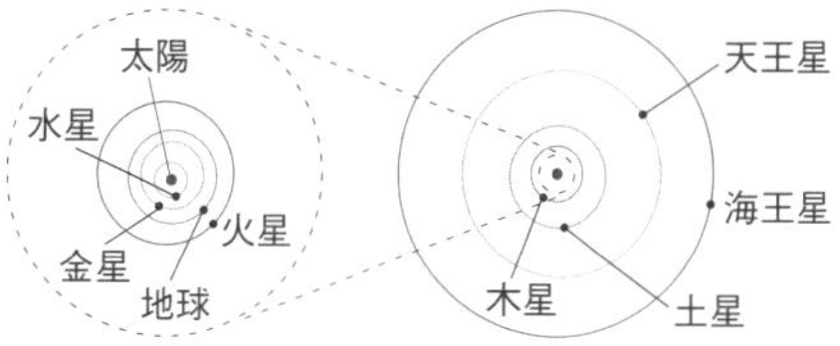

太陽のまわりを公転している８つの天体

31

次の天体を何という？

主に岩石でできている，小型で
密度の大きい４つの惑星

32

次の天体を何という？

主に気体でできている，大型で
密度の小さい４つの惑星

33

次の天体を何という？

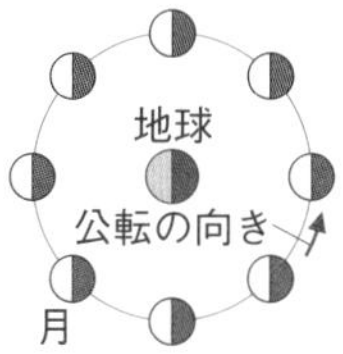

惑星のまわりを公転している天体

34

次の天体を何という？

火星と木星の間に多くある，太陽の
まわりを公転している小さな天体

35

次の天体を何という？

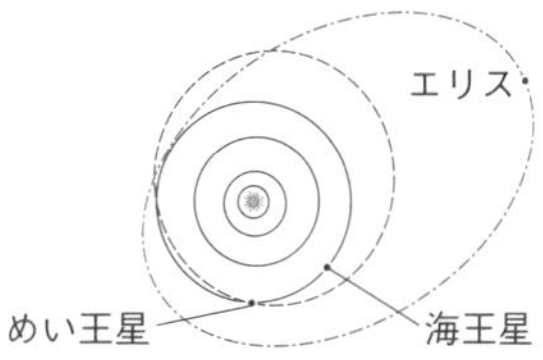

海王星の外側を公転している天体

36

次の天体を何という？

氷やちりでできた，太陽のまわりを
だ円軌道で公転している天体

37

次の天体を何という？

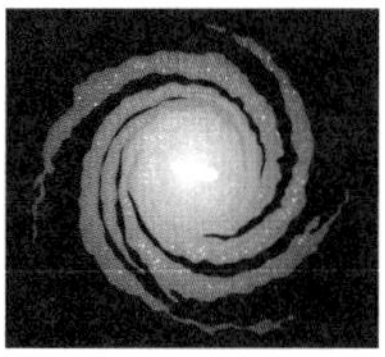

太陽系をふくむ，多数の恒星などの
集まり

38

次の天体を何という？

銀河系の外にある，多数の恒星などの
集まり

39

惑星

太陽系の惑星とはどのような天体？

太陽系の惑星は８つあるよ。太陽側から順に「水金地火木土天海」と何度も唱えて覚えよう。

恒星

恒星はどのような天体？

「恒」はつねにという意味だよ。つねに光っている星だね。

木星型惑星

木星型惑星はどのような特徴がある惑星？

木星型惑星の特徴は，「大きくて軽い（密度が小さい）木」と覚えよう。

地球型惑星

地球型惑星はどのような特徴がある惑星？

地球型惑星の特徴は，「小さくて重い（密度が大きい）球」と覚えよう。

小惑星

小惑星はどのような天体？

「火曜と木曜に小休止（火星と木星の間に小惑星）」と覚えるのはどう？

衛星

衛星はどのような天体？

「衛」にはまもるという意味があるよ。衛星は惑星を守るように回っているんだね。

すい星

すい星はどのような天体？

漢字では「彗星」と書くよ。尾をひいたすい星がほうき（彗）のように見えたのかな。

太陽系外縁天体

太陽系外縁天体はどのような天体？

太陽系の外側の縁(ふち)のところにある天体という意味だね。

銀河

銀河はどのような天体？

銀河は，夜空にかがやく銀色の河（川）に見えたのかな。

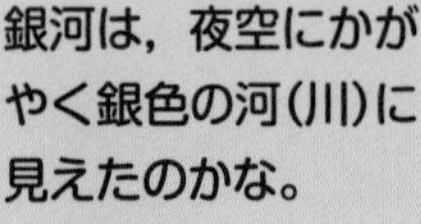

銀河系

銀河系はどのような天体？

「太陽系のある銀河だから，銀河系」と覚えると，覚えやすいね。

学校図書版
理科3年 もくじ

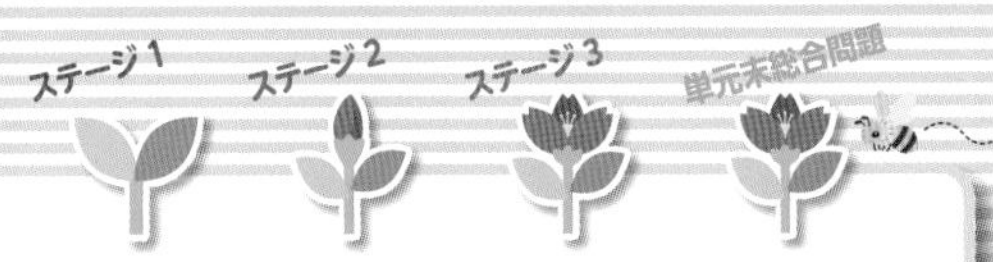

		教科書ページ	ステージ1 確認のワーク	ステージ2 定着のワーク	ステージ3 実力判定テスト	単元末総合問題
3－1 運動とエネルギー						
第1章	力のつり合い	12～31	2～3	4～7	8～9	26～27
第2章	力と運動	32～47	10～11	12～15	16～17	
第3章	仕事とエネルギー	48～75	18～19	20～23	24～25	
3－2 生物どうしのつながり						
第1章	生物の成長・生殖	76～93	28～29	30～33	34～35	50～51
第2章	遺伝と進化	94～113	36～37	38～41	42～43	
第3章	生態系	114～131	44～45	46～47	48～49	
3－3 化学変化とイオン						
第1章	水溶液とイオン	132～151	52～53	54～57	58～59	74～75
第2章	酸・アルカリとイオン	152～169	60～61	62～65	66～67	
第3章	電池とイオン	170～185	68～69	70～71	72～73	
3－4 地球と宇宙						
第1章	太陽系と宇宙の広がり	186～203	76～77	78～81	82～83	98～99
第2章	太陽や星の見かけの動き(1)	204～215	84～85	86～87	88～89	
第2章	太陽や星の見かけの動き(2)	216～239	90～91	92～95	96～97	
第3章	天体の満ち欠け					
3－5 自然・科学技術と人間						
	自然・科学技術と人間	240～263	100～101	102～103	104～105	106～107

プラスワーク　理科の力をのばそう　108～112

特別ふろく
- 定期テスト対策
  - 予想問題　113～128
  - スピードチェック　別冊
- 学習サポート
  - ポケットスタディ（学習カード）
  - 要点まとめシート
  - どこでもワーク（スマホアプリ）
  - ホームページテスト

※付録について，くわしくは表紙の裏や巻末へ

解答と解説　別冊

写真提供：アフロ，アーテファクトリー

解答 p.1

確認のワーク ステージ1　第1章　力のつり合い

教科書の要点

（　　）にあてはまる語句を，下の語群から選んで答えよう。　同じ語句を何度使ってもかまいません。

1 水中の物体にはたらく力　教 p.12〜21

(1)　水中の物体には，あらゆる向きの面に対して垂直に，水の重さによる圧力である（①★　　　　）がはたらく。

(2)　水圧（すいあつ）は，水の深さが（②　　　　）ほど大きい。

(3)　水中の物体が水から受ける上向きの力を（③★　　　　）といい，物体の上面より下面の方が（④　　　　）が大きいことにより生じる。浮力（ふりょく）は，物体の水に沈（しず）んでいる部分の（⑤　　　　）が大きいほど大きい。

物体にはたらく重力より浮力の方が大きいと，物体は水に浮く。

まるごと暗記

水圧
- 水の重さによる圧力。
- 水の深さが深いほど大きくなる。
- 物体のあらゆる向きの面にはたらく。

ワンポイント

浮力は，水の深さや物体の重さには関係しない。

2 力の合成（ごうせい）・分解　教 p.22〜28

(1)　１つの物体が受ける２力は，同じはたらきをする１つの力におきかえることができる。これを（①★　　　　）といい，おきかえられた１つの力を（②★　　　　）という。

(2)　一直線上にある２力の合力（ごうりょく）の大きさは，２力が同じ向きの場合は２力の（③　　　　）に，２力が反対向きの場合は２力の（④　　　　）になる。

(3)　一直線上にない２力の合力は，それぞれの力の矢印を２辺とする平行四辺形（へいこうしへんけい）の（⑤　　　　）で表すことができる。

(4)　１つの力は，それと同じはたらきをする２力に分けることができ，これを（⑥★　　　　）という。また，分けた２力をもとの１つの力の（⑦★　　　　）という。

(5)　１つの力を２力に分解するとき，もとの力の矢印を対角線（たいかくせん）とする平行四辺形の（⑧　　　　）が分力となる。

まるごと暗記

一直線上にない２力の合力
- 平行四辺形を作図して求める。

⇨２力をとなり合う２辺とすると，合力は対角線となる。

3 作用・反作用　教 p.29〜31

(1)　物体Ａが物体Ｂに力を加えると，同時にＡはＢから力を受ける。ＡがＢに加えた力を（①★　　　　）というとき，ＡがＢから受ける力を（②★　　　　）という。

(2)　作用と反作用は一直線上にあり，向きは（③　　　　）で，大きさは（④　　　　）。これを★作用・反作用の法則という。

２つの物体がたがいに力をおよぼし合う。

まるごと暗記

合力と分力
- 合力

⇨２力と同じはたらきをする１つの力。
- 分力

⇨１つの力と同じはたらきをする２力。

語群　❶深い／浮力／体積／水圧　❷力の分解／合力／対角線／となり合う２辺／力の合成／差／和／分力　❸反作用／作用／反対／等しい

★の用語は，説明できるようになろう！

□にあてはまる語句を，下の語群から選んで答えよう。

同じ語句を何度使ってもかまいません。

1 水中の物体にはたらく力

教 p.16，21

2 力の合成

教 p.22，27

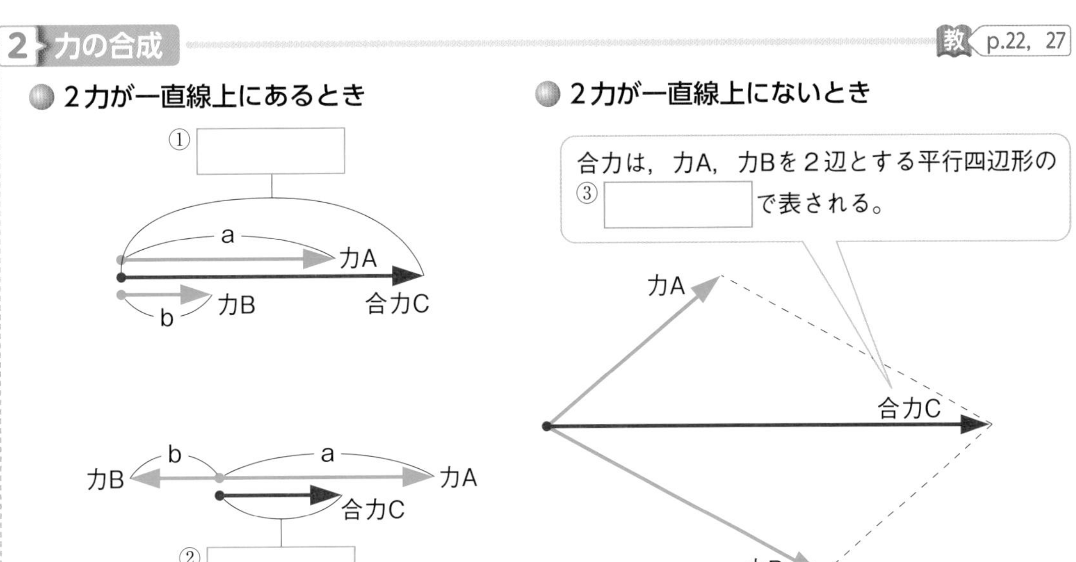

3 力の分解

教 p.27

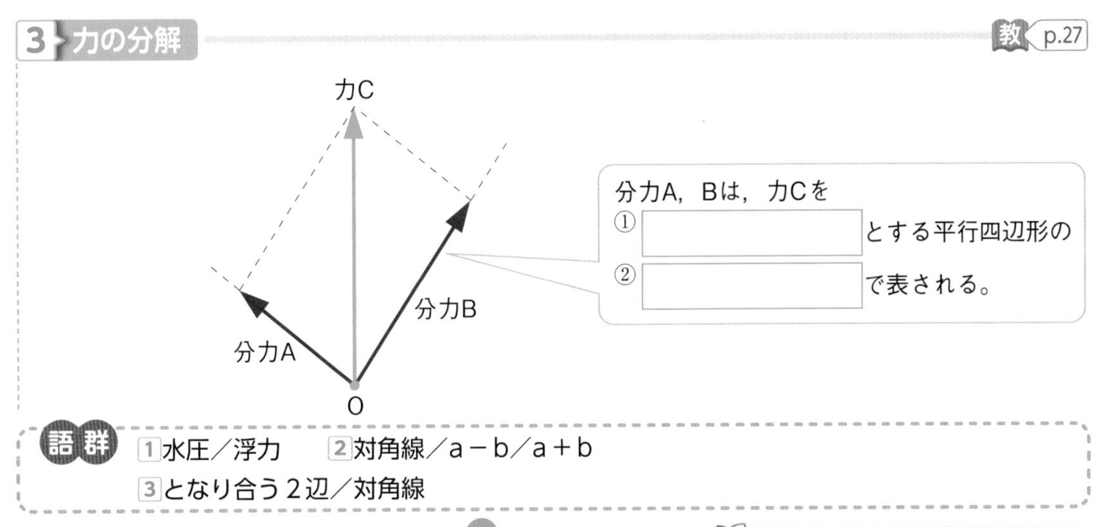

語群
1 水圧／浮力　2 対角線／a－b／a＋b
3 となり合う2辺／対角線

わからない用語は，教科書の要点の★で確認しよう！

解答 p.1

定着のワーク ステージ2　第1章　力のつり合い－①

1 教 p.15 実験 **水中の物体にはたらく力**　下の図1のように，うすいゴム膜(まく)を張った管を水中に沈め，ゴム膜のへこみ方を調べた。また，図2のように，穴をあけた容器に水を入れて，水の飛び出すようすを調べた。これについて，あとの問いに答えなさい。ヒント

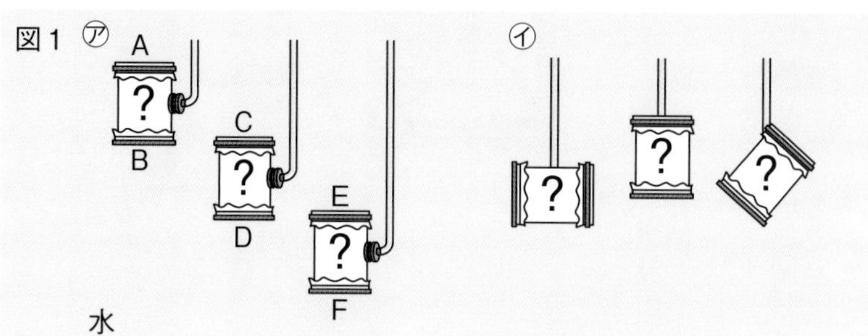

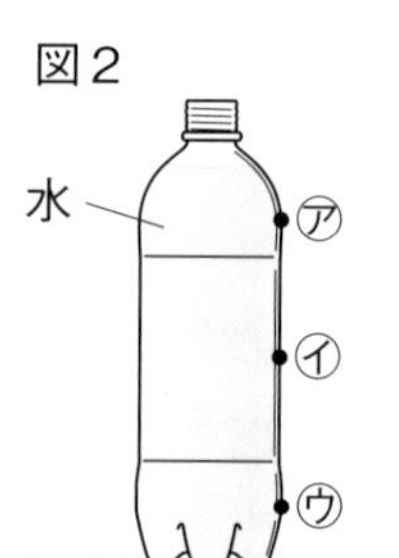

(1) 図1の㋐で，ゴム膜のへこみ方が同じものはどれとどれか。次のア～オからすべて選びなさい。（　　　）

ア　AとB　　イ　BとC　　ウ　CとD　　エ　DとE　　オ　EとF

(2) 図1の㋐で，AとFのゴム膜ではどちらの方が大きくへこんでいるか。（　　）

(3) 図1の㋐の結果から，ゴム膜にはたらく力と水の深さの関係について，どのようなことがわかるか。（　　　）

(4) 図1の㋑では，同じ深さの位置でゴム膜の向きを変えた。このときのゴム膜のへこみ方から，ゴム膜にはたらく力の向きについて，どのようなことがわかるか。

（　　　）

(5) 水中でゴム膜にはたらいている力を何というか。（　　　）

(6) (5)の力は，何によって生じるか。（　　　）

(7) 図2で，水が最も勢いよく飛び出すのは，㋐～㋒のどこにあけた穴か。（　　）

2 **水圧の差**　右の図のように，水中に立方体を沈めた。このときにはたらく力について，次の問いに答えなさい。

(1) A面とC面にはたらく水圧を比べると，どちらが大きいか。次のア～ウから選びなさい。（　　）

ア　A面　　イ　C面　　ウ　どちらも同じ

(2) B面とD面にはたらく水圧を比べると，どちらが大きいか。次のア～ウから選びなさい。（　　）

ア　B面　　イ　D面　　ウ　どちらも同じ

(3) (1)，(2)の結果として，水中の物体はどの向きの力を受けているか。ヒント（　　　）

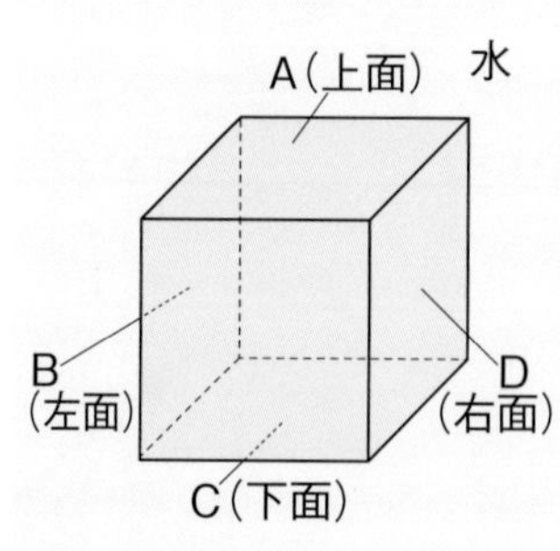

❶水面からの深さが深いほど，その位置より上にある水の量が多くなる。
❷(3)一直線上にあって大きさが等しく，反対向きの力はたがいに打ち消し合う。

3 教 p.17 探究1 **水中の物体にはたらく力**　右の図のように，小型の密閉できる容器におもりを入れ，㋐空気中，㋑半分水中，㋒全部水中，㋓さらに深く沈めたときのばねばかりの示す値を調べた。また，おもりの数を変えて同じ操作を行った。表は，その結果を表したものである。これについて，次の問いに答えなさい。

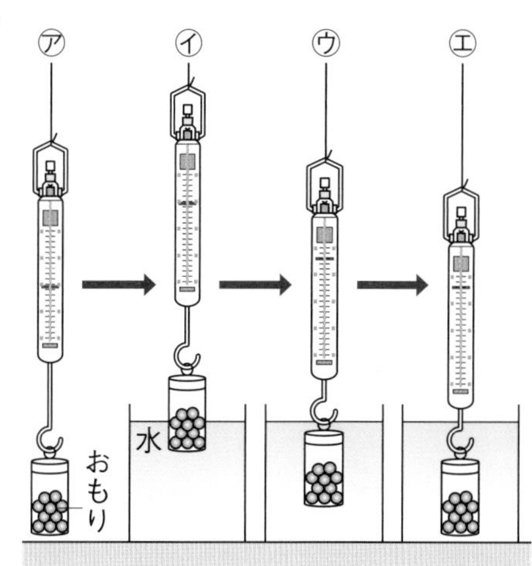

(1)　㋐と㋑で，ばねばかりの示す値が大きいのはどちらか。（　　）

(2)　(1)のようになるのは，水中にある容器に何という力がはたらくからか。（　　）

(3)　㋒と㋓の結果から，(2)の大きさは何に関係していないことがわかるか。ヒント（　　）

(4)　実験の結果から，(2)の大きさは水中にある容器の何に関係することがわかるか。（　　）

(5)　おもりが10個のときと20個のときの結果から，(2)の大きさは物体の何に関係していないことがわかるか。ヒント（　　）

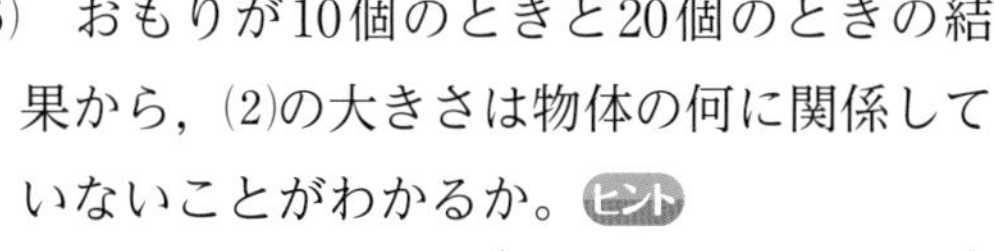

おもり	㋐	㋑	㋒	㋓
10個	0.26N	0.17N	0.08N	0.08N
20個	0.44N	0.35N	0.26N	0.26N

4 教 p.23 探究2 **いろいろな向きの2力の合力**　図1のように，ばねばかり㋐とばねばかり㋑で異なる方向に輪ゴムを引き，O点まで伸ばした。次に，図2のようにして，ばねばかり㋒でO点まで輪ゴムを引いて伸ばした。図3は，それぞれのばねばかりで引いた力A，B，Cを，O点からの矢印で表したものである。これについて，あとの問いに答えなさい。

図1

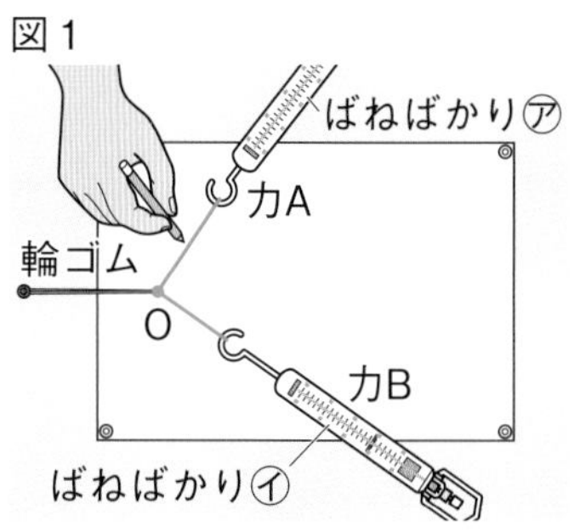

図2

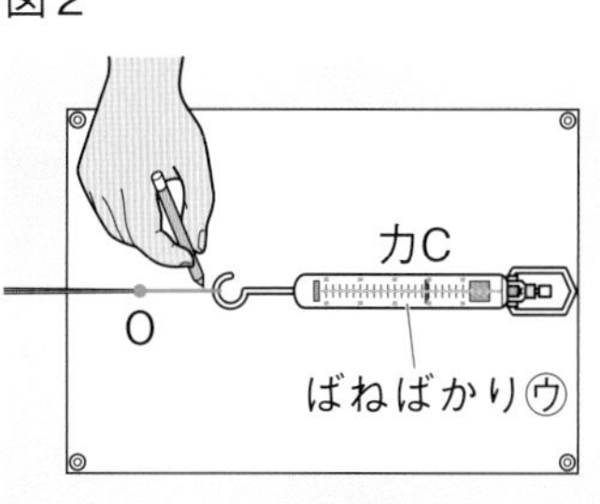

図3

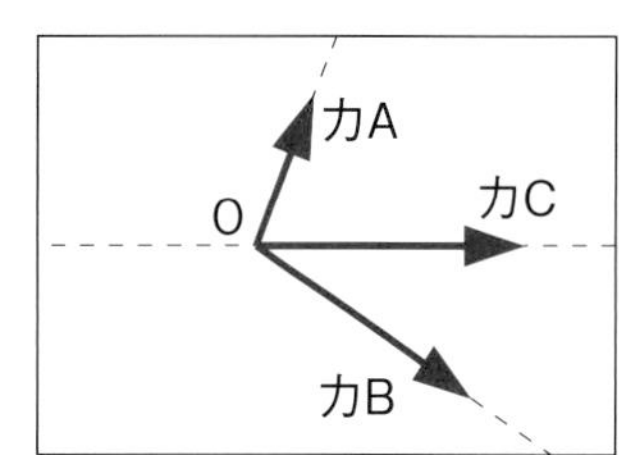

(1)　図3のO点と力A，力B，力Cの力を表す矢印の先端（せんたん）を結ぶと，どのような図形ができるか。ヒント（　　）

(2)　力Cを表す矢印は，(1)の図形の何にあたるか。（　　）

(3)　A～Cの力について，次のア～ウから正しいものを選びなさい。（　　）

ア　力Aは力B，力Cの合力である。　　イ　力Bは力A，力Cの合力である。

ウ　力Cは力A，力Bの合力である。

ヒントの森

3(3)㋒と㋓でばねばかりの示す値が変わっていないことから考える。(5)おもりの数を変えたときに変わっていないことが何かを考える。　**4**(1)向かい合う辺が平行になっている。

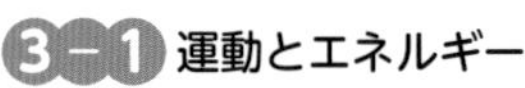

解答 p.2

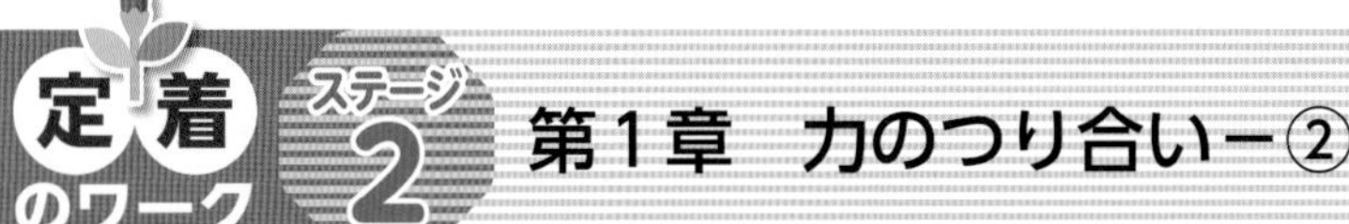

第1章 力のつり合い－②

1 力の合成 力の合成について，次の問いに答えなさい。

(1) 右の㋐〜㋒のそれぞれの２力を合成し，合力を矢印で表しなさい。

(2) (1)で求めた合力の大きさはそれぞれ何Nか。ただし，方眼の１目盛り分の長さを１Nとする。

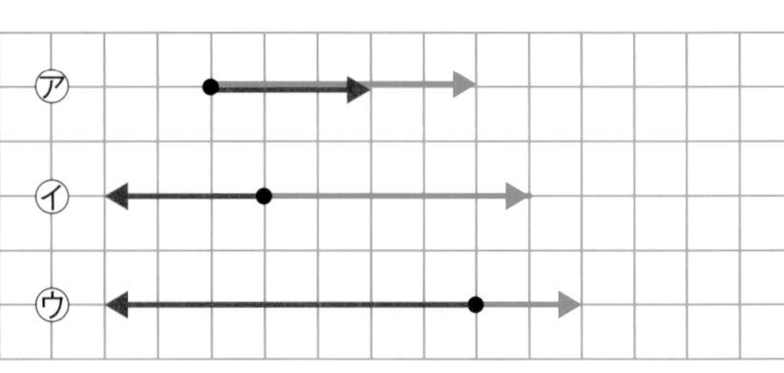

㋐(　　　　　　)
㋑(　　　　　　)
㋒(　　　　　　)

(3) 下の①〜③のそれぞれの２力を合成し，合力を矢印で表しなさい。ヒント

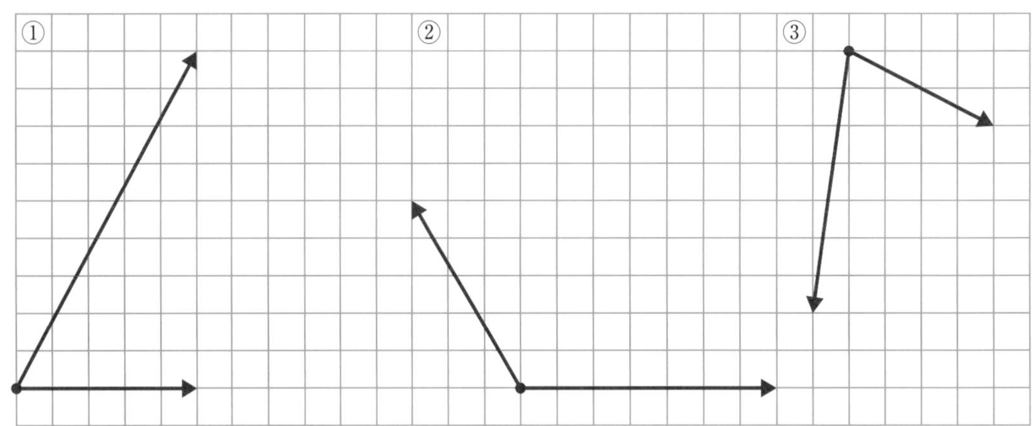

作図 2 力の分解 下の①〜③で，矢印で表した力を破線で示した２つの方向に分解し，分力を矢印で表しなさい。ヒント

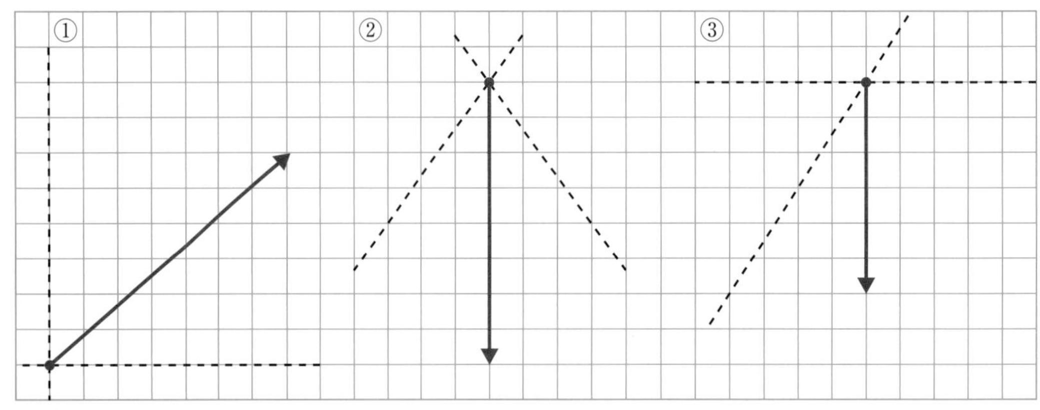

ヒントの森

❶(3)矢印を２辺とする平行四辺形の対角線をかく。
❷矢印を対角線とする平行四辺形の，となり合う２辺をかく。

3 作用・反作用 下の図のように，ローラースケートをはいたAさん，Bさん，Cさんがいる。そして，Aさんが壁を押したり，CさんがBさんを押したりした。これについて，あとの問いに答えなさい。

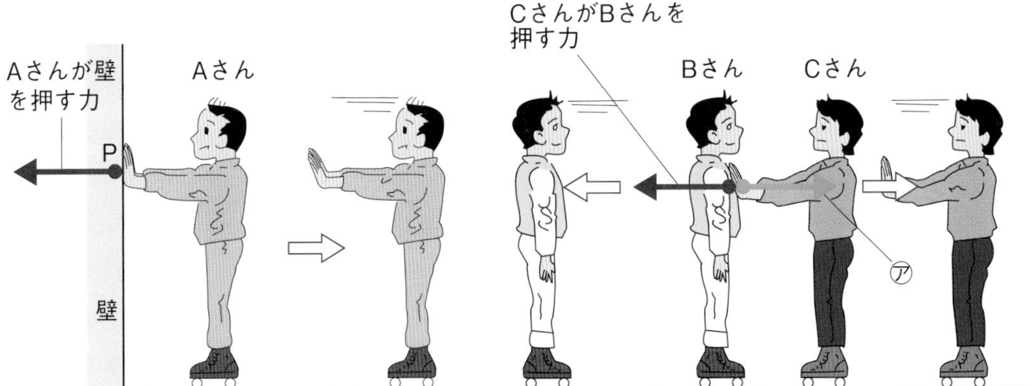

(1) 壁がAさんを押し返す力を，P点を作用点として，図に表しなさい。

(2) Aさんが壁を押す力を作用というとき，壁がAさんを押し返す力を何というか。
（　　　　　　）

(3) Aさんが壁を押す力と壁がAさんを押し返す力について，力の向きや大きさはどのような関係になっているか。
（　　　　　　　　　　　　　　　　　　　　　　　　　　）

(4) ㋐は，どのような力か。（　　　　　　　　　　　　）

(5) Aさんと壁の間やBさんとCさんの間ではたらく2つの力の関係を表す法則を何というか。
（　　　　　　　　　　　　）

4 3力のつり合い 右の図は，ある物体を左右の柱から2本の糸でつり下げたものである。これについて，次の問いに答えなさい。

(1) 図の力Aと力Bの合力は，力C，Dのどちらか。ヒント（　　）

(2) 力Dとつり合う力はどれか。次のア～オから選びなさい。ヒント（　　）

ア　力A
イ　力B
ウ　力C
エ　力Aと力Cの合力
オ　力Bと力Cの合力

柱　糸　力D　糸　力A　力B　物体　力C

(3) 2本の糸でつり下げた物体が静止しているとき，力A～Dのうち，つり合っている3力を選びなさい。
（　　，　　，　　）

ヒントの森

4 (1)合力は平行四辺形の対角線で表すことができる。(2)つり合っている2力は，向きが反対で，大きさが等しい。

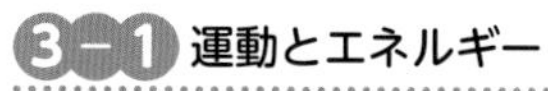

実力判定テスト ステージ3 第1章 力のつり合い

1 図1のように，物体をばねばかりにつるしたところ，目盛りは2.2Nを示した。次に，図2のように，物体をばねばかりにつるしたまま，ビーカーの底につかないように水中に完全に沈めると，目盛りは1.6Nを示した。これについて，次の問いに答えなさい。 4点×6（24点）

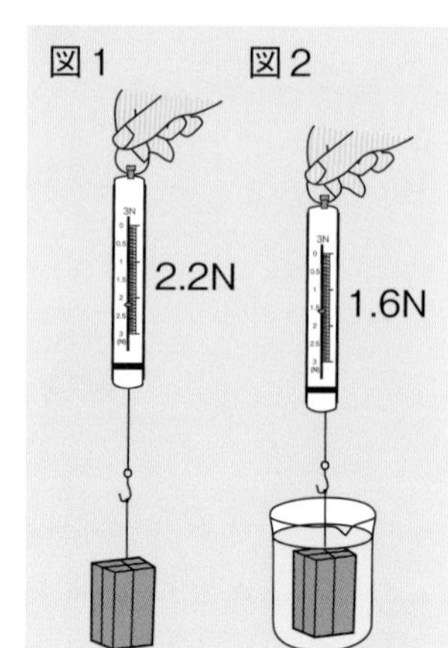

(1) 図2のとき，物体の側面が受ける水圧はどうなっているか。

(2) 図2のとき，物体にはたらく浮力は何Nか。

記述 (3) 浮力とは，何によって生じる力か。

(4) 図2で，物体をゆっくりと上に引き上げ，一部を空気中に出した。このとき，物体にはたらく浮力の大きさは，図2のときと比べてどのようになるか。

(5) 大きな容器に水を入れ，図と同じ物体を容器の底につかないように図2よりも深く沈めた。このとき，物体にはたらく浮力の大きさは，図2のときと比べてどのようになるか。

記述 (6) 物体が水に沈むのはどのようなときか。「浮力」という言葉を使って答えなさい。

(1)		(2)	
(3)			
(4)		(5)	
(6)			

2 力の合成について，次の問いに答えなさい。 4点×4（16点）

作図 (1) 右の図で，矢印で示した2力の合力を矢印で表しなさい。ただし，作図に使った線は残しておくこと。

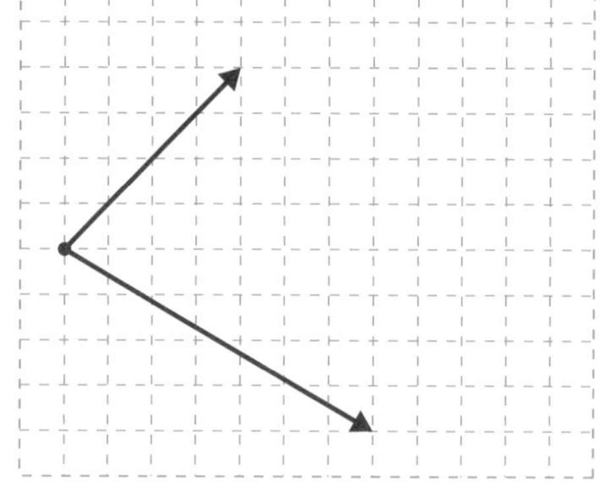

(2) (1)で作図した合力は何Nか。ただし，方眼の1目盛り分の長さを1Nとする。

(3) 1つの物体にひもをつけて，Aさんが10N，Bさんが15Nの力で，一直線上で反対向きに引いた。物体は，Aさん，Bさんのどちらの方に動くか。

(4) (3)のときのAさん，Bさんの力の合力は何Nか。

(1)	図に記入	(2)		(3)		(4)	

3 3つの力のつり合いについて，次の問いに答えなさい。 5点×5（25点）

(1) 次の図の㋐，㋑について，矢印で示した2力の合力A，合力Aにつり合う力Bをそれぞれ矢印で表しなさい。

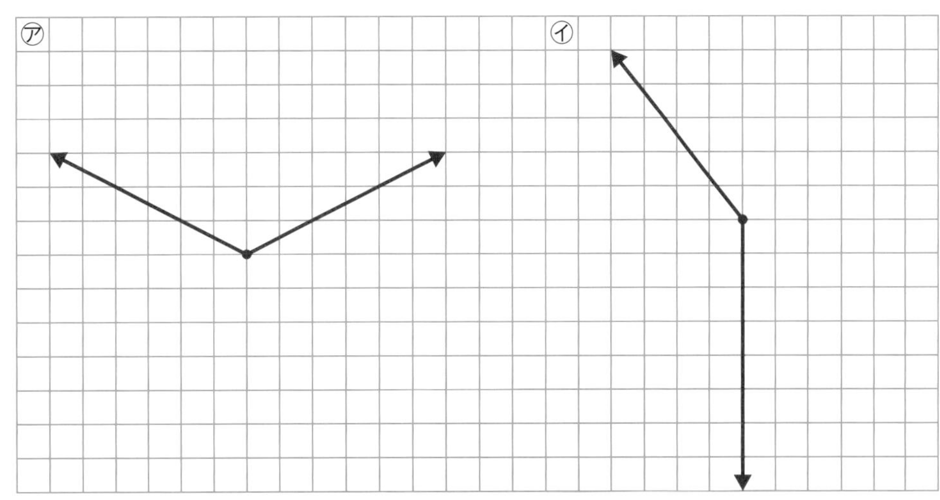

(2) (1)の㋐の力Bは何Nか。ただし，方眼の1目盛り分の長さを1Nとする。

(1)	図に記入	(2)	

よく出る 4 右の図1のように，ローラースケートをはいたBさんがAさんを押した。これについて，次の問いに答えなさい。 5点×7（35点）

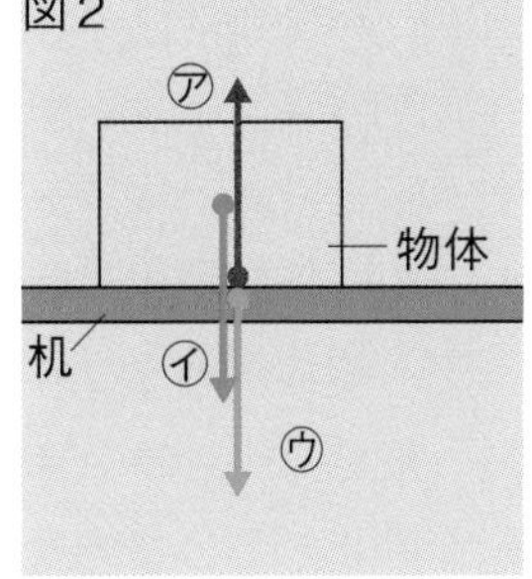

(1) 図1で，AさんとBさんはどのように動くか。次のア～ウからそれぞれ選びなさい。

ア 左向きに動く。
イ 右向きに動く。
ウ 動かない。

(2) 次の文の（ ）にあてはまる言葉を答えなさい。

図1で，BさんがAさんを押した力を（ ① ）というとき，BさんがAさんから受ける力を（ ② ）という。

(3) 図1で，BさんがAさんに加えた力とBさんがAさんから受ける力はつり合っているといえるか。

(4) 図2で，作用と反作用の関係にある2力を，㋐～㋒から選びなさい。

(5) 図2で，つり合っている2力を，㋐～㋒から選びなさい。

(1)	A		B		(2)	①		②	
(3)		(4)		(5)					

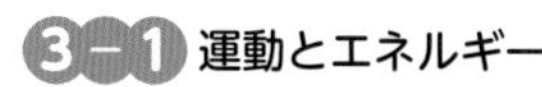

解答 p.4

第2章　力と運動

教科書の要点

同じ語句を何度使ってもかまいません。

(　　)にあてはまる語句を，下の語群から選んで答えよう。

1 速さ

教 p.32〜36

(1)　速さは次の式で求められる。

$$速さ〔cm/s〕=\frac{移動(①\qquad)〔cm〕}{移動にかかった(②\qquad)〔s〕}$$

(2)　速さの単位には，センチメートル毎秒(記号cm/s)やメートル毎秒(記号m/s)，キロメートル毎時(記号km/h)などがある。

(3)　途中(とちゅう)の速さの変化を考えず，ある区間を一定の速さで移動したと考えた速さを(③★　　　　)という。

(4)　平均の速さに対し，ごく短い時間の移動距離(きょり)をもとに求めた速さを(④★　　　　)という。

乗用車の速度計の表示など。

2 力と運動

教 p.37〜47

(1)　斜面(しゃめん)を下る物体は，運動と(①　　　　)向きに一定の大きさの力を受け続けるため，一定の割合で速さが増加する。

(2)　斜面の角度が大きくなるほど，斜面に平行で下向きの力が(②　　　　)なり，斜面を下る物体の速さの増し方が大きくなる。

物体が受ける重力の斜面に沿った方向の分力。

(3)　斜面の角度が90°のとき，物体は(③　　　　)だけを受けて落下する。この運動を(④★　　　　)という。

(4)　自由落下では，斜面を下る物体の運動と同様，一定の割合で速さが(⑤　　　　)する。

(5)　物体が運動と反対向きに一定の力を受け続けると，速さは一定の割合で(⑥　　　　)する。

(6)　速さが一定で，一直線上を進む運動を(⑦★　　　　)といい，移動距離は時間に(⑧　　　　)する。

(7)　物体が力を受けないときや受けている力の合力が0になる条件が成り立つとき，運動している物体は等速直線運動(とうそくちょくせんうんどう)を続けようとし，静止している物体は静止し続けようとする。物体がもつこのような性質を(⑨★　　　　)という。

(8)　慣性(かんせい)により，物体が等速直線運動や静止の状態を続けることを，(⑩★　　　　)という。

まるごと暗記

速さ

$$=\frac{移動距離}{移動にかかった時間}$$

ワンポイント

「/s」は「1秒当たり」，「/h」は「1時間当たり」を表す。

まるごと暗記

物体にはたらく力と速さ

- 運動と同じ向きに力を受け続ける。
⇨速さは増加
- 運動と反対の向きに力を受け続ける。
⇨速さは減少

まるごと暗記

- 等速直線運動
⇨一定の速さで一直線上を進む運動。
⇨移動距離は時間に比例する。
- 慣性の法則
⇨物体が等速直線運動や静止の状態を続けること。

語群

1 瞬間(しゅんかん)の速さ／距離／平均の速さ／時間

2 大きく／増加／同じ／減少／比例／自由落下／慣性／慣性の法則／重力／等速直線運動

★の用語は，説明できるようになろう！

同じ語句を何度使ってもかまいません。

教科書の図 □にあてはまる語句を，下の語群から選んで答えよう。

1 記録タイマーによる運動の記録

教 p.36

5打点ごとの記録テープの長さは，①□秒間の②□を表している。

打点の間隔が③□ほど④□が大きいことを表している。

2 力と運動

教 p.38〜46

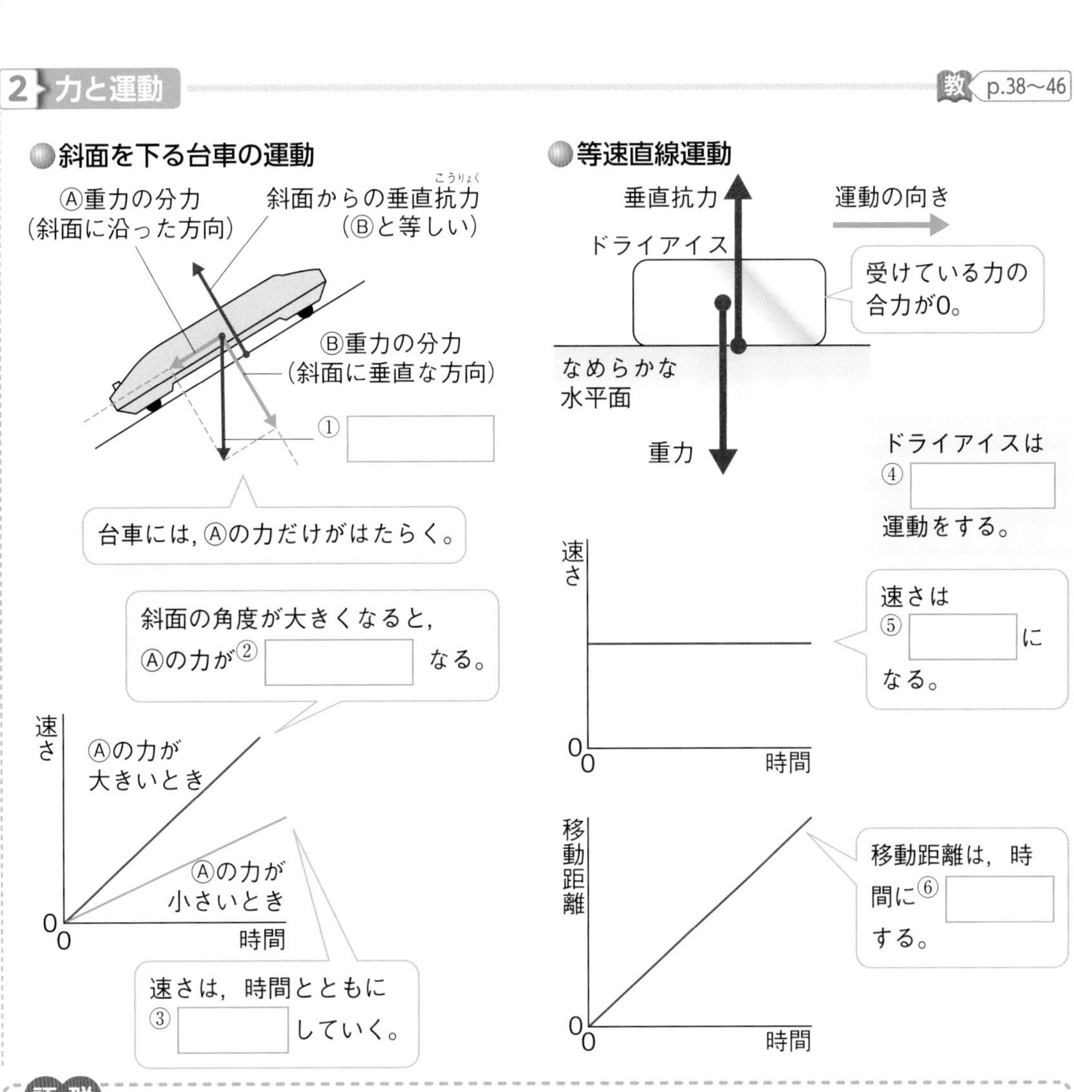

語群
1 移動距離／速さ／長い／0.1
2 増加／大きく／比例／一定／等速直線／重力

わからない用語は，教科書の要点の★で確認しよう！

解答 p.4

定着のワーク ステージ2 第2章 力と運動－①

1 速さ 物体が運動する速さについて，次の問いに答えなさい。

(1) 0.1秒間に3.8cm移動する物体の速さは，何cm/sか。ヒント （　　）

(2) 3時間に135km進む自動車の速さは，何km/hか。ヒント （　　）

(3) (2)の速さをメートル毎秒(m/s)の単位で表しなさい。ヒント （　　）

(4) (1)，(2)のような，ある距離を一定の速さで移動し続けたとして求めた速さを何というか。 （　　）

(5) (4)に対し，乗用車の速度計に表示される速さを何というか。 （　　）

2 教 p.35 実験 **物体の運動の記録** 図1のように，1mほどの長さに切った記録テープを台車に取りつけ，1秒間に50打点する記録タイマーに通した。そして，次のA〜Cのようにして台車を動かした。これについて，あとの問いに答えなさい。

A 台車を一定の速さでゆっくり動かす。
B 台車を一定の速さでAのときよりも速く動かす。
C 台車をだんだん速くなるように動かす。

図1

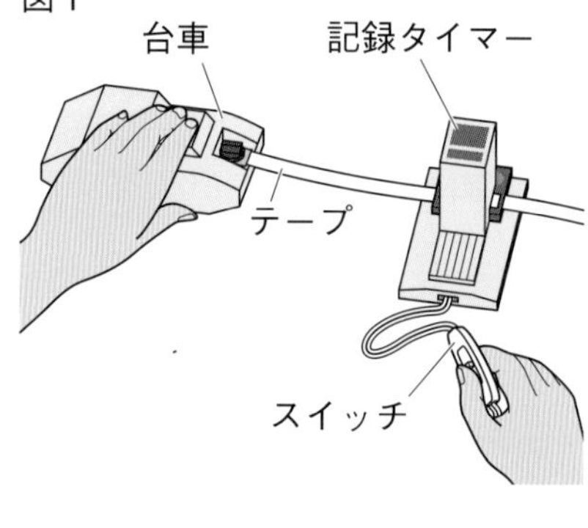

(1) 記録テープで打点が重なり合う部分は，どのようにあつかうか。 （　　）

(2) A，Bの記録テープの打点の間隔は，どのようになっているか。次のア〜ウからそれぞれ選びなさい。

A（　　） B（　　）

ア 一定である。
イ だんだん長くなる。
ウ だんだん短くなる。

(3) AとBで，記録テープの打点の間隔が長いのはどちらか。 （　　）

(4) 図2は，Cの記録テープを0.1秒ごとに切り分けて，台紙に時間の順にならべてはりつけたものである。台車を速く動かすほど，記録テープの長さはどのようになるか。 （　　）

図2

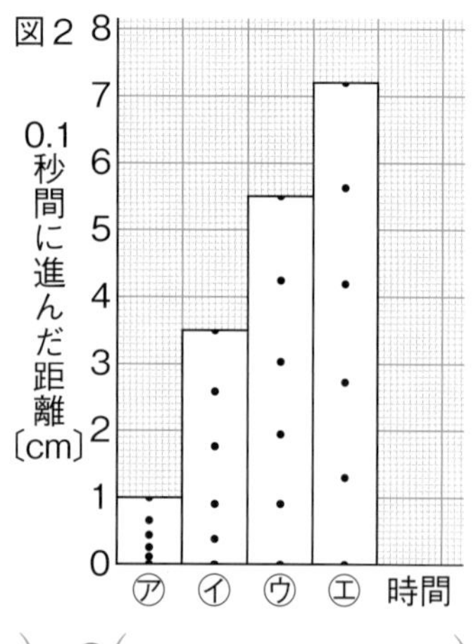

(5) 図2の㋐〜㋓で，記録テープが引かれた平均の速さは何cm/sか。それぞれの記録テープの長さを読み取って，求めなさい。

㋐（　　） ㋑（　　）
㋒（　　） ㋓（　　）

ヒントの森

1(1)(2)速さは，移動距離を，移動にかかった時間で割って求める。
(3)135km＝135000m，3時間＝10800秒であることから求める。

3 教 p.37 探究3 **斜面を下る物体にはたらく力**　図1のように，斜面上の台車にばねばかりをつけて，物体が斜面をすべり落ちようとする力の大きさをはかった。これについて，あとの問いに答えなさい。

図1

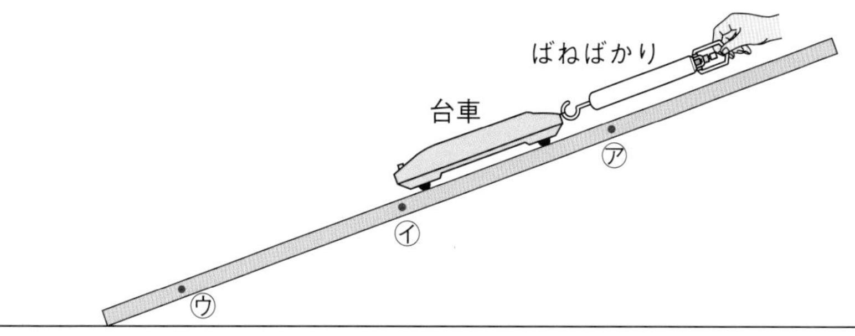

(1)　台車が斜面上の㋐～㋒にあるとき，ばねばかりの値はどのようになっているか。次のア～ウから選びなさい。（　　）

ア　㋐で最も大きい。　　イ　㋒で最も大きい。　　ウ　㋐，㋑，㋒とも同じ。

(2)　図2のAは，図1の台車が受ける力の1つを表したものである。Aの力を何というか。（　　　　）

作図 (3)　Aの力を，図2の破線で示した方向に分解しなさい。ヒント

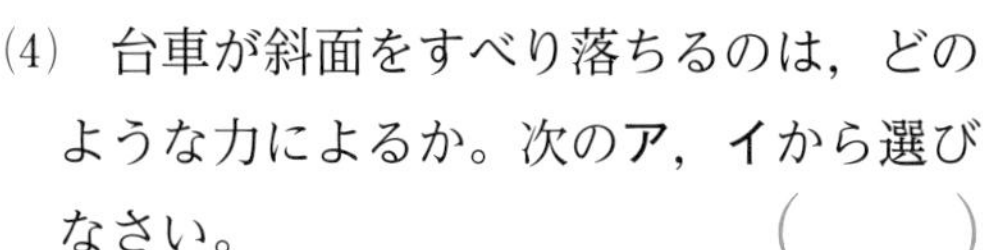

(4)　台車が斜面をすべり落ちるのは，どのような力によるか。次のア，イから選びなさい。（　　）

ア　Aの斜面に垂直な方向の分力

イ　Aの斜面に沿った方向の分力

図2

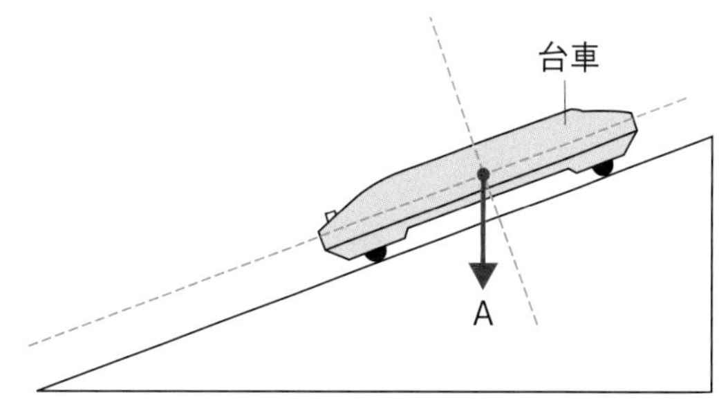

4 **落下する運動**　右の図は，球が落下しているときのようすを表したものである。これについて，次の問いに答えなさい。

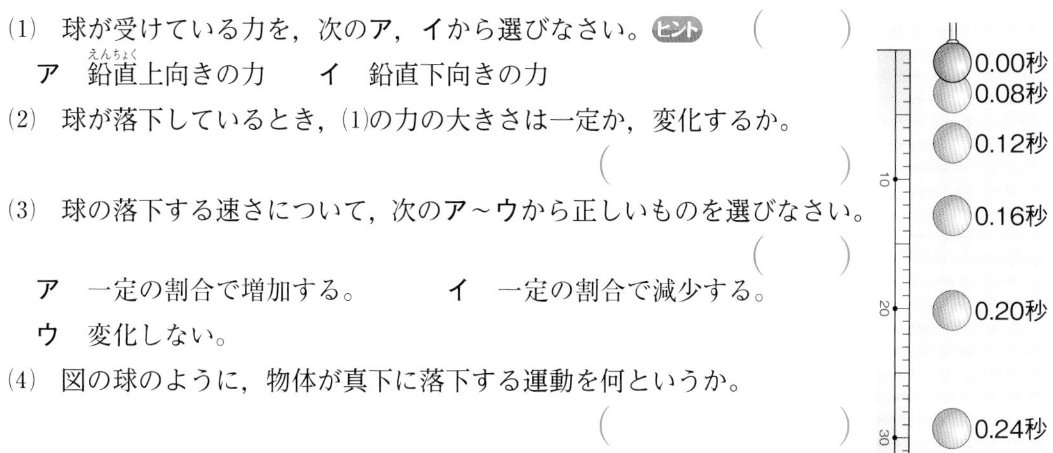

(1)　球が受けている力を，次のア，イから選びなさい。ヒント（　　）

ア　鉛直(えんちょく)上向きの力　　イ　鉛直下向きの力

(2)　球が落下しているとき，(1)の力の大きさは一定か，変化するか。（　　　　）

(3)　球の落下する速さについて，次のア～ウから正しいものを選びなさい。（　　）

ア　一定の割合で増加する。　　イ　一定の割合で減少する。

ウ　変化しない。

(4)　図の球のように，物体が真下に落下する運動を何というか。（　　　　）

3(3)Aの力の矢印は長方形の対角線になる。

4(1)地球が物体をその中心に向かって引く力である。

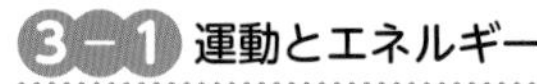

解答 p.5

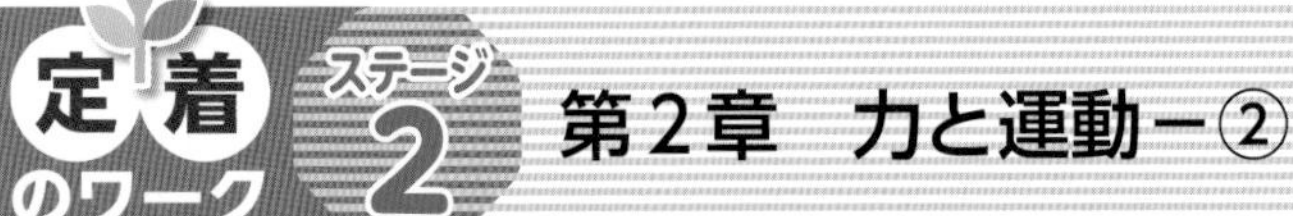

第2章 力と運動−②

1 教 p.39 探究4 **斜面を下る台車の運動** 角度が大きい斜面と角度が小さい斜面を使って，下の図のように，斜面を下る台車の運動を，１秒間に50打点する記録タイマーでそれぞれ調べた。グラフ㋐，㋑は，記録したテープをもとにして作成したものである。これについて，あとの問いに答えなさい。

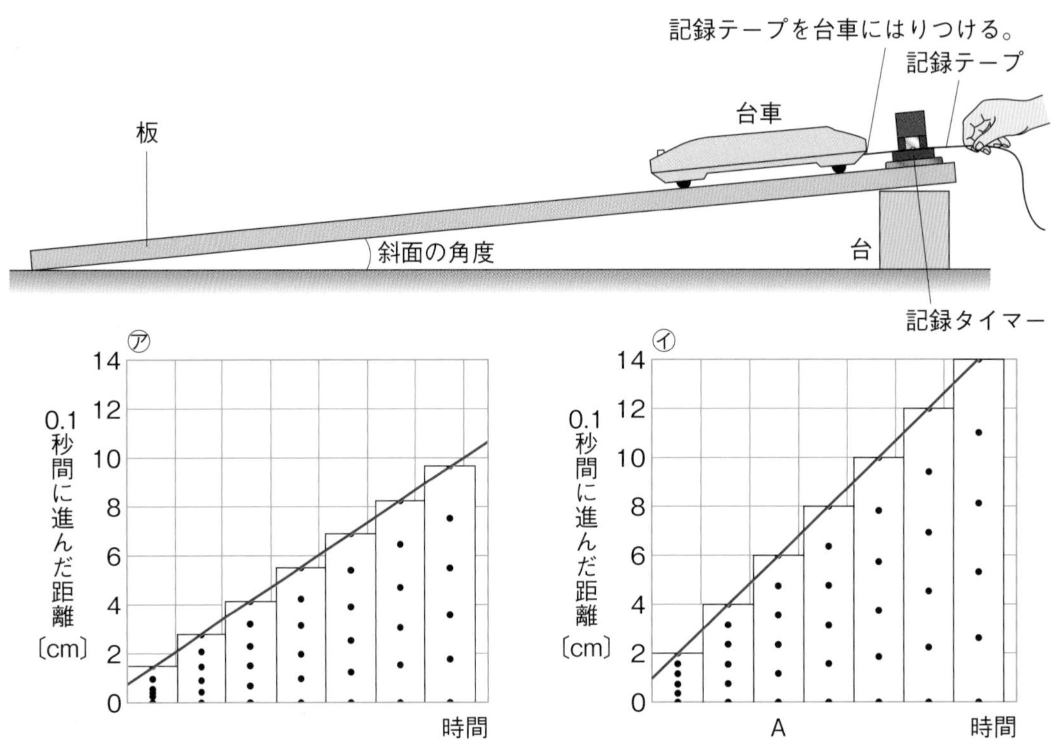

(1) 斜面の角度が一定のとき，台車の速さはどのように変化するか。次の**ア**〜**ウ**から選びなさい。 (　　)

ア 一定の割合で増加する。　**イ** 一定の割合で減少する。

ウ 変化しない。

(2) ㋑で，Aの記録テープを記録したときの台車の平均の速さは何cm/sか。ヒント (　　　)

(3) 斜面の角度が大きいときのグラフは，㋐，㋑のどちらか。 (　　)

(4) 台車が受ける斜面に平行で下向きの力が大きいときのグラフは，㋐，㋑のどちらか。 (　　)

(5) 斜面の角度が大きくなると，台車が受ける斜面に平行で下向きの力の大きさはどのようになるか。 (　　　)

(6) ㋐，㋑で，台車の速さの増し方が大きいのはどちらか。ヒント (　　)

ヒントの森

❶(2)台車は0.1秒間に6cm移動している。(6)斜面上の台車の速さは，台車が受ける斜面に平行で下向きの力の大きさによって変化する。

2 運動と反対向きの力を受け続けるときの物体の運動　下の図は，下りと上りの斜面を転がる球を，一定の時間間隔で記録したものである。これについて，あとの問いに答えなさい。

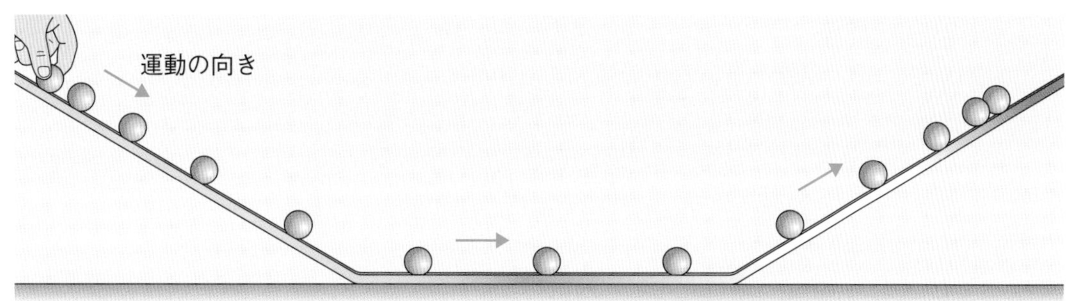

(1)　球の速さがだんだん減少するのは，次のア～ウのどのときか。ヒント　(　　)

ア　球が斜面を下っているとき

イ　球が水平面上を転がっているとき

ウ　球が斜面を上っているとき

(2)　球の速さが減少するのは，球がどのような力を受けているからか。

(　　　　　　)

3 教 p.45 実習 ドライアイスの運動　右の図は，ドライアイスがなめらかな水平面をすべっているようすである。これについて，次の問いに答えなさい。

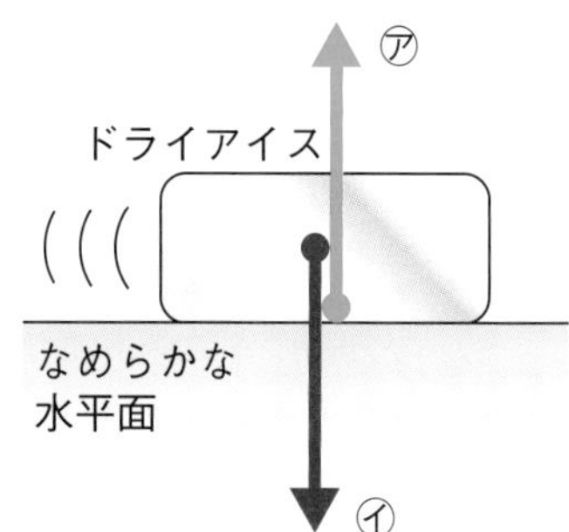

(1)　ドライアイスが受ける，㋐，㋑の力をそれぞれ何というか。

㋐(　　　　　　)

㋑(　　　　　　)

(2)　㋐，㋑の力の合力はいくらか。　(　　　　　　)

(3)　グラフは，時間とドライアイスの移動距離の関係を表したものである。時間とドライアイスの移動距離には，どのような関係があるか。ヒント　(　　　　　　)

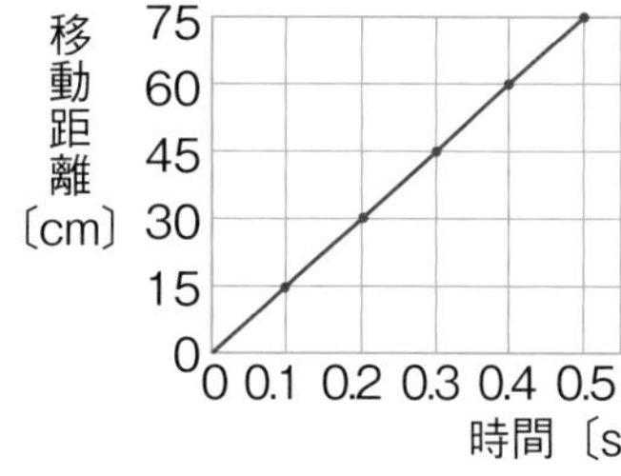

(4)　ドライアイスの運動がそのまま続いた場合，ドライアイスの1秒間の移動距離は何cmになるか。

(　　　　　　)

(5)　ドライアイスが運動する速さはどのようになっているか。

(　　　　　　)

(6)　(5)のような特徴があり，物体が一直線上を進む運動を何というか。　(　　　　　　)

4 慣性の法則　慣性の法則について，次の問いに答えなさい。

(1)　運動している物体は，どのような運動を続けようとするか。　(　　　　　　)

(2)　静止している物体は，どのような状態を続けようとするか。　(　　　　　　)

ヒントの森

2(1)球と球の間隔が同じとき，球が転がる速さは同じ。

3(3)グラフは，原点を通る直線である。

解答 p.6

ステージ 3

第2章　力と運動

30分　　/100

よく出る **1** 図1のように，斜面を下る台車の運動を，1秒間に60打点する記録タイマーで記録した。図2は，記録テープを6打点ごとに切り分けて，時間の順にならべて台紙にはりつけたものである。これについて，次の問いに答えなさい。　5点×8(40点)

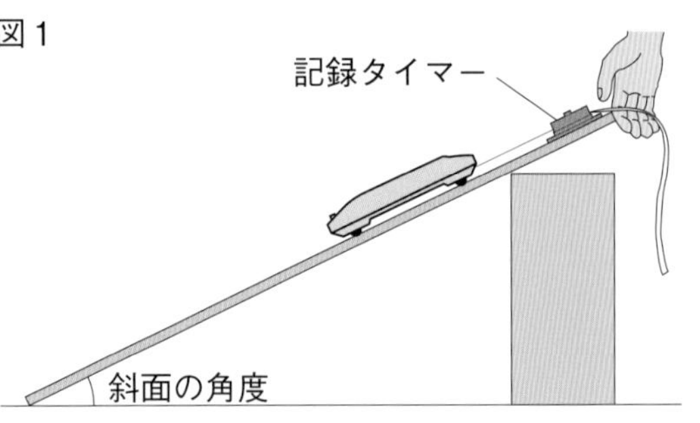

図1

(1) 記録タイマーが記録テープに6打点するのに，何秒かかるか。

(2) 図2の㋐の記録テープが記録されたときの台車の平均の速さは何cm/sか。

(3) 図2の記録テープから，台車は斜面上でどのような運動をしたと考えられるか。次の**ア**〜**ウ**から選びなさい。

ア　だんだん速さが増加する運動
イ　だんだん速さが減少する運動
ウ　速さが一定の運動

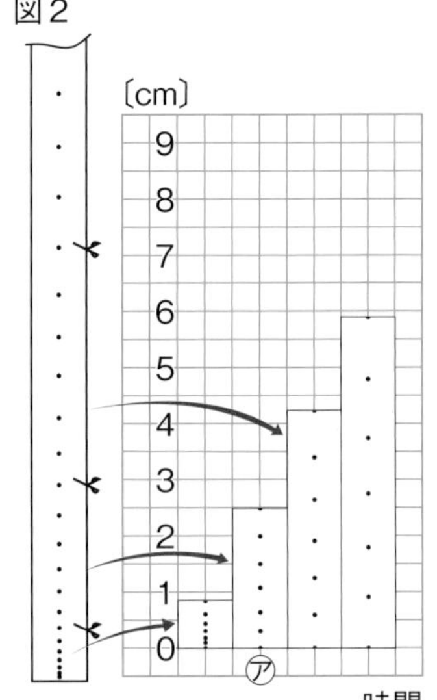

図2

記述 (4) (3)のように判断した理由を，記録テープの長さに着目して答えなさい。

(5) 台車が受ける斜面に平行で下向きの力の大きさについて，次の**ア**〜**ウ**から正しいものを選びなさい。

ア　一定である。
イ　台車が斜面を下るにつれて大きくなる。
ウ　台車が斜面を下るにつれて小さくなる。

(6) 台車が受ける斜面に平行で下向きの力と台車の速さの関係を，次の**ア**〜**ウ**から選びなさい。

ア　台車に力がはたらき続けると，台車の速さが増加する。
イ　台車に力がはたらき続けると，台車の速さが減少する。
ウ　台車にはたらく力と台車の速さには関係がない。

記述 (7) 図1で，台車の速さの増し方を大きくするには，斜面をどのようにすればよいか。

記述 (8) (7)のようにすると，台車の速さの増し方が大きくなるのはなぜか。

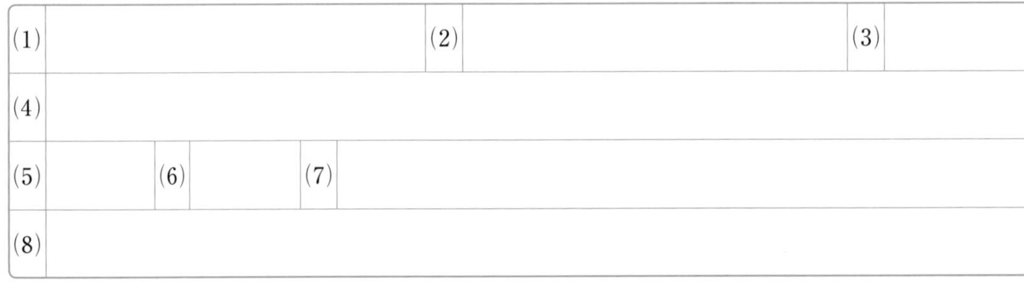

2 図1のように，なめらかな水平面上をすべらせたドライアイスの運動のようすを調べた。表は，このときの経過した時間と調べ始めてからの移動距離の関係の一部を表したものである。これについて，あとの問いに答えなさい。 5点×7（35点）

時間〔s〕	0.1	0.2	0.3	0.4
移動距離〔cm〕	10	20	30	40

図1

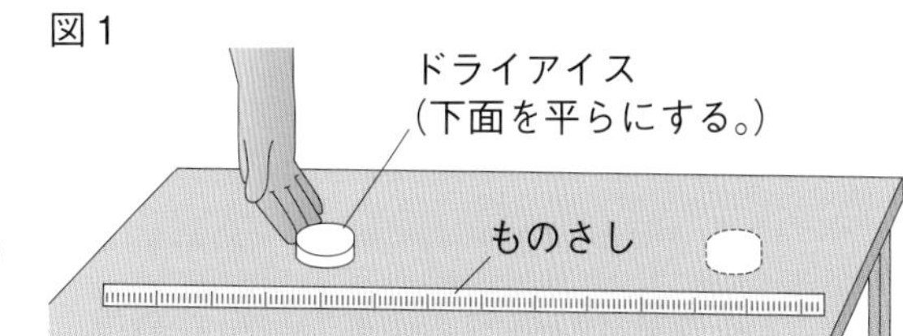

(1) 時間とドライアイスの移動距離の関係を表すグラフを，図2にかきなさい。

(2) ドライアイスが90cm移動するのに，何秒かかるか。

(3) 時間と速さの関係を表すグラフを，図3にかきなさい。

(4) ドライアイスが運動を始めてから，0.5秒間の平均の速さは何cm/sか。

図2

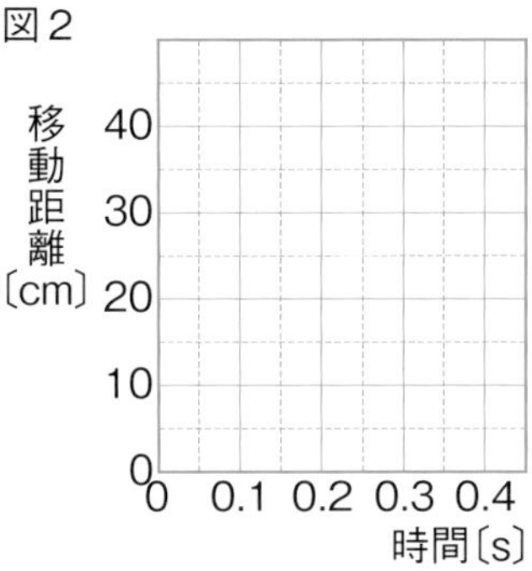

移動距離〔cm〕 0 10 20 30 40
時間〔s〕 0 0.1 0.2 0.3 0.4

図3

速さ〔cm/s〕 0 50 100 150 200
時間〔s〕 0 0.1 0.2 0.3 0.4

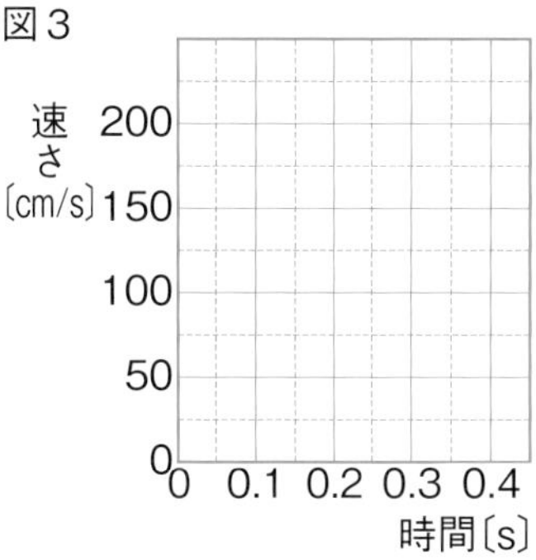

(5) はじめにドライアイスを押す強さを図1のときよりも強くした。このとき，ドライアイスの速さはどのようになるか。

(6) この実験のドライアイスのような運動を何というか。

(7) (6)の運動はどのような運動か。簡単に説明しなさい。

(1)	図2に記入	(2)		(3)	図3に記入	(4)	
(5)		(6)					
(7)							

3 右の図のバスの乗客のようすについて，次の問いに答えなさい。 5点×5（25点）

バスの進行方向 ⟶
㋐ ㋑

(1) バスが発車するとき，静止していた乗客はどうしようとするか。

(2) (1)の結果，乗客のからだは，図の㋐，㋑のどちらの向きに傾くか。

(3) バスが停車するとき，運動していた乗客はどうしようとするか。

(4) (3)の結果，乗客のからだは，図の㋐，㋑のどちらの向きに傾く（かたむ）か。

(5) (1)～(4)の結果から確かめられる，物体がもつ性質を何というか。

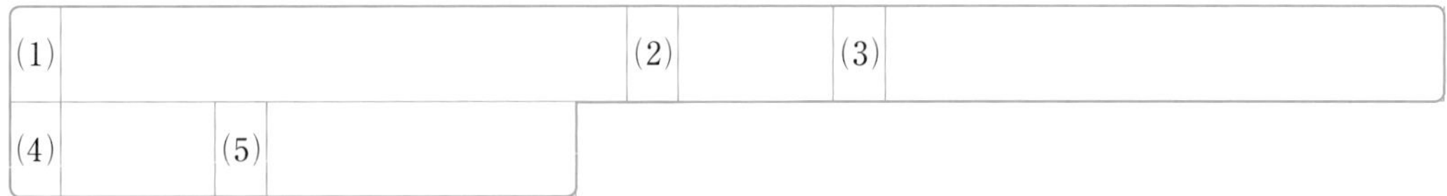

(1)		(2)		(3)	
(4)		(5)			

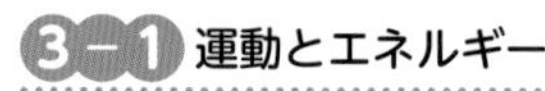

解答 p.7

第3章 仕事とエネルギー

同じ語句を何度使ってもかまいません。

教科書の要点 (　)にあてはまる語句を，下の語群から選んで答えよう。

1 仕事

教 p.48〜55

(1) 物体に力を加えて力の向きに動かしたときに「仕事をした」という。仕事の大きさは次の式で求められる。

仕事〔J〕＝(① 　　　　)〔N〕×力の向きに動かした距離〔m〕

(2) 仕事をするとき，動滑車(どうかっしゃ)や斜面などを使うと，物体に加える力は(② 　　　　)なるが，動かす距離は長くなるので，仕事の大きさは変わらない。これを(③★ 　　　　)という。

(3) 1秒間当たりにする仕事の大きさを(④★ 　　　　)といい，次の式で求められる。

$$仕事率(しごとりつ)〔W〕=\frac{仕事〔J〕}{かかった時間〔s〕}$$

まるごと暗記
- 1 J＝1N m
- 1 W＝1J/s

ワンポイント
・力を加えても物体が動かないとき
・物体を動かさず手で支えているとき
・力の向きと移動の向きが垂直のとき
⇨仕事をしていない。

2 エネルギー

教 p.56〜75

(1) ほかの物体に対して仕事をすることができる状態にある物体は，(①★ 　　　　)をもっているという。

(2) 高い場所にある物体がもつエネルギーを(②★ 　　　　)，運動している物体がもつエネルギーを(③★ 　　　　)という。エネルギーの単位は(④★ 　　　　)(記号J)で表す。

(3) (⑤ 　　　　)は，物体が高い位置にあるほど，また，物体の質量が大きいほど，大きい。(⑥ 　　　　)は，物体の質量が大きいほど，また，物体が速いほど，大きい。

(4) 物体のもつ位置エネルギーと運動エネルギーの和を(⑦★ 　　　　)という。
└たがいに移り変わることがある。

(5) 運動する物体に摩擦力(まさつりょく)などがはたらかない場合，力学的(りきがくてき)エネルギーは一定に保たれる。これを★**力学的エネルギーの保存(ほぞん)**という。

(6) いろいろな種類のエネルギーがたがいに移り変わっても，エネルギーの総量は一定に保たれる。これを(⑧★ 　　　　)という。

(7) 熱の伝わり方には3つある。物体の中を熱が移動して伝わることを(⑨★ 　　　　)，温められた空気や水などが上昇して熱を運ぶことを(⑩★ 　　　　)，空間をへだてて物体から熱が直接伝わることを(⑪★ 　　　　)という。

まるごと暗記
いろいろなエネルギー
- 弾性(だんせい)エネルギー
- 電気エネルギー
- 熱エネルギー
- 光エネルギー
- 音のエネルギー
- 化学エネルギー
- 核(かく)エネルギー

まるごと暗記
- エネルギーの保存
⇨エネルギーがたがいに移り変わっても，**総量**は常に一定に保たれる。

語群 ❶仕事の原理(げんり)／力の大きさ／小さく／仕事率　❷エネルギー／ジュール／伝導(でんどう)／対流(たいりゅう)／力学的エネルギー／放射(ほうしゃ)／位置エネルギー／運動エネルギー／エネルギーの保存

★の用語は，説明できるようになろう！

同じ語句を何度使ってもかまいません。

教科書の図 □にあてはまる語句を，下の語群から選んで答えよう。

1 仕事の原理
教 p.53

定滑車を使う

※台車と滑車が受ける重力が合わせて10Nの場合。

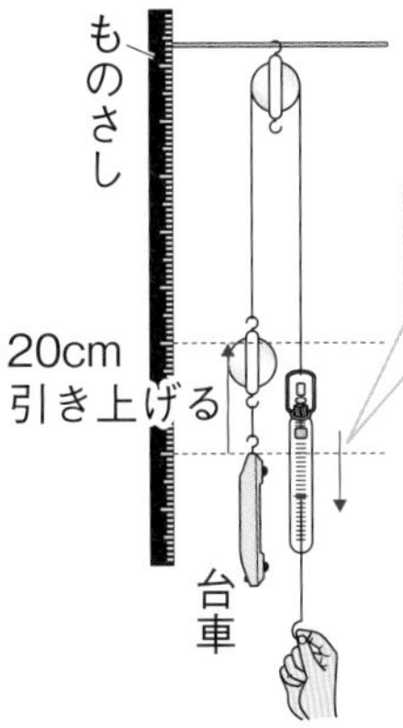

ものさし

20cm引き上げる

台車

①□Nの力で
②□m引く。

仕事は③□J

動滑車を使う

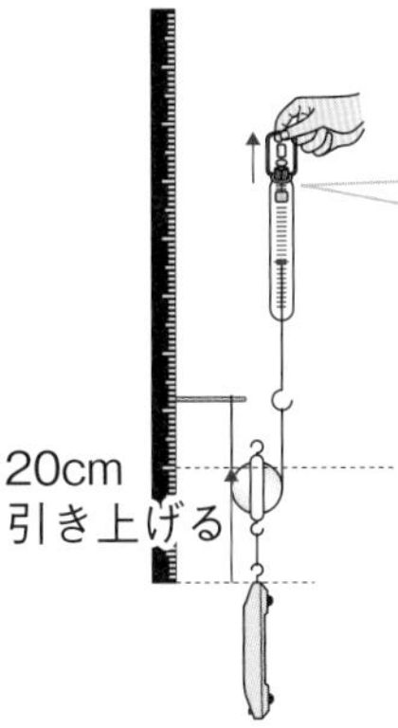

④□Nの力で
⑤□m引く。

20cm引き上げる

仕事は⑥□J

2 エネルギー
教 p.63，64

位置エネルギー

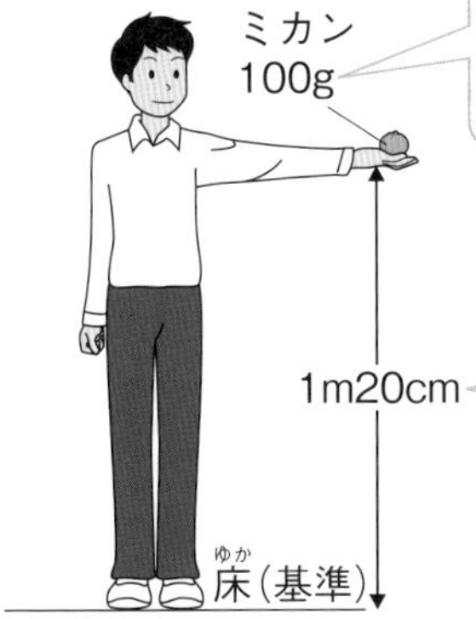

ミカン100g

物体の質量が①□ほど大きい。

1m20cm

物体が②□位置にあるほど大きい。

床（基準）

運動エネルギー

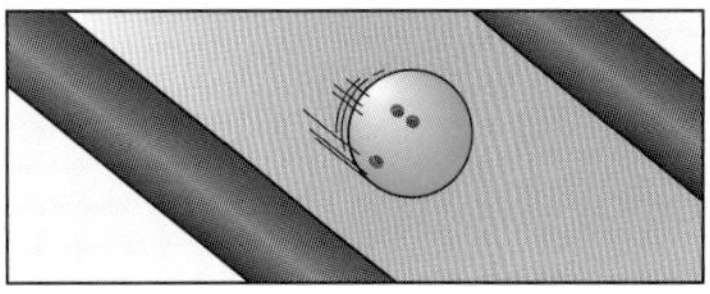

物体の速さが③□ほど，物体の④□が大きいほど大きい。

力学的エネルギーの保存

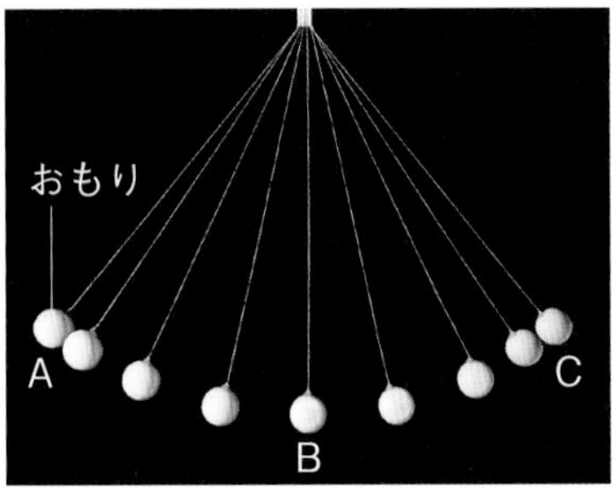

おもり
A B C

・おもりがA→Bと動くとき
⑤□エネルギー → ⑥□エネルギー

エネルギーが移り変わる。

・おもりがB→Cと動くとき
⑦□エネルギー → ⑧□エネルギー

A B C
位置エネルギー 運動エネルギー

⑨□エネルギーは一定に保たれる。

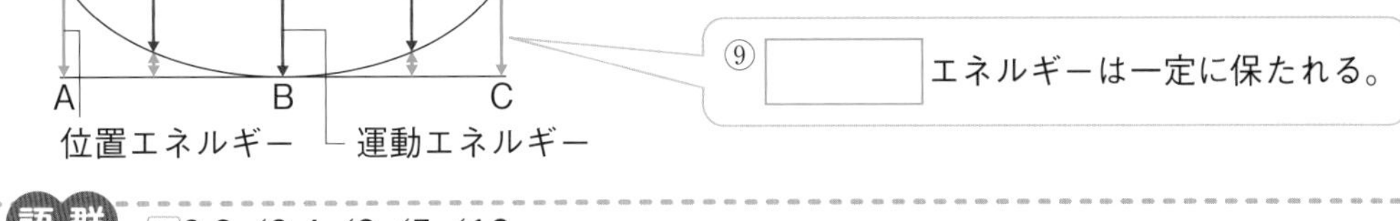

語群
1 0.2／0.4／2／5／10
2 運動／位置／速い／力学的／高い／大きい／質量

わからない用語は，教科書の要点の★で確認しよう！

解答 p.7

定着のワーク ステージ2 第3章 仕事とエネルギー−①

1 教 p.51 探究5 **滑車のはたらき** 図1〜図3のように台車を20cm引き上げ，それぞれの仕事について調べた。これについて，あとの問いに答えなさい。ただし，ひもの質量や摩擦は考えないものとし，台車の質量は1kg，滑車の質量は100g，100gの物体が受ける重力の大きさを1Nとする。

図1　ものさし　ばねばかり　ひも　滑車　台車　20cm

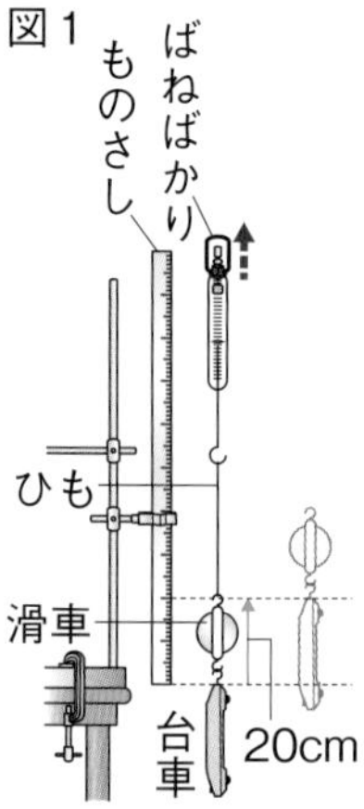

図2　定滑車　20cm

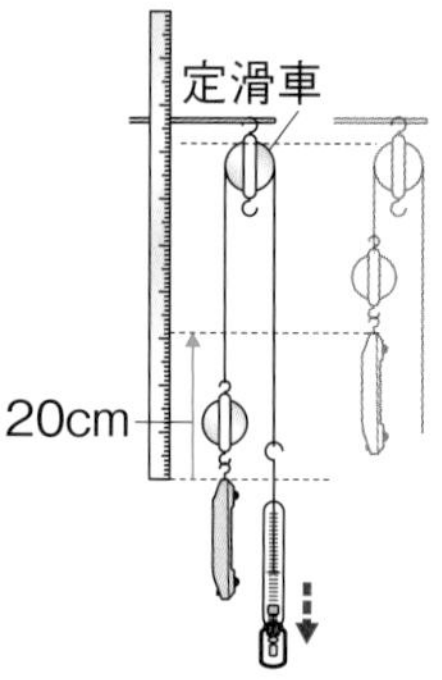

図3　20cm

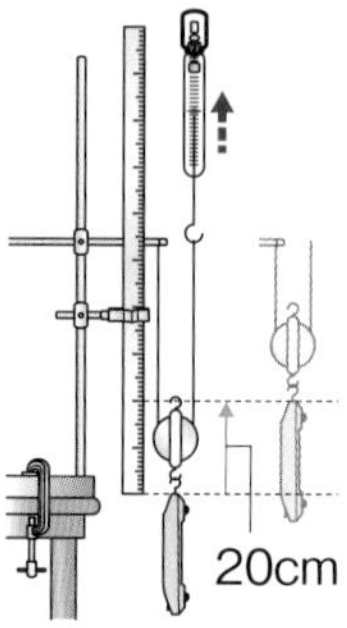

(1) 図1で，台車と滑車が受ける重力はそれぞれ何Nか。　台車(　　　)　滑車(　　　)

(2) 図1で，台車と滑車を引き上げたときの力の大きさは何Nか。ヒント　(　　　)

(3) 図1で，ひもを引いた長さは何cmか。　(　　　)

(4) 図1で，仕事の大きさは何Jか。ヒント　(　　　)

(5) 図2で，定滑車は物体を持ち上げるために必要な力の何を変えるはたらきをしているか。　(　　　)

(6) 図2で，台車と滑車を引き上げたときの力の大きさは何Nか。　(　　　)

(7) 図2で，ひもを引いた長さは何cmか。　(　　　)

(8) 図2で，仕事の大きさは何Jか。　(　　　)

(9) 図3で，台車と滑車を引き上げたときの力の大きさは何Nか。　(　　　)

(10) 図3で，ひもを引いた長さは何cmか。　(　　　)

(11) 図3で，仕事の大きさは何Jか。　(　　　)

(12) 図1〜図3の実験からわかったことをまとめた次の文の(　)にあてはまる言葉を答えなさい。

①(　　　)　②(　　　)
③(　　　)　④(　　　)

動滑車を使うと，物体を動かすために加える力を(①)することができるが，物体を動かす距離が(②)なるため，仕事の大きさは(③)。このことを(④)という。

❶(2)物体を引き上げる力は，その物体が受ける重力の大きさに等しい。
(4)仕事〔J〕＝力の大きさ〔N〕×力の向きに動かした距離〔m〕

2 仕事と仕事率　下の図のように，Aさんは4kgの物体を1.5m引き上げ，Bさんは4kgの物体を3m引き上げ，Cさんは8kgの物体を3m引き上げた。これについて，あとの問いに答えなさい。ただし，100gの物体が受ける重力の大きさを1Nとする。

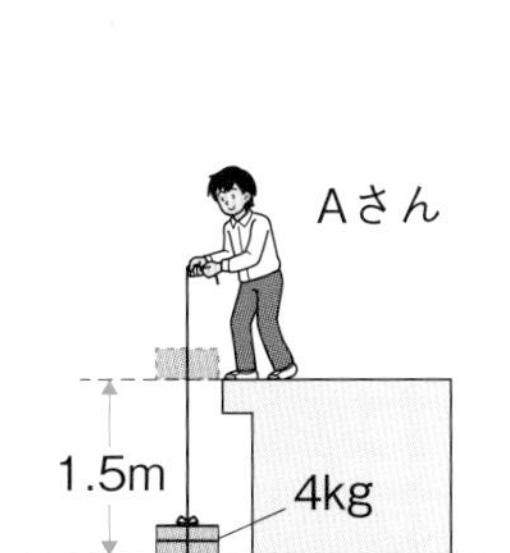

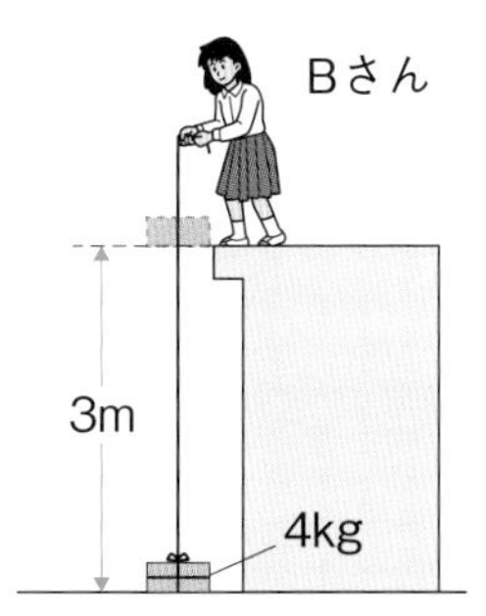

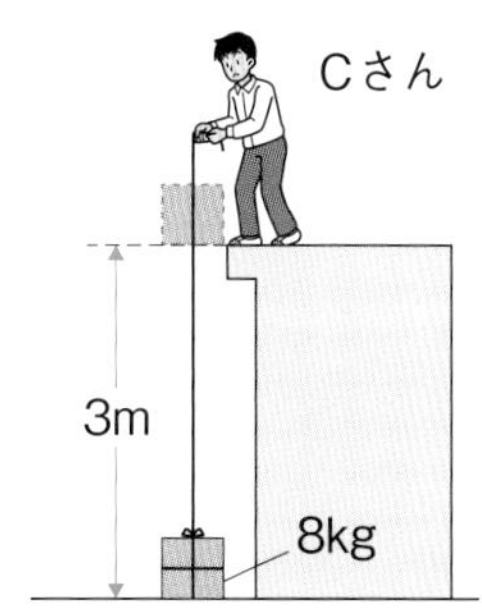

(1) Aさんは2秒，Bさんは8秒，Cさんは10秒で物体を引き上げた。Aさん，Bさん，Cさんのうち，仕事率が最も大きかったのはだれか。ヒント　(　　　　)

(2) (1)で選んだ人の仕事率は何Wか。　(　　　　)

3 教 p.57 探究6 **位置エネルギーを決める要素**　右の図のような装置で，高いところからおもりを落として，えんぴつが打ちこまれた深さをはかった。これについて，次の問いに答えなさい。

(1) 高いところにある物体がもつエネルギーを何というか。
(　　　　)

(2) グラフは，おもりの質量を一定にしたときの，おもりの高さとえんぴつが打ちこまれた深さとの関係を表したものである。おもりの高さが高いほど，打ちこまれた深さはどうなるか。ヒント　(　　　　)

(3) (2)より，おもりの高さが高いほど，(1)の大きさはどうなるといえるか。　(　　　　)

(4) グラフの形より，おもりの高さと(1)の大きさにはどのような関係があるといえるか。
(　　　　)

(5) おもりの高さを一定にして，おもりの質量を変えて実験をした。おもりの質量が大きいほど，打ちこまれた深さはどうなるか。
(　　　　)

(6) (5)より，おもりの質量が大きいほど，(1)の大きさはどうなるといえるか。
(　　　　)

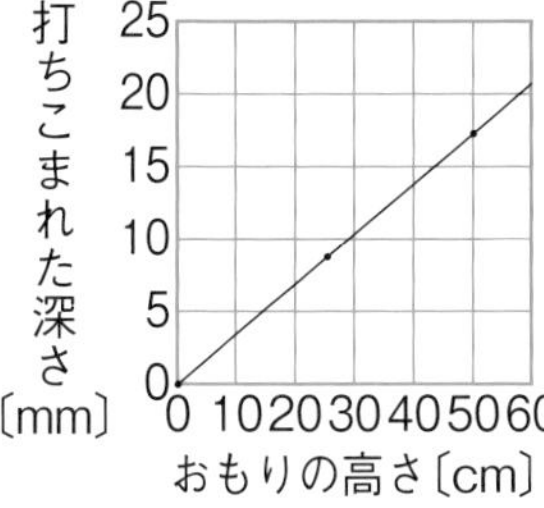

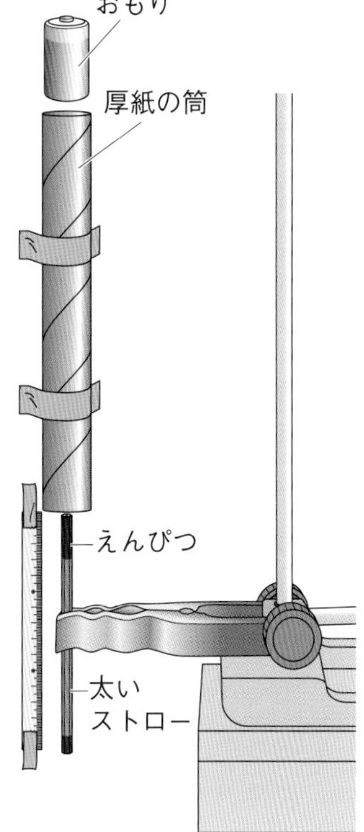

2(1) 仕事率〔W〕$=\dfrac{\text{仕事〔J〕}}{\text{かかった時間〔s〕}}$　3(2) グラフは，右上がりの直線である。

解答 p.7

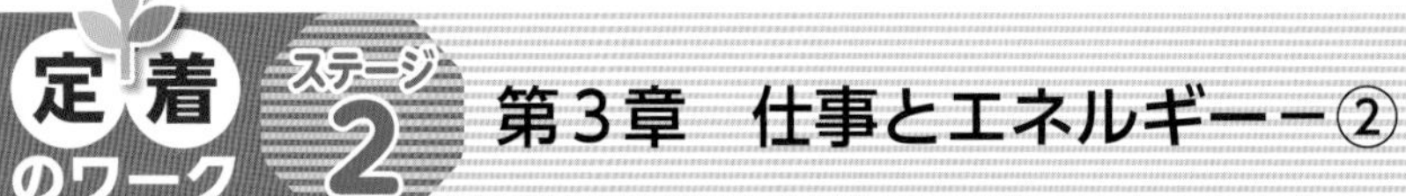

第3章　仕事とエネルギー－②

1 教 p.61 探究7 **運動エネルギーを決める要素**　下の図のように，配線カバーの上で球を転がしておもりに衝突させ，球の速さとおもりの移動距離を調べた。これについて，あとの問いに答えなさい。

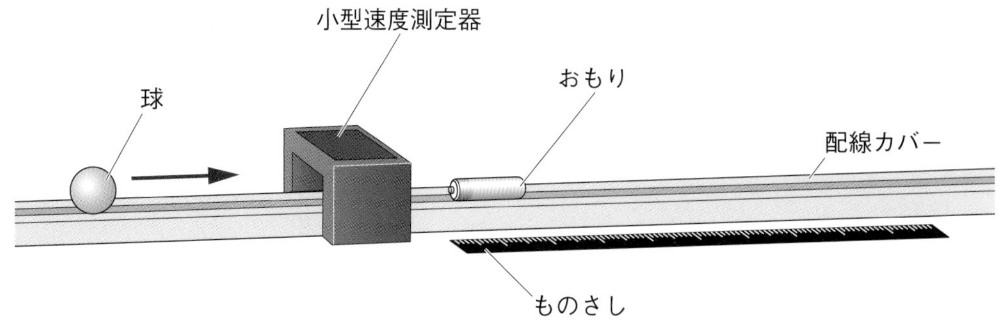

(1)　運動している物体がもつエネルギーを何というか。　(　　　　)

(2)　エネルギーの単位は何か。　(　　　　)

(3)　球の速さが大きくなると，おもりの移動距離はどうなるか。　(　　　　)

(4)　(3)より，球の速さが大きいほど，(1)の大きさはどうなるといえるか。ヒント　(　　　　)

(5)　球の質量が大きくなると，おもりの移動距離はどうなるか。　(　　　　)

(6)　(5)より，球の質量が大きいほど，(1)の大きさはどうなるといえるか。ヒント　(　　　　)

2 教 p.64 実験 **エネルギーの移り変わり**　右の図は，㋐ではなされたおもりが，最下点の㋒を通って，㋐と同じ高さの㋔まで移動したときの振り子の運動のようすを表したものである。これについて，次の問いに答えなさい。

(1)　おもりの速さが最も大きいのは，図の㋐～㋔のどこか。ヒント　(　　　　)

(2)　おもりのもつ位置エネルギーが最も大きい点を，図の㋐～㋔からすべて選びなさい。　(　　　　)

(3)　おもりが㋑から㋒に移動しているとき，大きくなっているエネルギーは何か。　(　　　　)

(4)　摩擦力がはたらかないとき，物体のもつ力学的エネルギーは一定に保たれている。このことを何というか。　(　　　　)

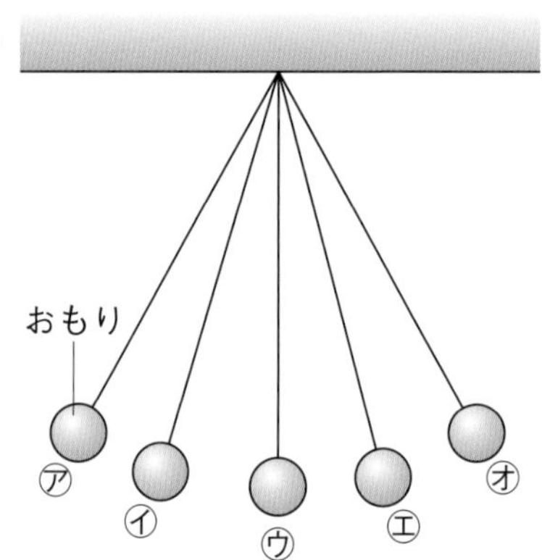

1(4)(6)おもりの移動距離が長いほど，球のもつ(1)のエネルギーは大きい。
2(1)おもりのもつ位置エネルギーが最小のとき，運動エネルギーは最大になる。

3 いろいろなエネルギー　エネルギーについて，次の問いに答えなさい。

(1)　下の図で，①がもつエネルギーや②～④で利用しているエネルギーをそれぞれ答えなさい。ヒント

①(　　　　　) ②(　　　　　)
③(　　　　　) ④(　　　　　)

①プロパンガス

②弓

③太鼓(たいこ)

④太陽光発電パネル

(2)　原子の中心にある原子核(げんしかく)がもつエネルギーを何というか。(　　　　　)

4 教 p.68 実験 利用できるエネルギーの減少

図1のような装置を用いて，モーターでエネルギーを変換(へんかん)し，水を入れて400gにしたペットボトルを1mの高さに持ち上げた。図2は，手回し発電機でつくられた電気エネルギーが何のエネルギーに変換されたのかをまとめたものである。これについて，次の問いに答えなさい。ただし，100gの物体が受ける重力の大きさを1Nとする。

図1

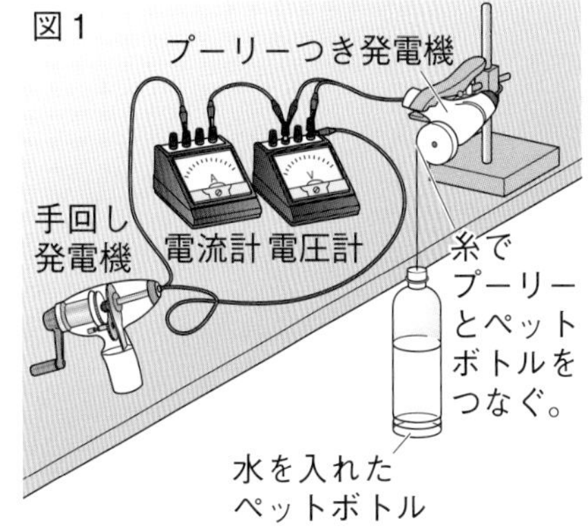

図2

電気エネルギー (10 J)
→ ㋐ ペットボトルの位置エネルギー(X)
→ ㋑ 導線からの熱エネルギー
→ ㋒ プーリーとたこ糸からの熱や音のエネルギー
→ ㋓ モーターからの熱や音のエネルギー

(1)　図2の㋐の大きさは，ペットボトルを1mの高さに持ち上げる仕事の大きさと等しい。㋐は何Jか。
ヒント　(　　　　　)

(2)　実験では，手回し発電機でつくられた電気エネルギーを最終的に何エネルギーに変えようとしているか。図2の㋐～㋓から選びなさい。(　　　　　)

(3)　エネルギーを変換するときに，目的外に発生するエネルギーを小さくした状態を，何が高いというか。
(　　　　　)

5 熱の伝わり方　次の①，②のような熱の伝わり方を何というか。それぞれ下の〔　〕から選びなさい。

①　気体や液体が移動して熱を運ぶこと。(　　　　　)

②　熱が空間をへだてて直接伝わること。(　　　　　)

〔　放射　伝導　対流　〕

ヒントの森

3(1)②引き伸(の)ばされた弓には，もとの形にもどろうとする力がはたらく。
4(1)仕事＝力の大きさ×力の向きに動かした距離

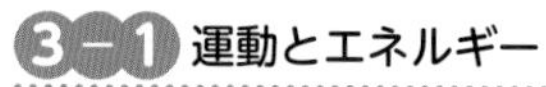

第3章　仕事とエネルギー

解答 p.8

30分　/100

1 下の図は，いろいろな物体に力を加えているようすを表したものである。ただし，100gの物体が受ける重力の大きさを1Nとする。これについて，あとの問いに答えなさい。

5点×4（20点）

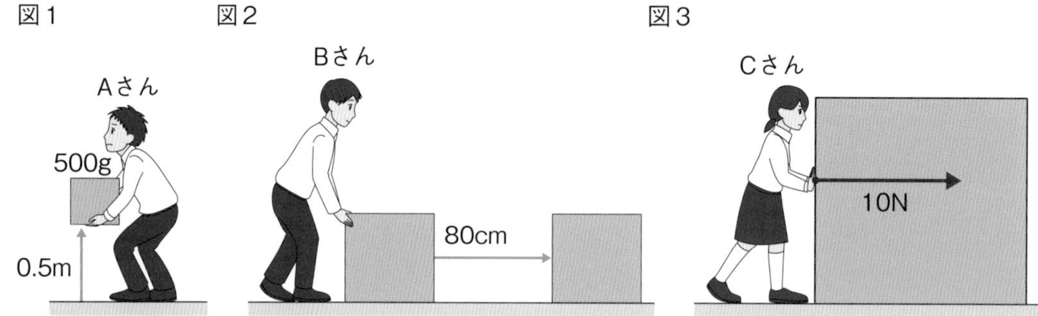

(1) 図1で，Aさんは500gの物体を0.5m持ち上げた。このとき，Aさんが物体にした仕事は何Jか。

(2) 図1で，Aさんは物体を持ったまま，静止した。このとき，Aさんは仕事をしているといえるか。

(3) 図2で，Bさんは水平な床の上に置いた物体を5Nの力で押して，力の向きに80cm移動させた。このとき，Bさんが物体にした仕事は何Jか。

(4) 図3で，Cさんは水平な床の上に置いた物体を10Nの力で押したが，物体は動かなかった。このとき，Cさんが物体にした仕事は何Jか。

(1)	(2)	(3)	(4)

2 右の図のように，質量400gの物体にばねばかりをつないで斜面に沿ってゆっくりと80cm引き，もとの位置から32cm高い位置まで引き上げた。これについて，次の問いに答えなさい。ただし，100gの物体が受ける重力の大きさを1Nとする。

5点×4（20点）

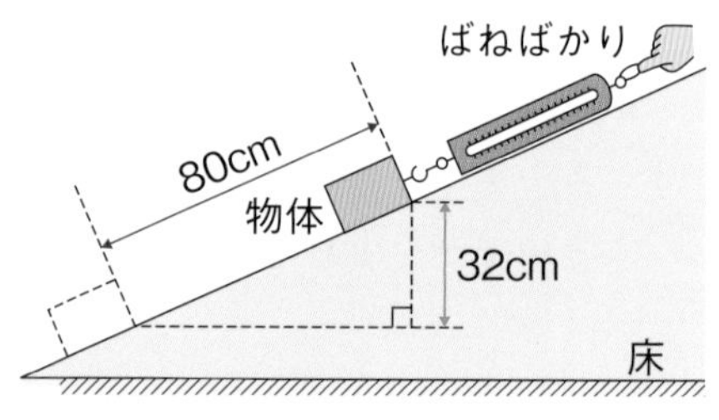

(1) 物体にはたらく重力は何Nか。

(2) ばねばかりを引く手が物体にした仕事は何Jか。

(3) 物体を斜面に沿って引き上げているとき，ばねばかりが示す値は何Nか。

(4) この仕事にかかった時間は4秒であった。このときの仕事率は何Wか。

(1)	(2)	(3)	(4)

よく出る **3** 右の図のような斜面で，㋐に小球を置いて手をはなすと，小球は㋑を通って㋒まで上がった。これについて，次の問いに答えなさい。　5点×4（20点）

(1) ㋐にある小球がもっている位置エネルギー（*P*）と㋑にある小球がもっている運動エネルギー（*Q*）の関係はどのようになっているか。次のア～ウから選びなさい。

ア　$P > Q$　　イ　$P < Q$　　ウ　$P = Q$

(2) ㋑を通過するときの小球がもつ運動エネルギーを大きくするには，小球を㋐より高い位置，低い位置のどちらに置いて手をはなせばよいか。

(3) ㋒の高さは，㋐の高さに比べてどのようになっているか。

(4) (3)のように判断した理由を答えなさい。

4 右の図のようにして，光電池に電球の光を当ててモーターを回転させ，モーターにつるしたおもりを引き上げた。これについて，次の問いに答えなさい。　8点×5（40点）

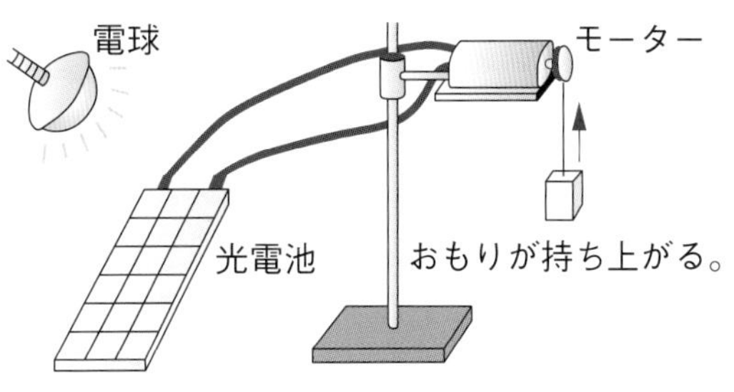

(1) 図で，おもりが持ち上がるまでに，電球の光エネルギーはどのように移り変わっているか。次の㋐，㋑にあてはまる言葉を答えなさい。

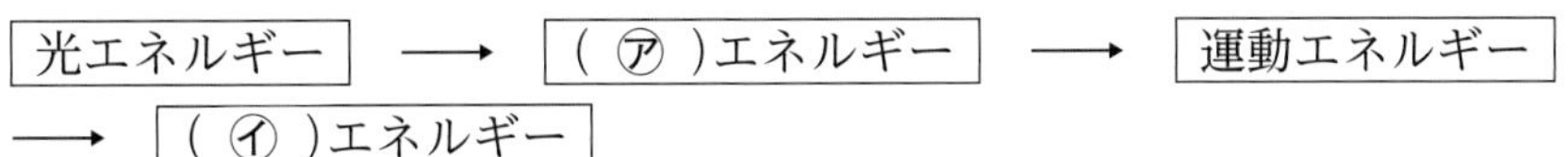

(2) 電球は，電気エネルギーを光エネルギーに変換するとき，熱くなる。これは，電気エネルギーの一部が何エネルギーに変換されるためか。

(3) (2)のように，利用できないエネルギーの発生をどのようにしたとき，エネルギーの変換（へんかん）効率（こうりつ）が高くなったというか。

(4) いろいろな種類のエネルギーがたがいに移り変わってもエネルギーの総量は一定に保たれる。このことを何というか。

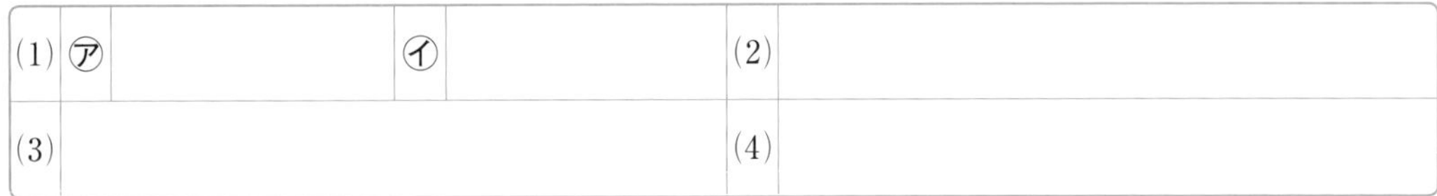

単元末総合問題 3-1 運動とエネルギー

1 図1は，AさんとBさんが海岸にあるボートにつけたロープを引いて，海から引き上げようとしているようすを表したものである。これについて，次の問いに答えなさい。 6点×3（18点）

図1 海 Bさん O Aさん

(1) Aさんは300Nの力でロープを引き，AさんとBさんの合力は400Nであった。図2の2つの矢印は，Aさんの力と2人の合力を表している。図2にBさんの力を矢印で表しなさい。ただし，Oを作用点とし，作図に使った線は消さずに残しておくこと。

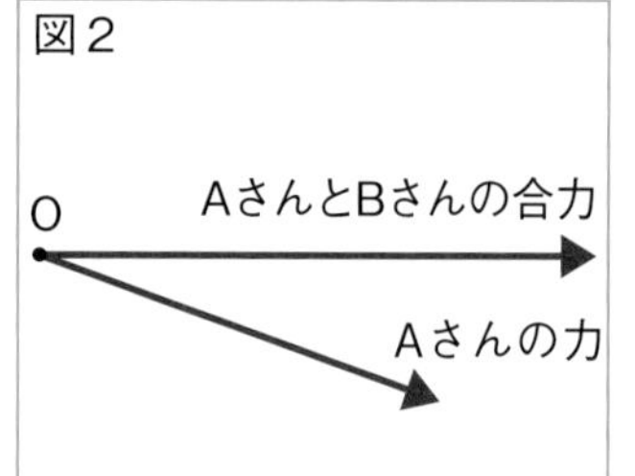

(2) この状態でボートを2m引いたとき，2人の合力がボートに対してした仕事は何Jか。

(3) (2)の仕事をするのに20秒かかったとき，2人の合力がした仕事率は何Wか。

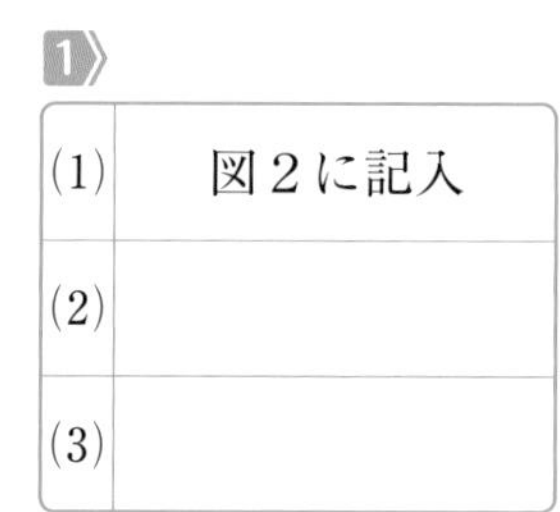

2 図1のような装置で，斜面を下る台車の運動を調べた。また，図2は，台車の運動を，1秒間に50打点する記録タイマーで記録テープに記録し，その長さをはかったものである。これについて，次の問いに答えなさい。 6点×5（30点）

図1 記録タイマー 台車 記録テープ 斜面の角度

(1) 記録タイマーが5打点するのにかかる時間は何秒か。

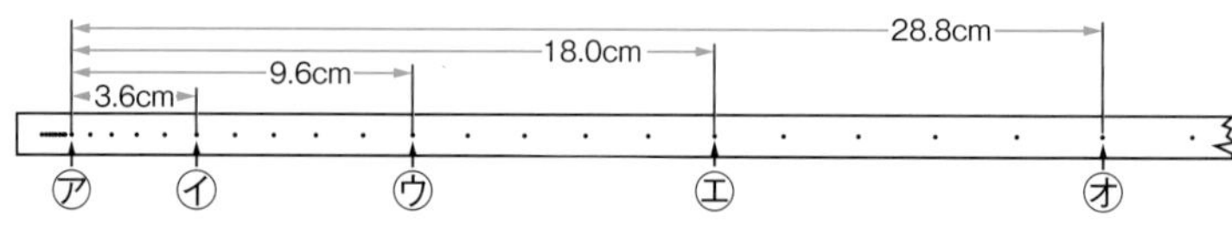

(2) イウ間での平均の速さは何cm/sか。

(3) 台車が斜面を下るにつれて，台車の速さは増加していく。その理由を，次のア～ウから選びなさい。

ア 台車が受ける，斜面に平行で下向きの力がしだいに大きくなるから。

イ 台車の進行方向に，斜面に平行で下向きの力を受け続けているから。

ウ 台車が受ける重力がしだいに大きくなるから。

(4) 斜面の角度を大きくすると，台車の速さの増し方はどのようになるか。

(5) (4)のとき，台車が受けるどのような力が大きくなるか。

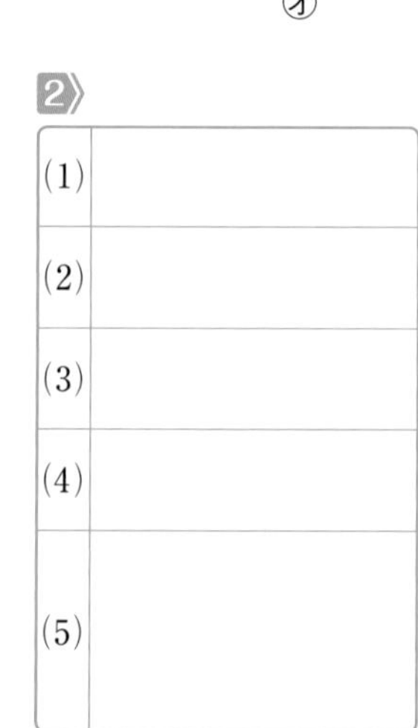

目標 斜面を下る台車の運動，合力・分力の作図，仕事の求め方，エネルギーの変換などをしっかり理解しよう。

自分の得点まで色をぬろう！
がんばろう！ もう一歩 合格！
0 60 80 100点

3》右の図のような装置で，小球をAの位置ではなしたところ，小球はB，Cの位置を通過していった。これについて，次の問いに答えなさい。

7点×4（28点）

スタンド レール スタンド
A 小球 C B
30cm 20cm
水平面（実験台）

(1) 小球のもつ位置エネルギーが最も大きいのは，小球がA〜Cのどの位置にあるときか。

(2) 小球のもつ運動エネルギーが最も大きいのは，小球がA〜Cのどの位置にあるときか。

(3) 小球がAの位置からCの位置まで運動するときの，小球のもつ運動エネルギーの変化を表したグラフは，右の㋐〜㋓のどれか。

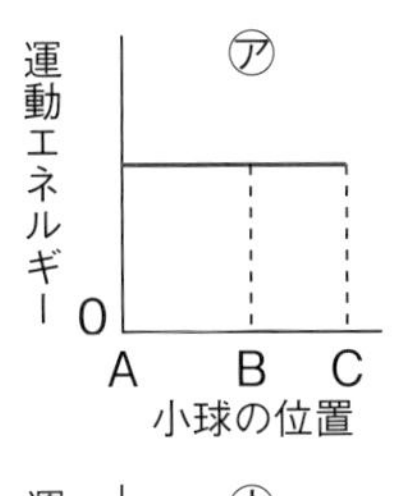

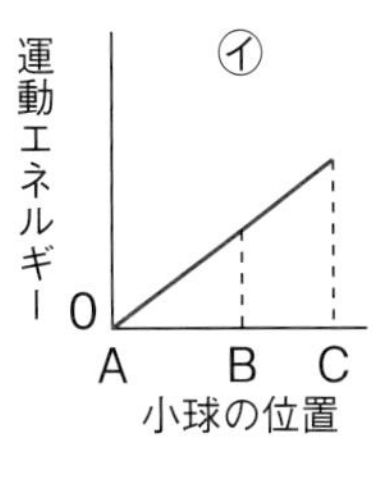

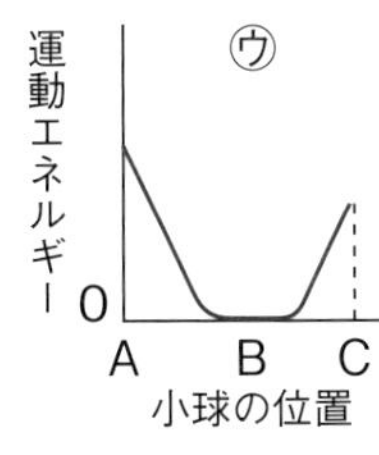

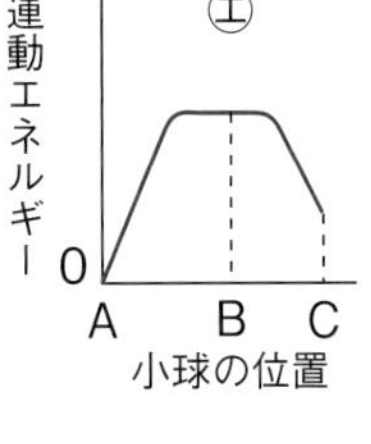

(4) 小球がAの位置からBの位置まで運動するとき，小球のもつ力学的エネルギーは，どのようになるか。

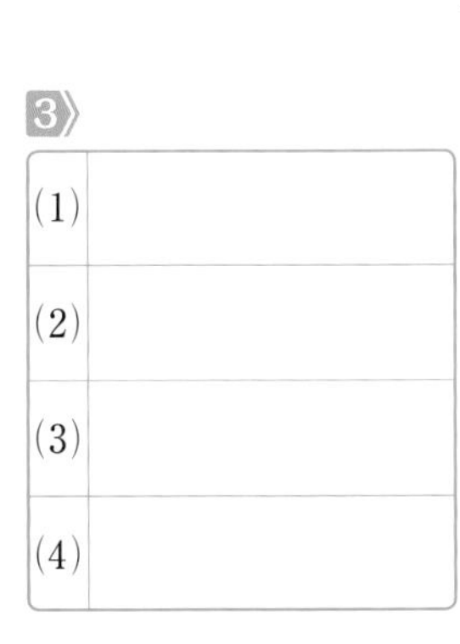

4》エネルギーの変換と熱の伝わり方について，次の問いに答えなさい。

4点×6（24点）

(1) ①ガスコンロと②IHヒーターでは，それぞれ何エネルギーを熱エネルギーに変換して利用しているか。

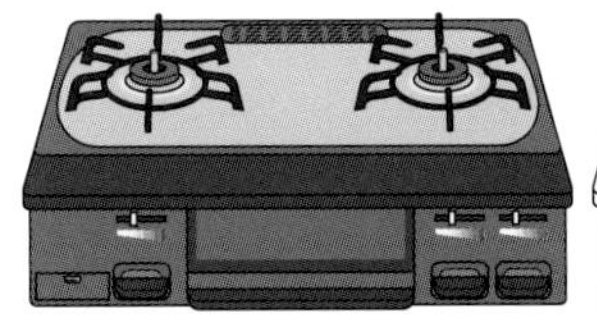
ガスコンロ

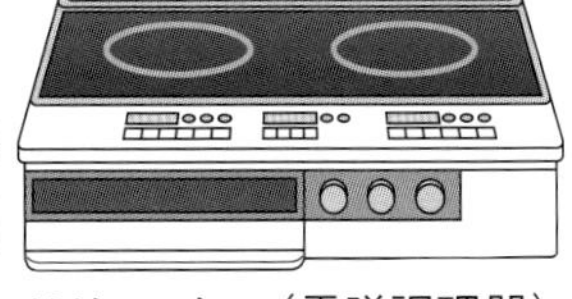
IHヒーター（電磁調理器）

(2) ガスコンロに火をつけ，水の入ったなべを置くと，やがて水が温まる。水の温まり方について述べた次の文の(　)にあてはまる言葉を答えなさい。

水を熱すると，温度の上がった水は密度が(①)なって上に移動し，温度が低く密度が(②)水は下に移動する。このようにして，水が熱を運ぶことで，水全体が温まる。

(3) (2)のような熱の伝わり方を何というか。

(4) 高温になったガスコンロやIHヒーターに手を近づけると，空間をへだてて熱が伝わり，手に熱さを感じる。このような熱の伝わり方を何というか。

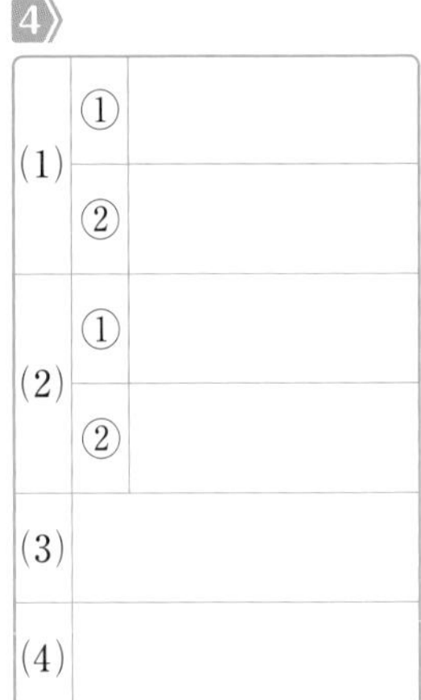

終わったら後ろの，1，2，3，4，7をやろう。

解答 p.10

確認のワーク ステージ1 第1章 生物の成長・生殖

教科書の要点

(　　)にあてはまる語句を，下の語群から選んで答えよう。

同じ語句を何度使ってもかまいません。

1 生物の成長と細胞

教 p.76〜84

(1) 1つの細胞が2つに分かれることを(①★　　　　)という。また，細胞分裂のときに核のかわりに見られるひものようなつくりを(②★　　　　)という。

(2) 植物や動物のからだをつくっている細胞が分裂することを(③★　　　　)という。

(3) 植物では，特に(④　　　　)や茎の先端付近でさかんに体細胞分裂が起こり，増えた細胞が大きくなることで成長する。

(4) 動物では，からだ全体で体細胞分裂が起こり，それぞれの器官が形を保ちながら成長していく。

決まった形やはたらきをしている。

2 生物の生殖と細胞

教 p.85〜93

(1) 生物が子をつくることを(①★　　　　)という。

(2) ジャガイモのいもやアメーバのように，からだの一部から新しい個体をふやす，受精によらない生殖を(②★　　　　)という。

(3) 個体がもっている性質や形を(③★　　　　)という。

(4) 動物の雄の★精子，雌の★卵のように，生殖を行うための特別な細胞を(④★　　　　)という。

(5) 雄と雌の生殖細胞の核が合体することを(⑤★　　　　)といい，受精による生殖を(⑥★　　　　)という。

(6) ★受精卵(受精した卵)から動物のからだがつくられていく過程を(⑦★　　　　)といい，動物の受精卵が細胞分裂を始めてから自分で食物をとるようになるまでの間を(⑧★　　　　)という。

(7) 被子植物は，花粉の中でつくられる(⑨★　　　　)と胚珠の中でつくられる(⑩★　　　　)が受精して受精卵ができる。被子植物は，受精によって子をつくる(⑪★　　　　)でふえる。

(8) 被子植物の受精卵は体細胞分裂をくり返し，幼根や子葉などをそなえた(⑫★　　　　)になる。被子植物でも，受精卵からからだがつくられる過程を(⑬★　　　　)という。

まるごと暗記

●染色体
⇨細胞分裂のときに見られるひものようなつくり。

まるごと暗記

体細胞分裂
●植物
⇨根や茎の先端付近でさかん。
●動物
⇨からだ全体で起こる。

まるごと暗記

●無性生殖
⇨受精によらない生殖。
●有性生殖
⇨受精による生殖。

プラスα

個体の形質
●無性生殖
⇨子は親と同じ形質。
●有性生殖
⇨子は親と同じ形質とはかぎらない。

プラスα

被子植物では受精後，胚珠の中に胚ができる。胚珠は種子となり，新しい個体をつくる。

語群

1 体細胞分裂／染色体／根／細胞分裂
2 発生／胚／生殖／受精／無性生殖／有性生殖／卵細胞／精細胞／生殖細胞／形質

★の用語は，説明できるようになろう！

同じ語句を何度使ってもかまいません。

教科書の図 　　にあてはまる語句を，下の語群から選んで答えよう。

1 植物の細胞分裂

教 p.83

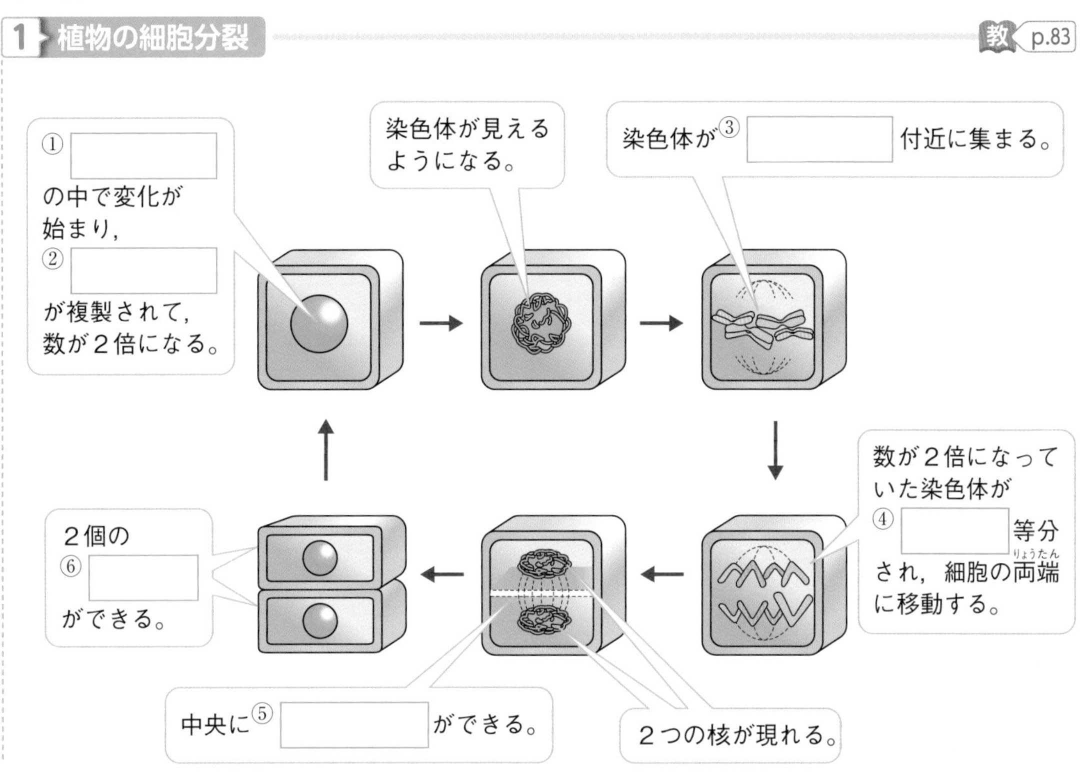

2 被子植物の受精と発生

教 p.93

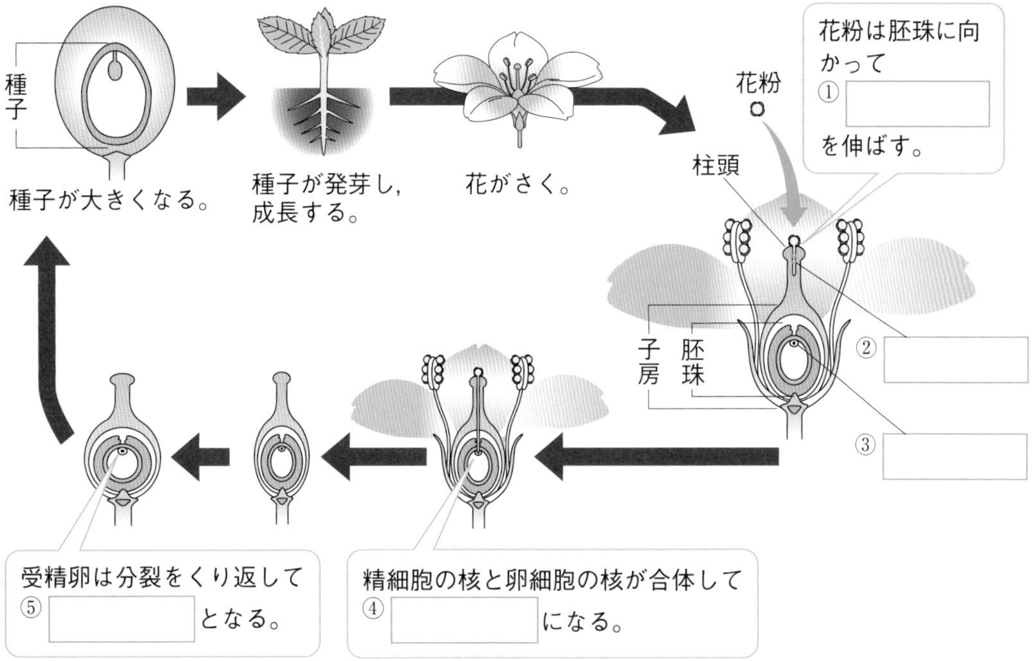

語群
1 染色体／核／細胞／２／しきり／中央
2 受精卵／卵細胞／精細胞／胚／花粉管

わからない用語は，教科書の要点の★で確認しよう！

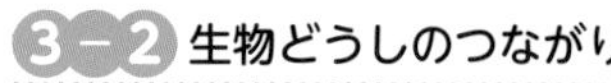

解答 p.10

定着のワーク ステージ2 第1章 生物の成長・生殖－①

1 教 p.79 探究1 **根の伸び方** 図1のように，発根したタマネギの根の成長のようすを調べた。また，図2はタマネギの根の先端に近い部分を染色液で染め，顕微鏡で観察したときのスケッチである。これについて，次の問いに答えなさい。

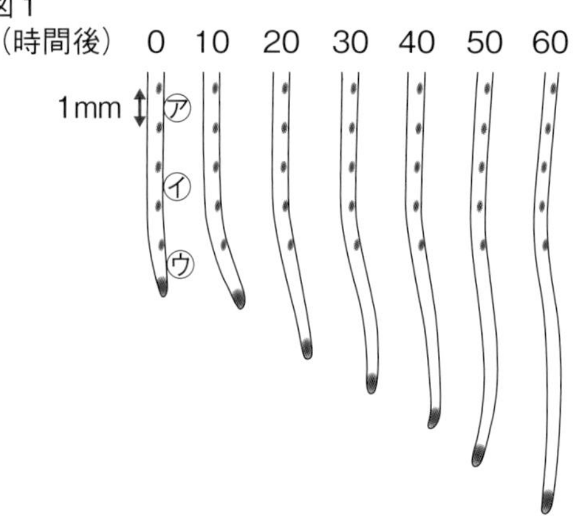

(1) 図1で，根に等間隔の印をつけた。時間とともに根が最も成長するのは，㋐～㋒のどの部分か。 (　　)

(2) 細胞の核の観察に適した染色液を1つ答えなさい。 (　　　　)

(3) 図2で，細胞がさかんに分かれている部分は，㋓～㋕のどこか。 (　　)

(4) 図2で，ひものようなつくりが見られる細胞が数多くある部分は，㋓～㋕のどこか。 (　　)

(5) 図2で，細胞の大きさがしだいに大きくなっている部分は，㋓～㋕のどこか。 (　　)

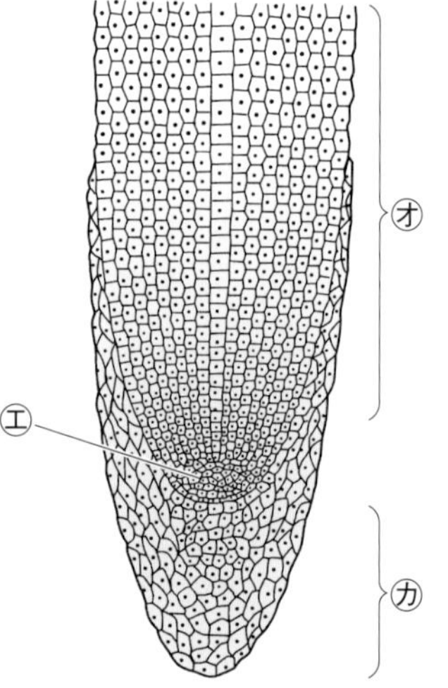

(6) 茎では，どの部分で細胞がさかんに分かれているか。次のア～ウから選びなさい。 (　　)

ア 先端付近
イ 根もと付近
ウ 茎全体

(7) 図3は，細胞の成長のしくみを表したものである。次の①，②の段階を表しているのは，それぞれ㋖，㋗のどちらか。 ヒント

① 1つ1つの細胞が大きくなる。 (　　)
② 細胞の数が増える。 (　　)

(8) 成長のしくみの中で，1つの細胞が2つに分かれることを何というか。 (　　　　)

(9) からだをつくっている根や茎などの細胞が2つに分かれることを何というか。 (　　　　)

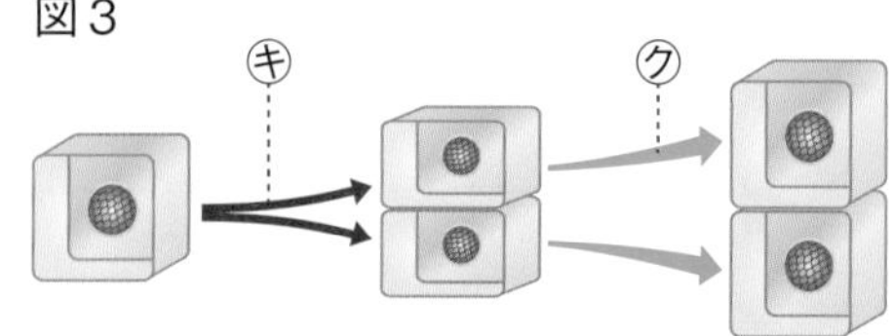

1(7)細胞が分かれると，細胞の数は増えるが，1つの細胞の大きさは小さくなる。そのあと，分かれた細胞のそれぞれが大きくなる。この2つの過程によって植物は成長していく。

2 体細胞分裂

右の図は，植物の細胞分裂のようすを模式的(もしきてき)に表したものである。これについて，次の問いに答えなさい。ヒント

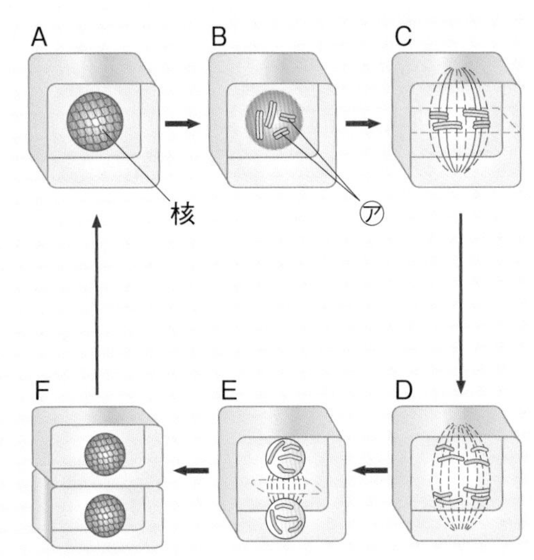

(1) 細胞分裂が始まると見えるようになる，図の㋐の名称を答えなさい。
（　　　　　　）

(2) 次の①～⑥は，それぞれ図のA～Fのどのときのようすを説明したものか。

① ㋐が現れる。（　　）
② 細胞の中にしきりが現れる。（　　）
③ ㋐が細胞の中央付近に集まる。（　　）
④ ㋐が両端に分かれる。（　　）
⑤ 細胞分裂前の細胞。（　　）
⑥ 2個の細胞になり，これからそれぞれが成長する。（　　）

3 ジャガイモのふえ方

右の図は，ジャガイモがふえるようすを表したものである。これについて，次の問いに答えなさい。

(1) 植物の中には，からだの一部から新しい個体をふやすことができるものがある。ジャガイモは，何の一部から個体をふやすか。下の〔　〕から選びなさい。（　　　　　　）
〔　葉　　茎　　根　〕

(2) (1)のような個体のふやし方を何というか。ヒント
（　　　　　　）

(3) ジャガイモと同じように，からだの一部から新しい個体をふやすことができる植物を，次のア～オから2つ選びなさい。
（　　）（　　）

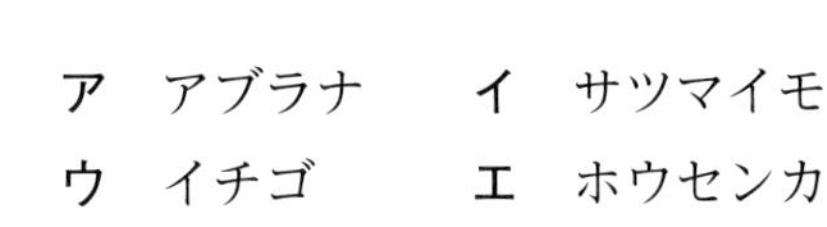

ア　アブラナ　　**イ**　サツマイモ
ウ　イチゴ　　**エ**　ホウセンカ
オ　イネ

(4) アメーバなどの単細胞生物も(2)の生殖によって新しい個体をふやす。このふえ方を何分裂というか。
（　　　　　　）

(5) 植物の花の形や色などのような，個体のもつ形や性質のことを何というか。
（　　　　　　）

記述

(6) (2)の生殖では，親と子の(5)はどのようになるか。
（　　　　　　　　　　　　　　　　）

ヒントの森

❷核が消えてひものようなものが現れ，それが2等分されることで，2個の細胞になる。
❸(2)受精をともなわず，個体をふやすことができる。

解答 p.10

定着のワーク ステージ2 第1章 生物の成長・生殖－②

1 カエルの発生 右の図は，カエルの成長のようすを表したものである。これについて，次の問いに答えなさい。

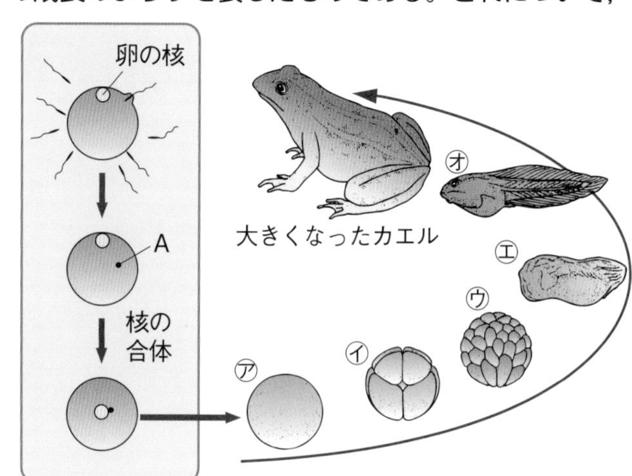

(1) 図のAは何の核か。その名称を答えなさい。ヒント
( )

(2) 卵の核とAが合体することを何というか。( )

(3) 卵の核とAが合体してできた㋐を何というか。
( )

(4) ㋐～㋒と成長していくとき，細胞の数はどのようになるか。
( )

(5) おたまじゃくしとよばれるのはどの時期か。図の㋐～㋔から選びなさい。( )

(6) 図の㋑～㋓で示されるように，㋐が細胞分裂を始めてから自分で食物をとり始めるまでの間を特に何というか。( )

(7) ㋐からカエルになるまでの過程のことを何というか。( )

2 被子植物のふえ方 下の図は，植物が受粉してから種子ができるまでのようすを模式的に表したものである。これについて，あとの問いに答えなさい。

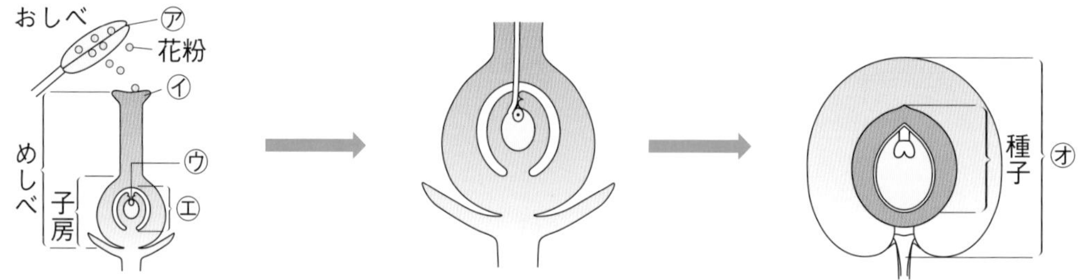

(1) 花粉が入っている㋐の部分，めしべの先端の㋑の部分の名称をそれぞれ答えなさい。
㋐( ) ㋑( )

(2) ㋒の細胞と㋓のつくりの名称をそれぞれ答えなさい。
㋒( ) ㋓( )

記述 (3) 受粉とは，何がどうなることか。
( )

(4) ㋔の部分を何というか。ヒント ( )

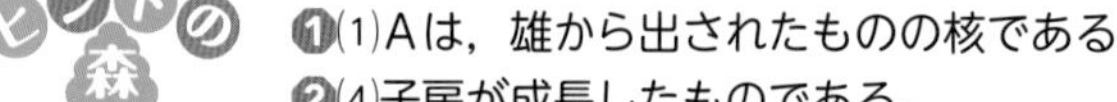

ヒントの森
1(1)Aは，雄から出されたものの核である。
2(4)子房が成長したものである。

3 教 p.89 探究2 **被子植物の受精の方法**　図1～図3のような手順で，花粉の変化について調べた。図4は，変化した花粉を顕微鏡で観察したものである。これについて，次の問いに答えなさい。

(1)　この実験でショ糖水溶液（すいようえき）を用いる理由を，次のア～エから選びなさい。　(　　　)

ア　花弁には，花粉の成長を早めるショ糖がふくまれているから。

イ　めしべの花柱には，花粉が変化するときの養分となるショ糖がふくまれているから。

ウ　花粉はショ糖水溶液に溶けやすいから。

エ　顕微鏡で観察するとき，花粉を1か所に集めやすいから。

図1　スライドガラスにショ糖水溶液を1滴落とす。

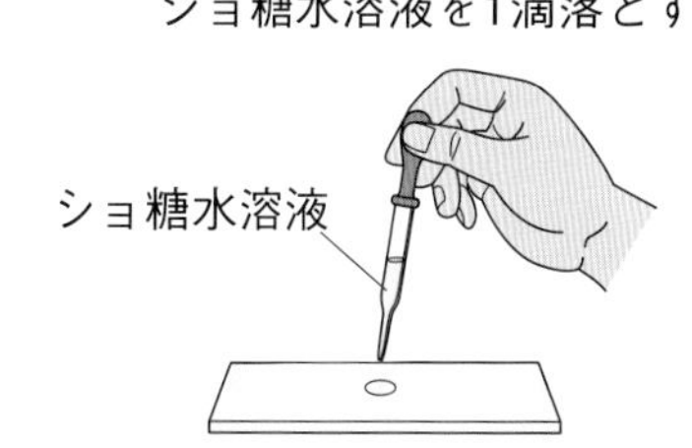

図2　ショ糖水溶液に花粉を落とし，プレパラートをつくる。

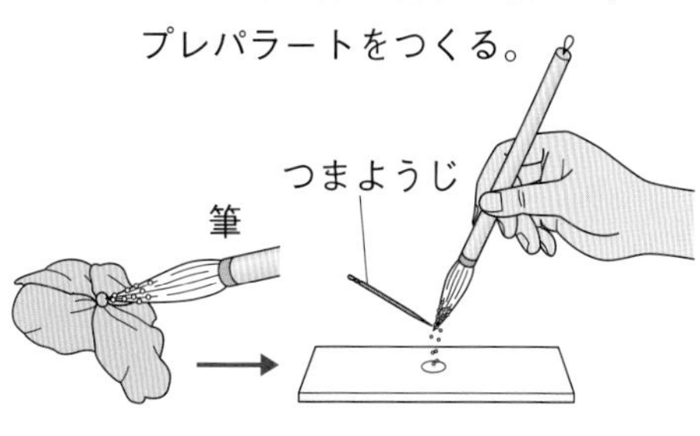

(2)　図3の操作は，時間がたって試料がどうなってきたときに行うか。

(　　　　　　　　　　　　　　　　)

(3)　花粉のようすを観察するとき，顕微鏡の倍率はどれくらいにするとよいか。次のア～エから選びなさい。　(　　　)

ア　約20～30倍　　イ　約50～60倍

ウ　約100～200倍　　エ　約500～600倍

図3　カバーガラスのまわりから水を加える。

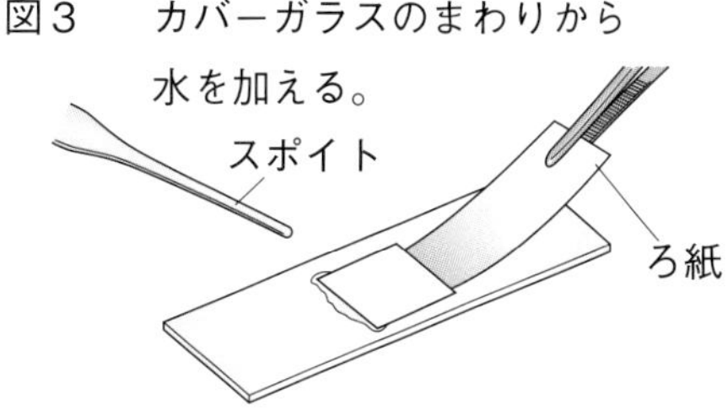

(4)　図4で，花粉から伸びた管㋐を何というか。

(　　　　　　)

(5)　図4は，ショ糖水溶液に花粉を落として5分後に観察したものである。10分後に観察すると，管㋐の長さはどのように変化していると考えられるか。

(　　　　　　　　)

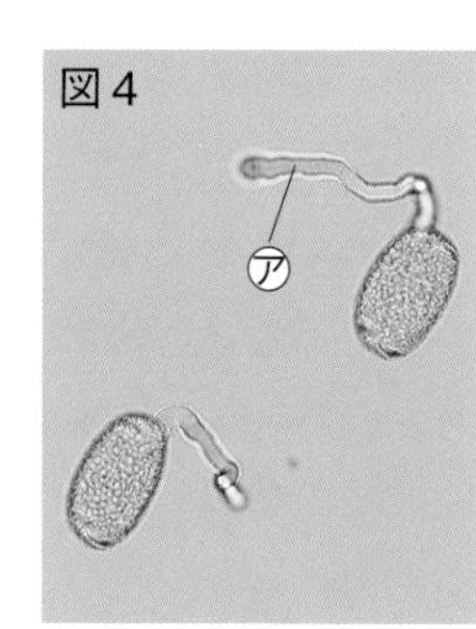

(6)　管㋐の中を先端に向かって運ばれていくものは何か。ヒント

(　　　　)

(7)　管㋐は，胚珠にある何に向かって伸びていくか。ヒント

(　　　　)

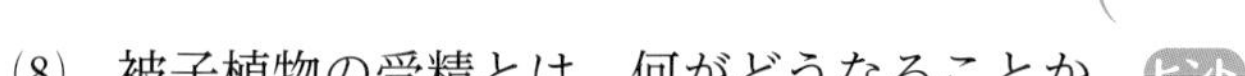

記述　(8)　被子植物の受精とは，何がどうなることか。ヒント

(　　　　　　　　　　　　　　　　　　　　　　　　　　)

(9)　受精卵が分裂をくり返してできる，根のもとや子葉などをそなえたつくりを何というか。

(　　　　)

(10)　受精卵から植物のからだがつくられていく過程を何というか。ヒント

(　　　　)

ヒントの森　3(6)(7)被子植物の生殖細胞である。(8)受精の結果，受精卵ができる。(10)植物にかぎらず，動物でも同じようによばれている。

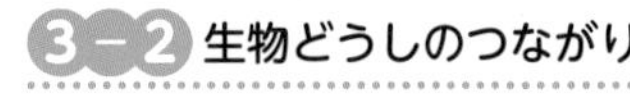

解答 p.11

実力判定テスト ステージ3 第1章 生物の成長・生殖

30分 /100

1 下の図は，発根したネギの根のさまざまな部分を染色して，顕微鏡で観察したものである。これについて，あとの問いに答えなさい。

6点×3（18点）

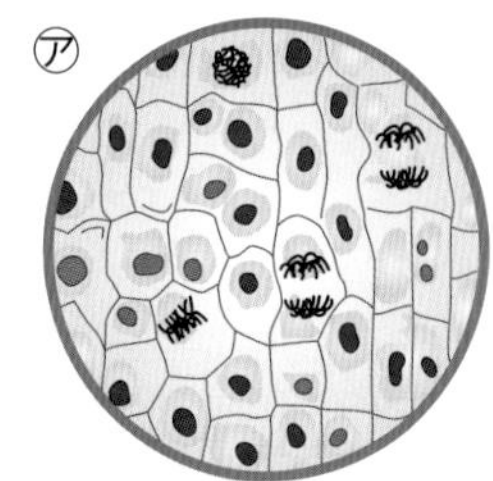

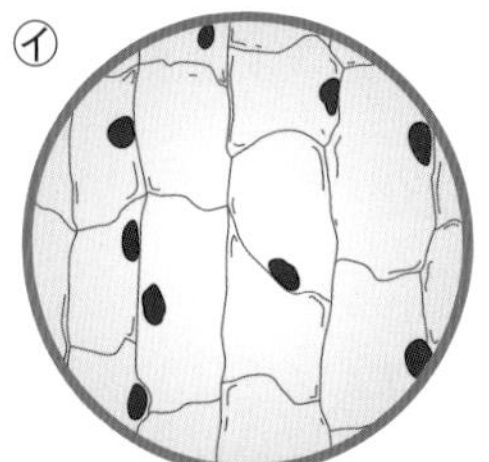

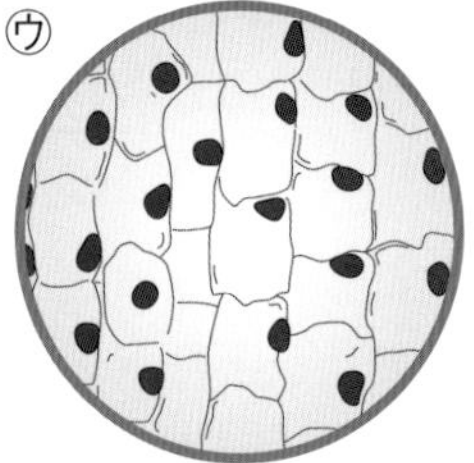

(1) 細胞分裂が最もさかんに起こっている部分を観察したものは，㋐〜㋒のどれか。

(2) 最も根もとよりの部分を観察したものは，㋐〜㋒のどれか。

記述 (3) 根が成長するのは，何がどのようになるからか。

(1)		(2)		(3)	

2 右の図は，顕微鏡で観察したタマネギの根の細胞のようすを表したものである。これについて，次の問いに答えなさい。

5点×6（30点）

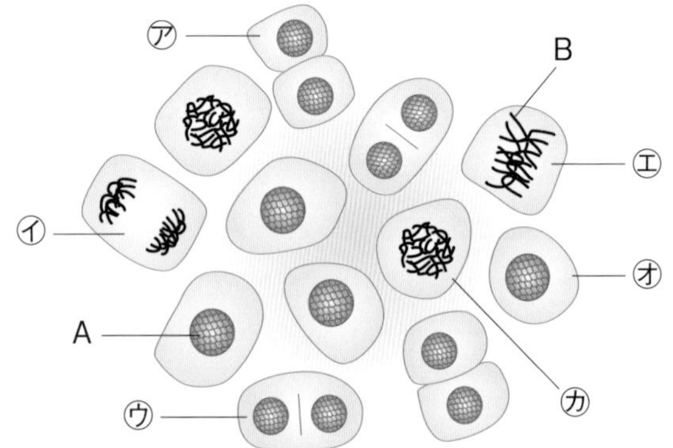

記述 (1) プレパラートをつくる前に，根を塩酸に入れて温めた。その理由を答えなさい。

(2) 細胞の中に見られるAを何というか。

(3) 細胞の中に見られる，ひものようなBを何というか。

(4) Aの中で変化が始まると，Bの数はどうなるか。次のア〜ウから選びなさい。

ア 半分になる。 イ 2倍になる。

ウ 変わらない。

(5) 図の㋐〜㋕の細胞を，細胞分裂の進んでいく順にならべなさい。ただし，㋔が最初であるとする。

(6) 1つの細胞が2つに分かれるとき，植物の細胞では中央にしきりが現れる。これに対し，動物の細胞ではどのようになるか。

(1)		(2)		(3)	
(4)		(5)	㋔→　　→　　→　　→　　→	(6)	

3 下の図は，カエルが成長していく過程を，順序を入れかえて表したものである。これについて，あとの問いに答えなさい。　4点×5（20点）

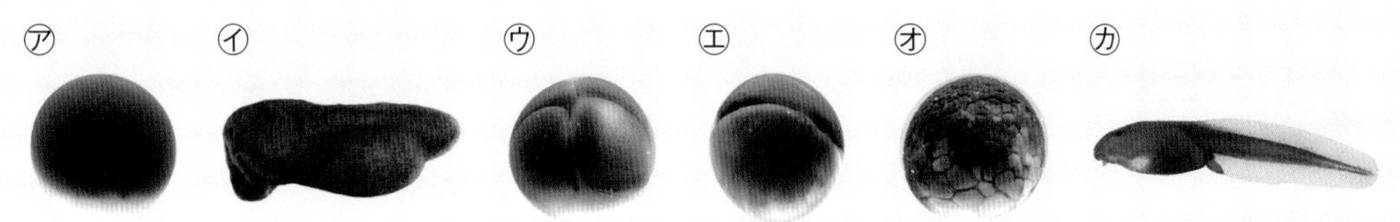

(1)　カエルの受精卵は，何という生殖細胞の核どうしが受精してできるか。2つ答えなさい。

(2)　㋐～㋕を，カエルが育つ順にならべなさい。ただし，㋐を最初とする。

記述 (3)　カエルの成長において，胚とは何のことか。簡単に説明しなさい。

記述 (4)　カエルの成長において，発生とは何のことか。簡単に説明しなさい。

(1)			(2)	㋐ → → → → →
(3)				
(4)				

4 右の図は，ある被子植物の受精のようすを模式的に表したものである。これについて，次の問いに答えなさい。　4点×8（32点）

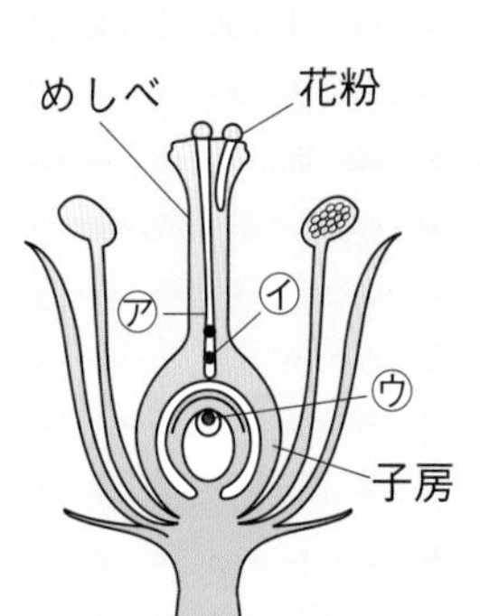

(1)　㋐の管を何というか。

(2)　㋑，㋒は被子植物の生殖細胞を表している。それぞれ何というか。

(3)　受精すると，受精卵は細胞分裂をくり返して何というつくりになるか。

(4)　受精すると，子房はやがて何になるか。

(5)　図のように，生殖細胞どうしが受精することによる生殖を何というか。

(6)　(5)の生殖では，親と子の形質はどのようになるか。次のア～ウから選びなさい。

ア　すべての子の形質は，親と同じになる。

イ　すべての子の形質は，親と異なっている。

ウ　子が親と同じ形質をもつ場合もあれば，親と異なる形質をもつ場合もある。

(7)　(5)に対し，アメーバは受精によらない生殖を行う。アメーバの生殖は，何という分裂によって行われるか。

(1)		(2)	㋑		㋒		(3)	
(4)		(5)		(6)		(7)		

3－2

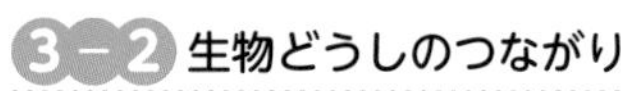

解答 p.11

確認のワーク ステージ1 第2章 遺伝と進化

教科書の要点

同じ語句を何度使ってもかまいません。

（　　）にあてはまる語句を，下の語群から選んで答えよう。

1 遺伝（いでん）

教 p.94〜108

(1) 親の形質が子孫に現れることを(①★　　　　)といい，親から子に伝わる形質を決める要素を(②★　　　　)という。

(2) 遺伝子（いでんし）は(③★　　　　)にふくまれている。

(3) 無性生殖の体細胞分裂では，染色体の数が２倍に複製されてから２個の細胞に分かれる。そのため，親と子の(④　　　　)の数と染色体にある遺伝子は同じになり，形質も同じになる。

(4) 有性生殖では，生殖細胞ができるときに染色体の数が親の細胞の半分になる(⑤★　　　　)が行われる。

(5) エンドウの1つの種子には，丸粒（まるつぶ）かしわ粒のどちらかの形質だけが現れる。このような２つの形質を(⑥★　　　　)という。

(6) 対立形質（たいりつけいしつ）をもつ親どうしをかけ合わせると，子には一方の形質が現れる。このとき，子に現れる形質を(⑦★　　　　)の形質，子に現れない形質を(⑧★　　　　)の形質という。

(7) 減数分裂（げんすうぶんれつ）をするとき，親のもつ１対の遺伝子が分離（ぶんり）し，別べつの生殖細胞に入ることを(⑨★　　　　)という。

(8) ある形質について，組み合わせが同じ遺伝子をもつ生物を，その形質の(⑩★　　　　)という。

(9) 遺伝子の本体は(⑪★　　　　)(★デオキシリボ核酸（かくさん）)という物質である。DNAをある生物から別の生物に人工的に移す技術を★**遺伝子組換え（くみか）技術**といい，医薬品の製造などで用いられている。

└ゲノム編集もこのひとつ。

まるごと暗記

メンデルの実験

- Rを顕性の形質を表す遺伝子，rを潜性の形質を表す遺伝子としたとき，RR(丸粒)とrr(しわ粒)の子

⇨すべてRr(丸粒)となる。

- Rr(丸粒)とRr(丸粒)の子

⇨RR，Rr，rrが現れ，丸粒：しわ粒＝３：１

プラスα

遺伝子組換え技術で，農作物の改良なども行われている。

2 進化

教 p.109〜113

(1) 生物が長い時間をかけて世代を重ねるうちに，その形質を変化させることを，生物の(①★　　　　)という。

(2) 脊椎動物（せきついどうぶつ）では，最初に水中で生活する(②　　　　)が出現し，やがて陸上で生活する特徴をもった動物へと進化していったと考えられる。

(3) 脊椎動物の前あし(つばさ・ひれ)などのように，現在の形やはたらきはちがっていても，もともとは同じであると考えられる器官を(③★　　　　)という。

ワンポイント

脊椎動物の進化

魚類→両生類

両生類→は虫類，哺乳（ほにゅう）類

は虫類→鳥類

語群

❶対立形質／DNA／純系（じゅんけい）／染色体／減数分裂／顕性（けんせい）／潜性（せんせい）／遺伝／遺伝子／分離の法則

❷相同器官（そうどうきかん）／進化／魚類

★の用語は，説明できるようになろう！

同じ語句を何度使ってもかまいません。

□にあてはまる語句を，下の語群から選んで答えよう。

1 有性生殖のときの染色体の伝わり方

教 p.97

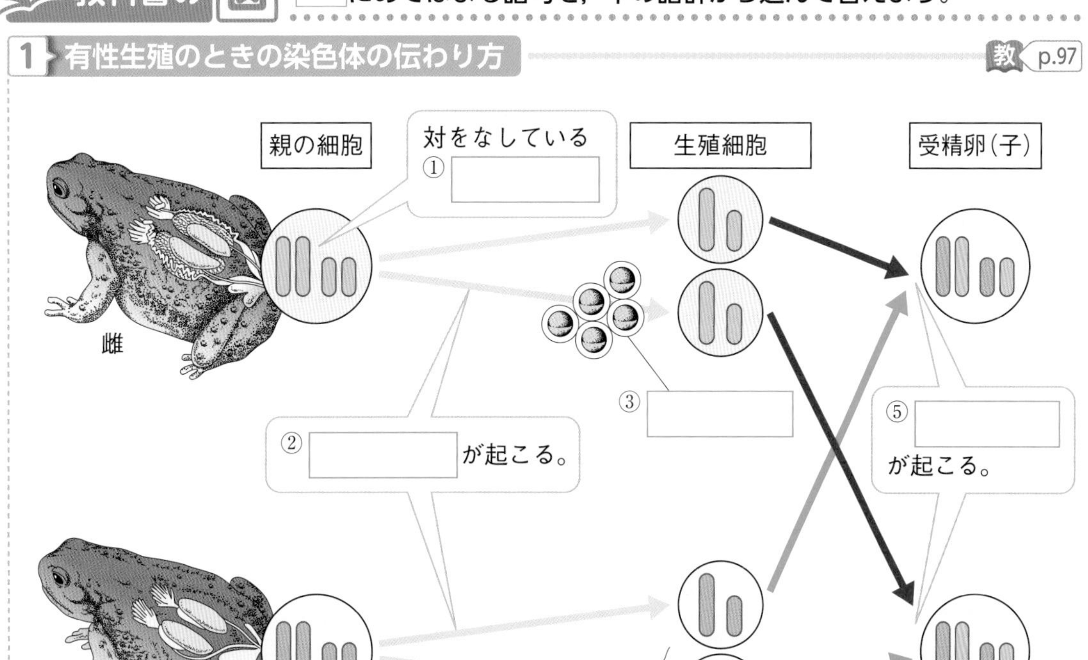

2 遺伝の規則性

教 p.105

Rrの遺伝子の組み合わせをもつエンドウの自家受粉

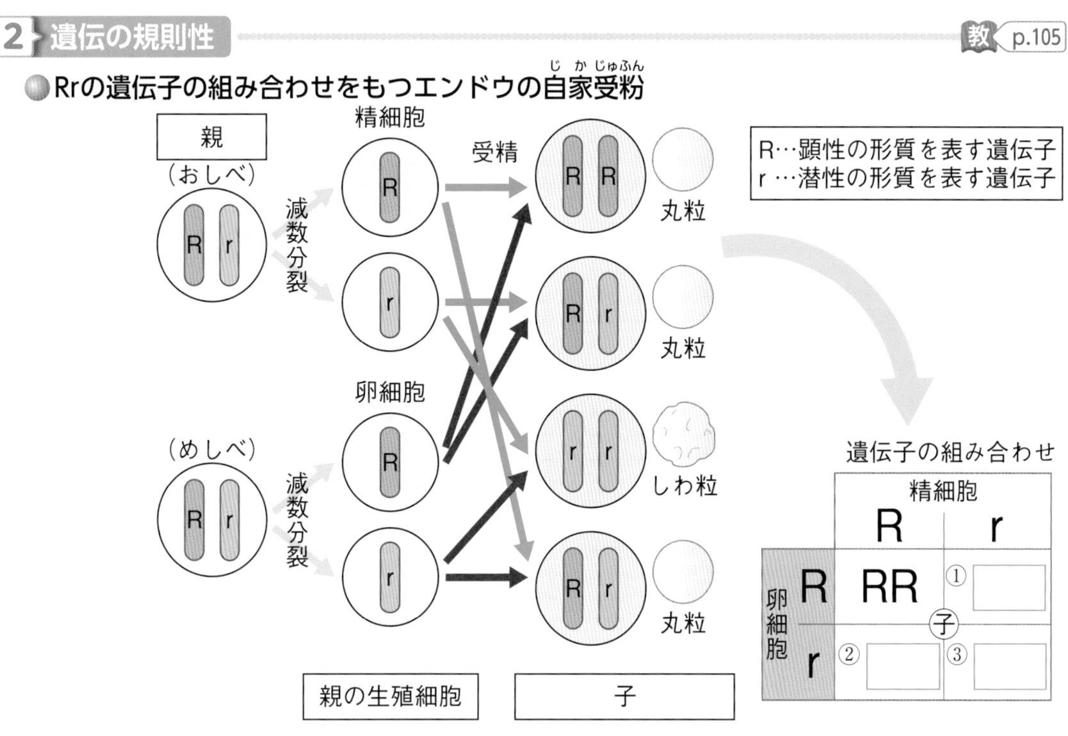

語群

1 染色体／受精／精子／卵／減数分裂

2 Rr／rr

わからない用語は，教科書の要点の★で確認しよう！

解答 p.11

定着のワーク ステージ2 第2章　遺伝と進化－①

1 染色体と遺伝子

右の図は，ある動物の親の細胞の染色体のようすと，染色体の伝わり方を模式的に表したものである。これについて，次の問いに答えなさい。

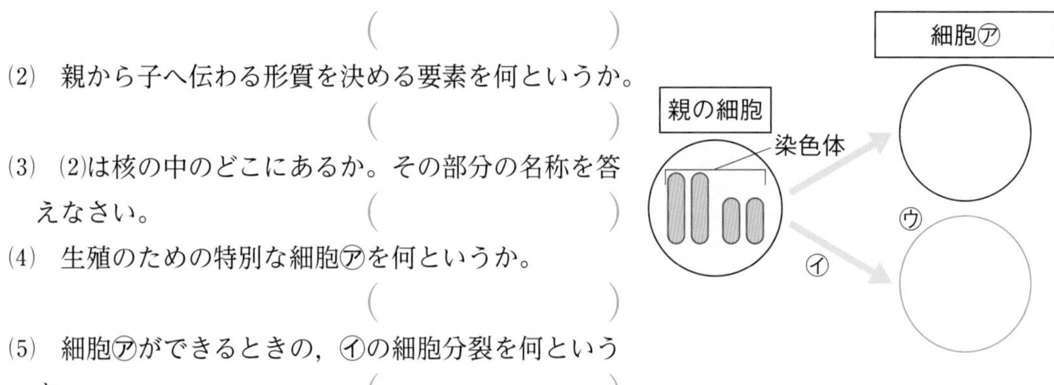

(1)　親の形質が子孫に現れることを何というか。　(　　　　)

(2)　親から子へ伝わる形質を決める要素を何というか。　(　　　　)

(3)　(2)は核の中のどこにあるか。その部分の名称を答えなさい。　(　　　　)

(4)　生殖のための特別な細胞㋐を何というか。　(　　　　)

(5)　細胞㋐ができるときの，㋑の細胞分裂を何というか。　(　　　　)

(6)　㋑の細胞分裂の結果，細胞㋐の染色体の数は親の細胞と比べてどのようになるか。　(　　　　)

(7)　細胞㋐の染色体はどのような組み合わせになるか。図の染色体のモデルを使って，㋒の○にかきなさい。 ヒント

2 染色体の伝わり方

右の図は，ヒトの染色体の伝わり方を表したものである。これについて，次の問いに答えなさい。

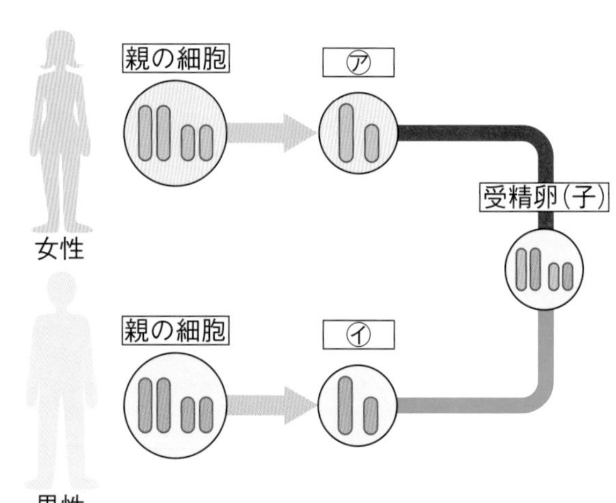

(1)　女性や男性のからだでつくられる，生殖のための細胞㋐，㋑を，それぞれ何というか。

㋐(　　　　)
㋑(　　　　)

(2)　㋐と㋑が合体することを何というか。　(　　　　)

(3)　両親の細胞の中の染色体の数はそれぞれ46本である。㋐，㋑の細胞の染色体の数はそれぞれ何本か。 ヒント

㋐(　　　　)　㋑(　　　　)

(4)　受精卵の染色体の数は何本か。　(　　　　)

(5)　受精卵は何という分裂をくり返して，胚が成長していくか。　(　　　　)

ヒントの森

1(7)親の細胞で２本ずつある染色体が，１本ずつに分かれて細胞㋐に入る。
2(3)染色体が２分割されて生殖のための細胞の中に入る。

3 遺伝の規則性　右の図は，エンドウの２種類の種子である。これについて，次の問いに答えなさい。

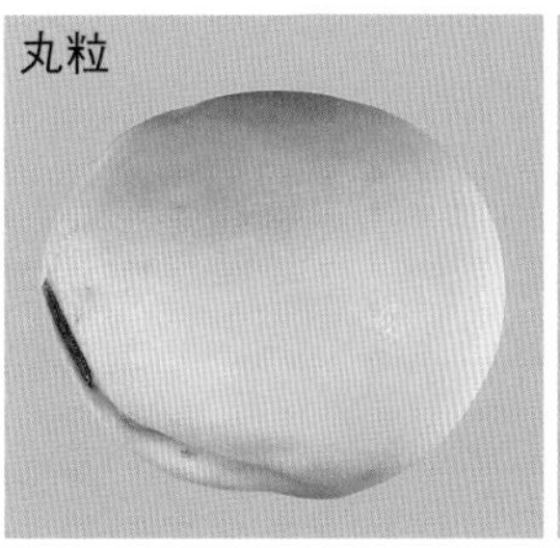

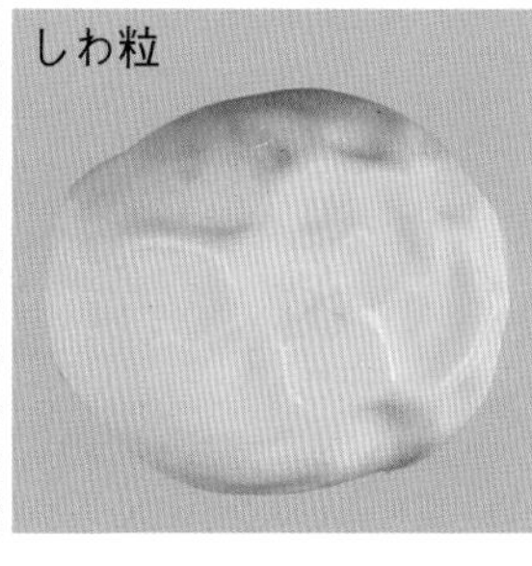

⑴　19世紀に，エンドウを材料にして，遺伝のしくみを明らかにしたのはだれか。人物名を答えなさい。（　　　　　）

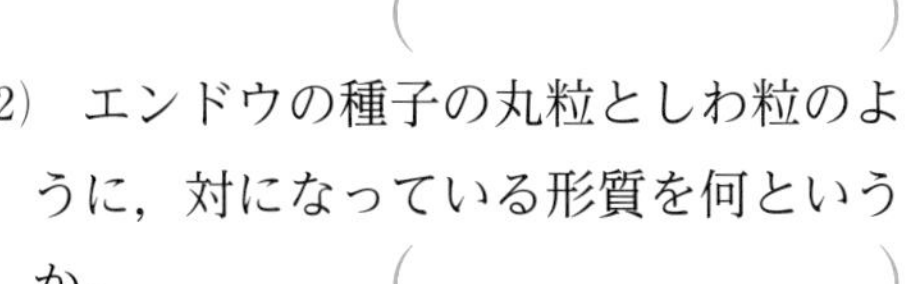

⑵　エンドウの種子の丸粒としわ粒のように，対になっている形質を何というか。（　　　　　）

⑶　エンドウの１つの種子には，丸粒としわ粒の両方の形質が現れることがあるか，一方の形質しか現れないか。（　　　　　）

⑷　世代交代しても丸粒の形質だけが現れる個体Aと，世代交代してもしわ粒の形質だけが現れる個体Bがある。AとBをかけ合わせると，できた種子(子)はすべて丸粒であった。このとき，丸粒の形質のことを何というか。（　　　　　）

⑸　⑷のとき，しわ粒の形質のことを何というか。（　　　　　）

⑹　⑷でできた種子を育て，１つの花の中で受粉させて種子(孫)をつくった。このような受粉のしかたを何というか。（　　　　　）

⑺　⑹で，できた種子(孫)には，丸粒としわ粒がどのような数の比で現れるか。次のア～オから選びなさい。（　　　）

ア　丸粒：しわ粒＝１：１
イ　丸粒：しわ粒＝２：１
ウ　丸粒：しわ粒＝１：２
エ　丸粒：しわ粒＝３：１
オ　丸粒：しわ粒＝１：３

⑻　丸粒の形質を表す遺伝子をR，しわ粒の形質を表す遺伝子をrとする。このとき，⑷の個体A，Bの細胞がもつ遺伝子の組み合わせはどのように表されるか。次の㋐～㋒からそれぞれ選びなさい。A（　　　）B（　　　）

㋐ 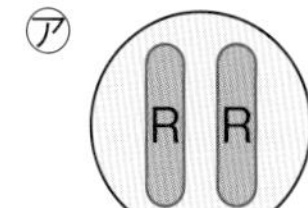

㋑ 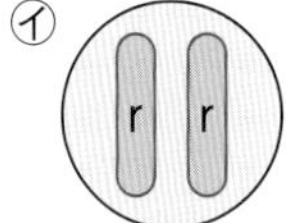

㋒ 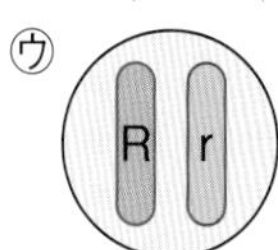

⑼　⑻の㋐，㋑のように，ある形質について同じ組み合わせの遺伝子をもつ生物を，その形質の何というか。（　　　　　）

⑽　生殖細胞ができるとき，親のもつ１対の遺伝子が分かれて別べつの生殖細胞に入ることを何というか。ヒント（　　　　　）

⑾　⑷の個体Aの生殖細胞はどのように表すことができるか。⑻を参考にして，右の○にかきなさい。ヒント

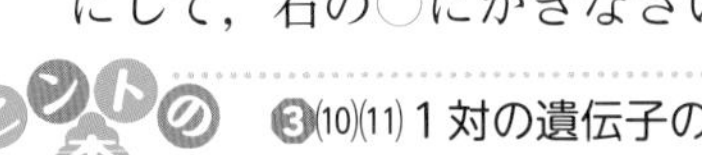

ヒントの森　3⑽⑾１対の遺伝子のそれぞれが１対の染色体に分かれて存在している。その１対の遺伝子が分離し，別べつの生殖細胞に入る。

解答 p.12

定着のワーク ステージ2 第2章　遺伝と進化－②

1 教 p.103 探究3 **メンデルの実験を遺伝子で説明する**

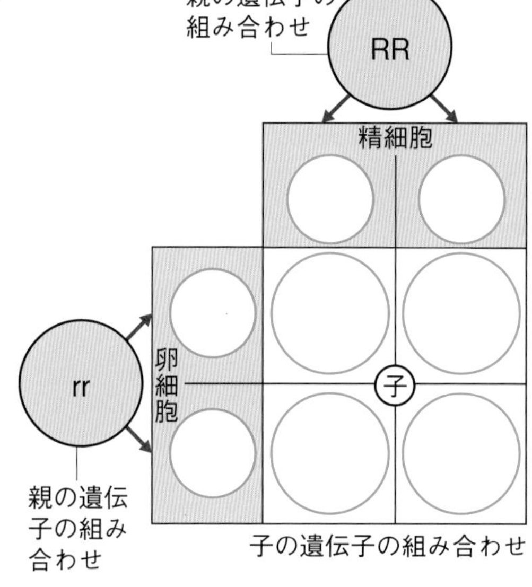

右の図は，丸粒の種子をつくるエンドウの純系としわ粒の種子をつくるエンドウの純系をかけ合わせたとき，遺伝子が親から子へどのように伝わるかを調べたものである。これについて，次の問いに答えなさい。ただし，丸粒の形質を表す遺伝子をR，しわ粒の形質を表す遺伝子をrとする。

作図 (1) 図の○の中に，遺伝子や遺伝子の組み合わせを，Rやrを使って表しなさい。

(2) 子の形質はどのようになるか。次のア～エから選びなさい。ヒント　(　　)

ア　すべて丸粒の種子になる。

イ　すべてしわ粒の種子になる。

ウ　丸粒の種子としわ粒の種子の両方ができるが，丸粒の種子の方が多い。

エ　丸粒の種子としわ粒の種子の両方ができるが，しわ粒の種子の方が多い。

2 教 p.103 探究3 **メンデルの実験を遺伝子で説明する**

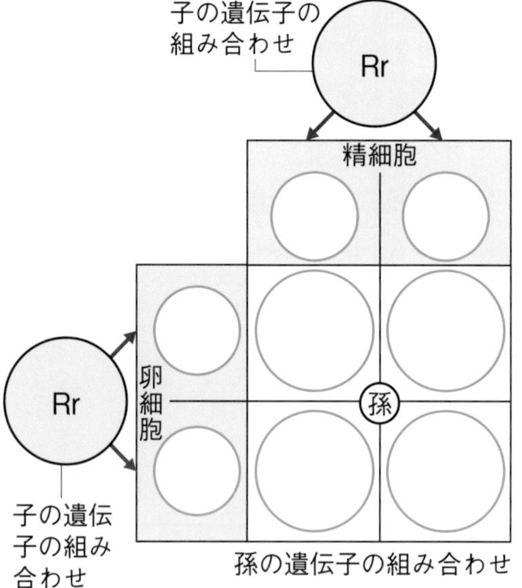

右の図は，1でできた子を自家受粉させたとき，遺伝子が子から孫へどのように伝わるかを調べたものである。これについて，次の問いに答えなさい。ただし，丸粒の形質を表す遺伝子をR，しわ粒の形質を表す遺伝子をrとする。

作図 (1) 図の○の中に，遺伝子や遺伝子の組み合わせを，Rやrを使って表しなさい。

(2) 遺伝子の組み合わせがRR，Rr，rrのもののうち，丸粒の形質が現れるものをすべて選びなさい。　(　　　　)

(3) 孫の形質はどのようになるか。次のア～ウから選びなさい。ヒント　(　　)

ア　丸粒の種子としわ粒の種子の数の比が1：1になる。

イ　丸粒の種子としわ粒の種子の数の比が1：3になる。

ウ　丸粒の種子としわ粒の種子の数の比が3：1になる。

1(2)子の遺伝子の組み合わせは，(1)で図に表した通りになる。

2(3)孫の遺伝子の組み合わせは3種類になる。

3 遺伝子の本体　右の図は，細胞の中の遺伝子のようすを模式的に表したものである。これについて，次の問いに答えなさい。

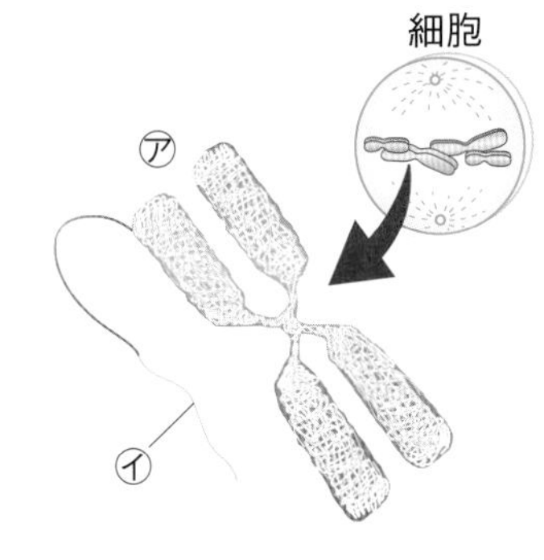

(1)　図の㋑は，㋐の中にふくまれている物質で，遺伝子の本体である。㋐，㋑の名称をそれぞれ答えなさい。ただし，㋑はアルファベット３文字で答えなさい。ヒント

㋐（　　　　　）
㋑（　　　　　）

(2)　㋑をある生物からほかの生物に人工的に移す技術を何というか。（　　　　　）

記述 (3)　(2)は，どのようなことに用いられているか。例を１つ答えなさい。（　　　　　）

4 動物の歴史　図１は，脊椎動物のなかまのそれぞれが現れた地質年代を示したものである。この図から，時代が新しくなるにつれ，水中生活から陸上の環境に適応した種類の動物が現れたと考えられる。これについて，あとの問いに答えなさい。

図１

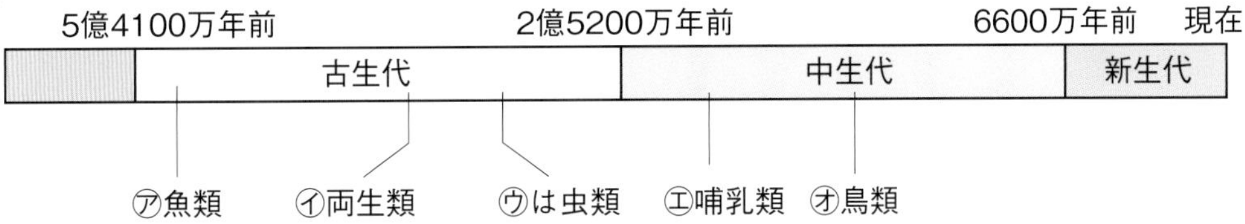

5億4100万年前　2億5200万年前　6600万年前　現在

古生代　中生代　新生代

㋐魚類　㋑両生類　㋒は虫類　㋓哺乳類　㋔鳥類

(1)　生物が長い年月をかけて世代を重ねるうちに，その形質が変化していくことを何というか。（　　　　　）

(2)　次の①，②のようになったのは，どの段階からであると考えられるか。図の㋐～㋔から選びなさい。

①　陸上の乾燥（かんそう）に耐（た）えられるしくみをもつようになった。（　　）

②　空を飛ぶのに適したからだのつくりをもつようになった。（　　）

図２

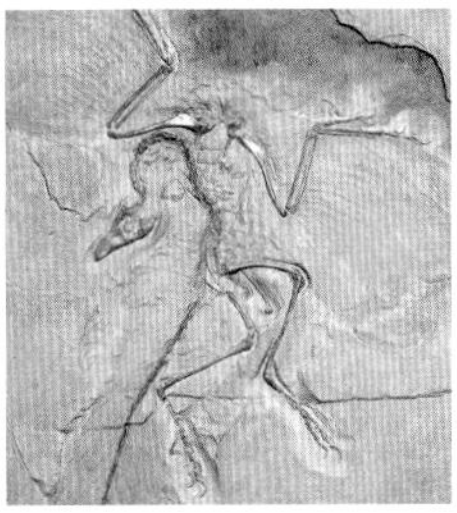

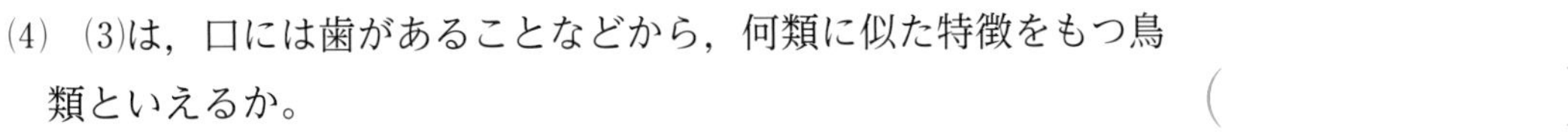

(3)　図２は，ある生物の化石である。この生物は，骨格などのようすから，初期の鳥類であると考えられている。この生物を何というか。ヒント（　　　　　）

(4)　(3)は，口には歯があることなどから，何類に似た特徴をもつ鳥類といえるか。（　　　　　）

(5)　脊椎動物の前あしの骨を比べると，基本的なつくりは似ている。このように現在の形やはたらきはちがっていても，もとは同じであると考えられる器官を何というか。（　　　　　）

3(1)㋑はデオキシリボ核酸という物質である。
4(3)この生物には，羽毛のほか，歯や爪（つめ）がある。

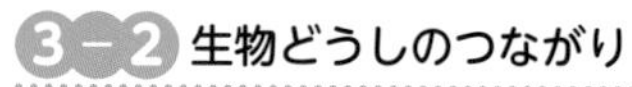

第2章　遺伝と進化

1 右の図は，有性生殖のときの染色体の伝わり方を表したものである。これについて，次の問いに答えなさい。

6点×5（30点）

記述 (1) 生殖細胞をつくるときに起こる減数分裂とは，どのような細胞分裂か。

(2) 減数分裂でできた生殖細胞が受精すると，子の細胞の染色体の数は，親の細胞の染色体の数と比べてどのようになるか。次のア〜ウから選びなさい。

ア　2倍になる。　イ　半分になる。

ウ　同じになる。

(3) 図のA，Bにあてはまる染色体を，それぞれ次の㋐〜㋓から選びなさい。

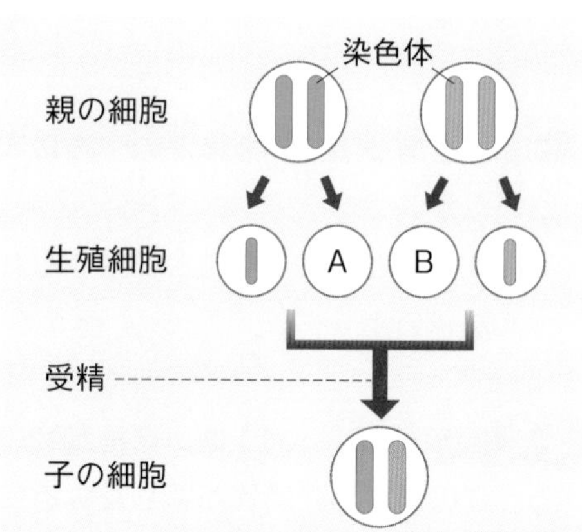

㋐　㋑　㋒　㋓

(4) 無性生殖では，親と子の細胞がもつ遺伝子はどうなるか。次のア〜ウから選びなさい。

ア　同じになる。　イ　異なる。

ウ　同じになる場合と異なる場合がある。

(1)							
(2)		(3)	A		B	(4)	

2 エンドウの子葉の色には黄色と緑色があり，黄色が顕性の形質である。これについて，次の問いに答えなさい。

5点×4（20点）

(1) 子葉の色が黄色になる純系と子葉の色が緑色になる純系をかけ合わせた。できた種子の子葉は何色か。

(2) (1)で，種子の子葉に現れなかった形質を，何の形質というか。

(3) 子葉の色が黄色になる純系の遺伝子の組み合わせをAA，子葉の色が緑色になる純系の遺伝子の組み合わせをaaとすると，(1)でできた種子の遺伝子の組み合わせはどのように表されるか。

(4) (1)でできたエンドウを育てて自家受粉させると，子葉が黄色のものと緑色のものができた。黄色の子葉と緑色の子葉の数の比（黄色：緑色）を答えなさい。

(1)		(2)		(3)		(4)	

よく出る **3** エンドウの種子には丸粒の種子としわ粒の種子がある。丸粒の純系としわ粒の純系をかけ合わせると，子の形質はすべて丸粒になる。図は，丸粒の遺伝子をR，しわ粒の遺伝子をrとし，丸粒の純系の遺伝子の組み合わせをRR，しわ粒の純系の遺伝子の組み合わせをrrとして，親から子，子から孫へ遺伝子が伝わるようすを模式的に表したものである。これについて，次の問いに答えなさい。 5点×4（20点）

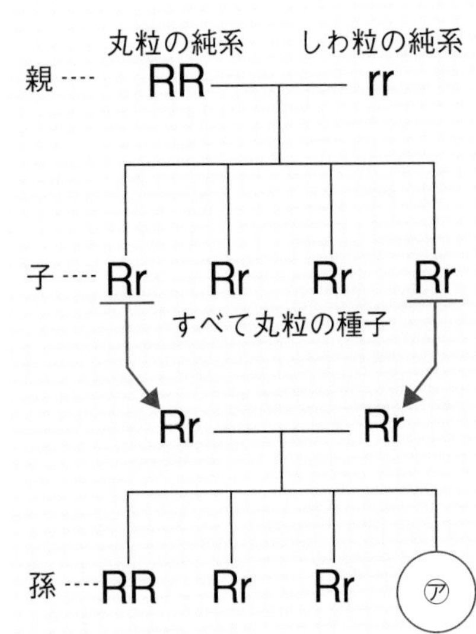

(1) 図の㋐にあてはまる遺伝子の組み合わせを答えなさい。

(2) 孫には，どのような遺伝子の組み合わせが，どのような数の比で現れるか。最も適当なものを，次のア～エから選びなさい。

ア RR：Rr＝1：1
イ RR：Rr＝2：1
ウ RR：Rr：rr＝1：1：1
エ RR：Rr：rr＝1：2：1

(3) 孫には，丸粒の種子としわ粒の種子がどのような数の比で現れるか。最も簡単な整数の比で答えなさい。ただし，どちらか一方しか現れない場合は，すべて丸粒，すべてしわ粒と答えなさい。

(4) 子(Rr)としわ粒の純系(rr)をかけ合わせると，丸粒の種子としわ粒の種子はどのような数の比で現れるか。

(1)		(2)		(3)	丸粒：しわ粒＝	(4)	丸粒：しわ粒＝

4 進化について，次の問いに答えなさい。 5点×6（30点）

(1) 脊椎動物の中で最初に地球上に出現した生物は何類であると考えられているか。

(2) 進化が進むにつれ，動物の生活場所はどこからどこへと広がっていったと考えられるか。

(3) ①両生類に似た特徴をもつ魚類，②は虫類に似た特徴をもつ哺乳類を，次のア～エからそれぞれ選びなさい。

ア シソチョウ　　**イ** オーストラリアハイギョ
ウ カモノハシ　　**エ** 羽毛恐竜（きょうりゅう）

(4) 右の図は，哺乳類の相同器官を比べたものである。相同器官とはどのような器官か。「現在」という言葉を使って説明しなさい。

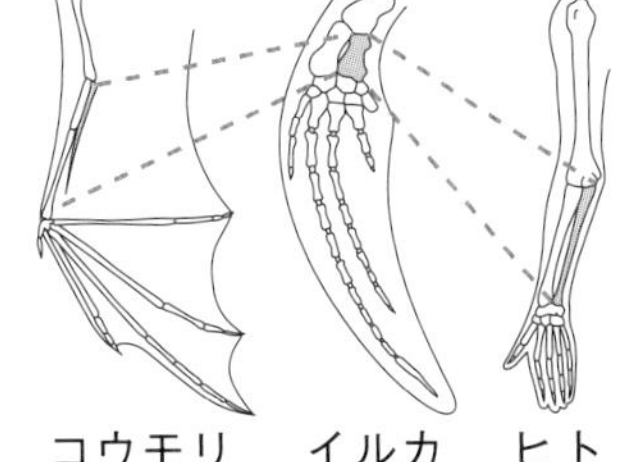

(5) 地球上で最初に現れた植物は，コケ植物や何植物か。

(1)		(2)		(3)	①		②	
(4)					(5)			

解答 p.14

確認のワーク ステージ1 第3章 生態系

教科書の要点

同じ語句を何度使ってもかまいません。

(　　)にあてはまる語句を，下の語群から選んで答えよう。

1 生態系(せいたいけい)

教 p.114～123

(1) 生物を取り巻く外界を(①★　　　　)という。

(2) ある地域のすべての生物と環境(かんきょう)を1つのまとまりとしてとらえたものを(②★　　　　)という。

(3) 鎖(くさり)のようにつながった，生物どうしの「食べる・食べられる」という関係を(③★　　　　)という。自然界では，多くの食物連鎖(しょくもつれんさ)が網(あみ)の目のようにからみ合って(④★　　　　)をつくっている。

(4) 生態系の中で，光合成をして(⑤　　　　)と水などからデンプンなどの有機物をつくり出す植物を(⑥★　　　　)という。植物がつくり出した有機物を直接的，間接的に消費する動物などを(⑦★　　　　)という。

(5) 消費者は，植物などの生産者を食べる(⑧★　　　　)，一次消費者を食べる(⑨★　　　　)などに分類される。

(6) ★菌類(きんるい)や(⑩★　　　　)のように，生物の死がいなどから養分を得ている小さな生物(微生物(びせいぶつ))を(⑪★　　　　)という。これらの生物により，有機物は(⑫　　　　)にまで分解される。

菌類・細菌類のほか，ダンゴムシやミミズなどもふくまれる。

(7) すべての生物は，呼吸で酸素を取りこみ，二酸化炭素を排出する。また，生産者は光合成で二酸化炭素を吸収し，酸素を排出する。このように，生態系の中で(⑬　　　　)や酸素の一部は生物のはたらきにより循環(じゅんかん)している。

2 自然界における生物量

教 p.124～131

(1) ある範囲(はんい)内に生息する生産者や一次消費者，二次消費者，三次消費者の生物量を比べると，最も大きいのは(①　　　　)で，最も小さいのは(②　　　　)である。その生物量を食物連鎖の順に重ねていくと，全体の形はピラミッドのようになる。

(2) 生態系の中で，何らかの原因で一次消費者の生物量が増えると，(③　　　　)の生物量は減り，(④　　　　)の生物量は増えるが，長い時間でみるとつり合いが保たれる。

語群
1 細菌類(さいきんるい)／二酸化炭素／生態系／環境／生産者／消費者／無機物／一次消費者／食物網(しょくもつもう)／二次消費者／分解者(ぶんかいしゃ)／食物連鎖／炭素　2 二次消費者／三次消費者／生産者

★の用語は，説明できるようになろう！

まるごと暗記
- 生産者
⇨植物
- 一次消費者
⇨草食動物
- 二次消費者
⇨肉食動物
- 分解者
⇨菌類・細菌類・土中の小動物

ワンポイント
- 菌類
⇨カビやキノコなど。菌糸(きんし)でできている。多くは多細胞生物で細胞分裂や胞子でふえる。
- 細菌類
⇨大腸菌やビフィズス菌など。単細胞生物。

プラスα
食物網は，野原や森など地上だけでなく，土の中や川や海の中でも広がっている。ネズミなどは，植物だけでなく，バッタなどの動物も食べる。

1 生態系における炭素と酸素の循環

教 p.123

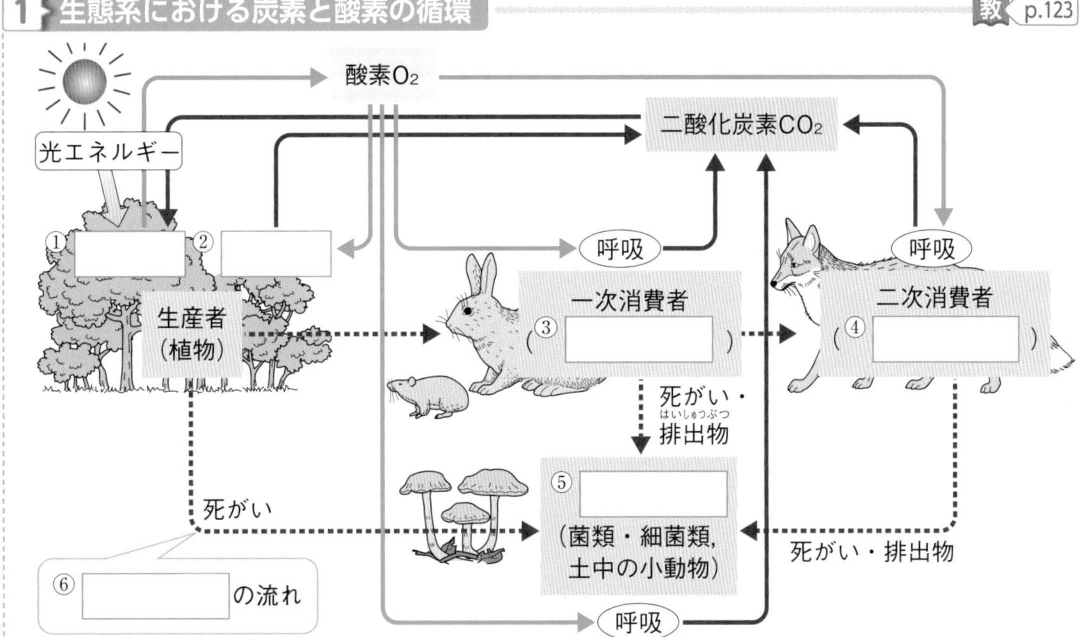

2 生物量のつり合い

教 p.126

㋐…二次消費者，㋑…一次消費者，㋒…生産者

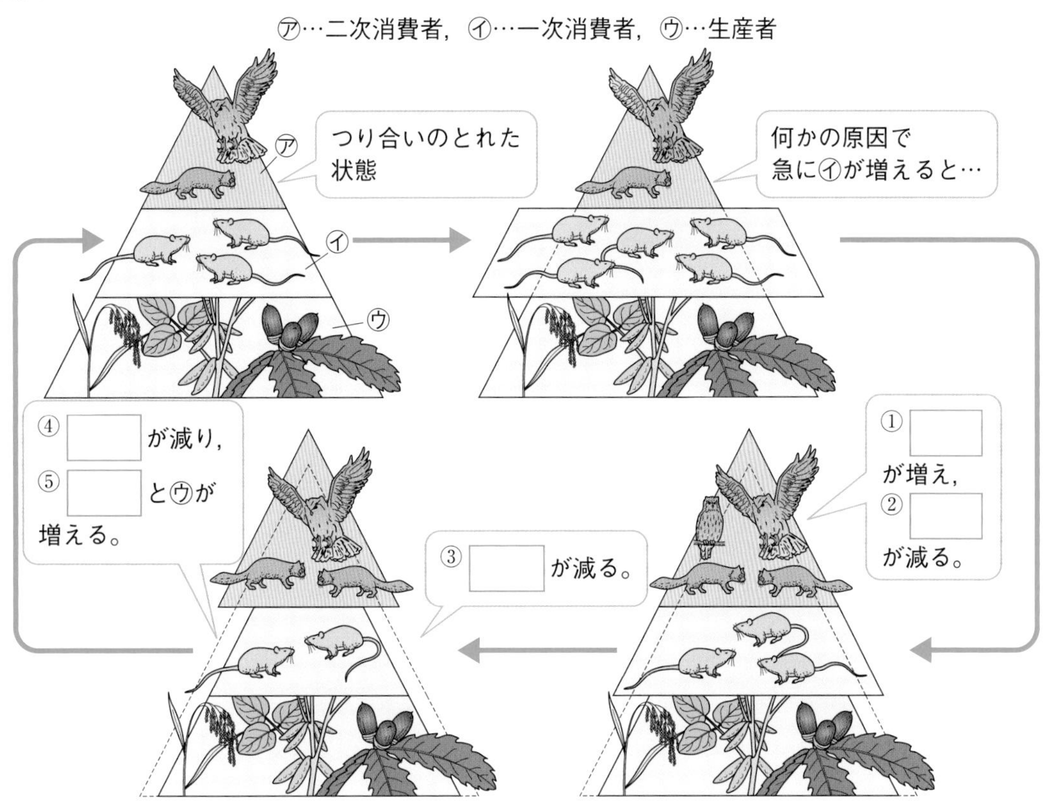

語群
1 肉食動物／草食動物／分解者／有機物／呼吸／光合成
2 ㋐／㋑／㋒

わからない用語は，教科書の要点の★で確認しよう！

3-2

解答 p.14

定着のワーク ステージ2 第3章 生態系

1 森に生息する生物 右の図は，ある森に生息する生物の「食べる・食べられる」という関係を矢印で表したものである。これについて，次の問いに答えなさい。

⑴ ある地域に生息する生物と生物以外の環境の要素を1つのまとまりとして考えたものを何というか。（　　　　）

⑵ 生物どうしの「食べる・食べられる」という関係のつながりを何というか。（　　　　）

⑶ 植物は，光合成によって有機物をつくり出している。そのはたらきから，⑴において何とよばれているか。（　　　　）

⑷ 植物がつくり出す有機物を直接的，または間接的に食べているオオタカ，カナヘビ，ハナアブなどは，⑶に対して何とよばれているか。ヒント（　　　　）

2 教 p.117 探究4 **土中の微生物のはたらき** 図1のように，林で採取した土を㋐，㋑に分け，㋐は加熱せずに，㋑は加熱してからそれぞれ水を加えてかき混ぜた。そして，それぞれの上ずみ液を別のビーカーに取り，両方にデンプン液を加えてからビーカーの口をアルミニウムはくでおおった。2日後，図2のように，それぞれの液を試験管に取り，ヨウ素液を加えて液の色の変化を調べた。これについて，あとの問いに答えなさい。

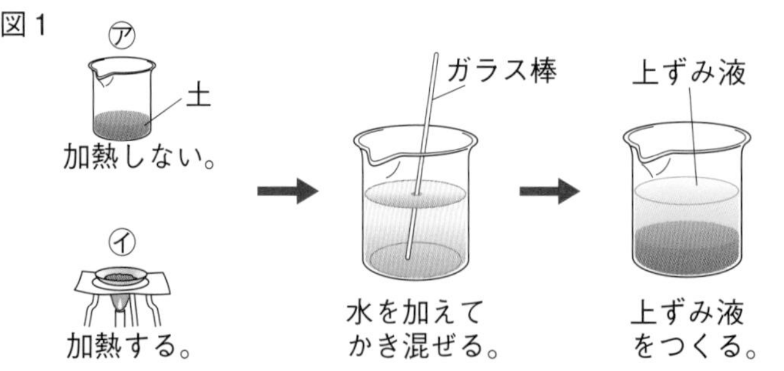

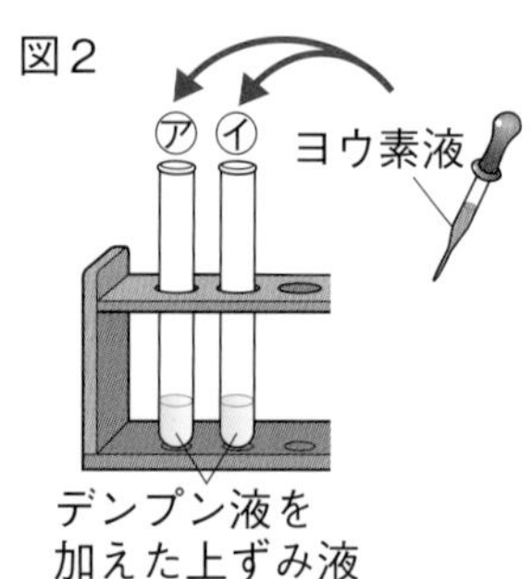

記述

⑴ 図1の㋑で，土を加熱する理由を答えなさい。
（　　　　）

⑵ 図2で，液の色が変化したのは，㋐，㋑のどちらか。ヒント（　　　　）

⑶ 図2で，液の色が変化しなかった試験管は，上ずみ液の中にいた生物がデンプンをどうしたと考えられるか。（　　　　）

ヒントの森
❶⑷動物は植物やほかの動物を食べて（消費して）生命を維持している。
❷⑵デンプンが残っていると，液の色が青紫色に変化する。

3 生態系における物質の循環　下の図は，生物による物質の循環を表したものである。これについて，あとの問いに答えなさい。

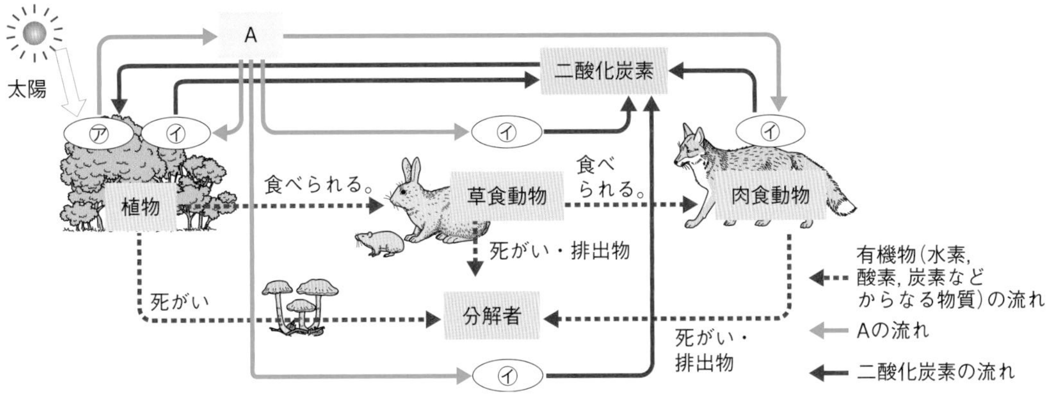

(1)　図の気体Aは何か。　(　　　　　　　)

(2)　図の㋐，㋑にあてはまる，動物や植物によるはたらきをそれぞれ答えなさい。

㋐(　　　　　　　)　㋑(　　　　　　　)

(3)　植物は，太陽からの何というエネルギーを利用して，有機物をつくり出しているか。

(　　　　　　　)

(4)　分解者は，落ち葉や死がい，排出物などの有機物を，何に変えているか。

(　　　　　　　)

(5)　分解者にあたるものを，次のア～エから2つ選びなさい。ヒント　(　　　)(　　　)

ア　モグラ　　イ　ミミズ　　ウ　オサムシ　　エ　カビ

4 生態系における生物どうしのつり合い　図1は，ある場所に生息する生物の生物量を，「食べる・食べられる」の関係の順に重ねたものである。これについて，次の問いに答えなさい。

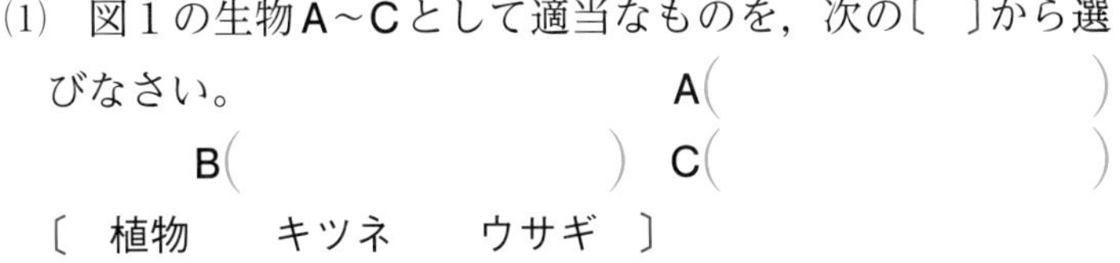

(1)　図1の生物A～Cとして適当なものを，次の〔　〕から選びなさい。　A(　　　　　　　)

B(　　　　　　　)　C(　　　　　　　)

〔　植物　　キツネ　　ウサギ　〕

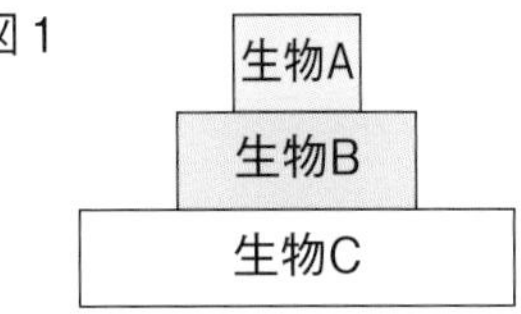

(2)　図2のように，何らかの理由で，生物Bの数が急に増えたとする。このとき，生物Aと生物Cの数は一時的に増えるか，減るか。ヒント　生物A(　　　　　　　)

生物C(　　　　　　　)

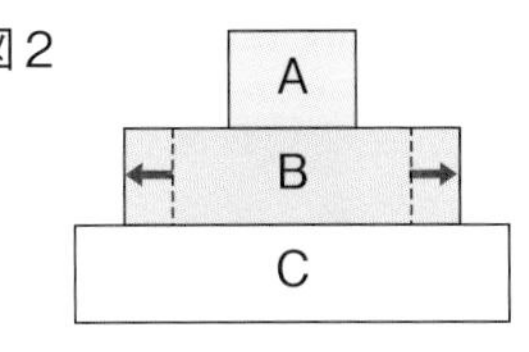

(3)　図3のように，何らかの理由で，生物Cの数が急に減ったとする。このとき，生物Aと生物Bの数は一時的に増えるか，減るか。　生物A(　　　　　　　)

生物B(　　　　　　　)

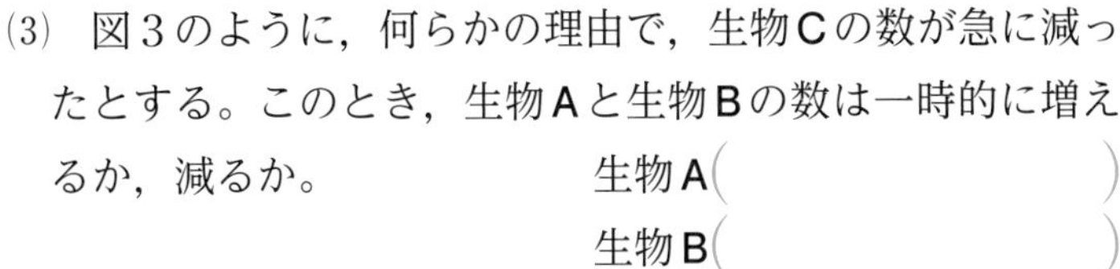

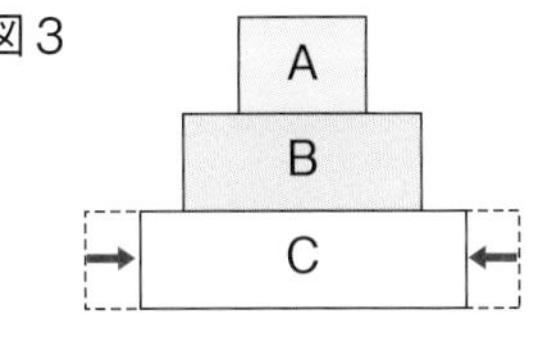

3(5)モグラやオサムシはミミズなどを食べている。
4(2)Bが増えると，Bを食物にしている生物は増え，Bに食べられる生物は減る。

解答 p.15

第3章　生態系

よく出る **1** 落ち葉や土の中にいる微生物のはたらきを調べるために，下のような実験を行った。これについて，あとの問いに答えなさい。　5点×6(30点)

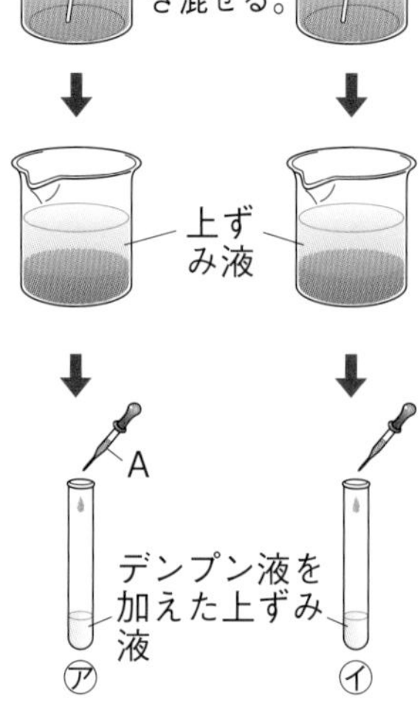

実験　野外の土を採取して，そのままの土㋐と十分に加熱した土㋑に水を加えてかき混ぜた。次に，上ずみ液をビーカーに取り，それぞれ同量のデンプン液を加えて，アルミニウムはくでおおい，3日間置いた。

(1)　3日後にビーカーの㋐，㋑の液を試験管に取り，デンプンがあるかどうかを調べるため，薬品Aを加えて色の変化を調べた。薬品Aは何か。

(2)　薬品Aを加えたとき，試験管の㋐，㋑の液は，それぞれどのようになるか。

(3)　実験の結果から，微生物はどのようなはたらきをすることがわかるか。

(4)　土の中にいる微生物の多くは，何類とよばれる生物か。2つ答えなさい。

(1)		(2)	㋐		㋑	
(3)					(4)		

2 右の図は，ある地域の生物の生物量を，食物連鎖の順に重ねたものである。これについて，次の問いに答えなさい。　5点×4(20点)

(1)　最も生物量が多いものを，図の㋐〜㋓から選びなさい。

(2)　自分で有機物をつくることができないものを，図の㋐〜㋓からすべて選びなさい。

(3)　消費者はどのようにして，有機物を体内に取り入れているか。

(4)　食物連鎖が網の目のように複雑にからみ合ったものを何というか。

3 下の図は，生態系における酸素と炭素の循環の一部を表したものである。これについて，あとの問いに答えなさい。 5点×4（20点）

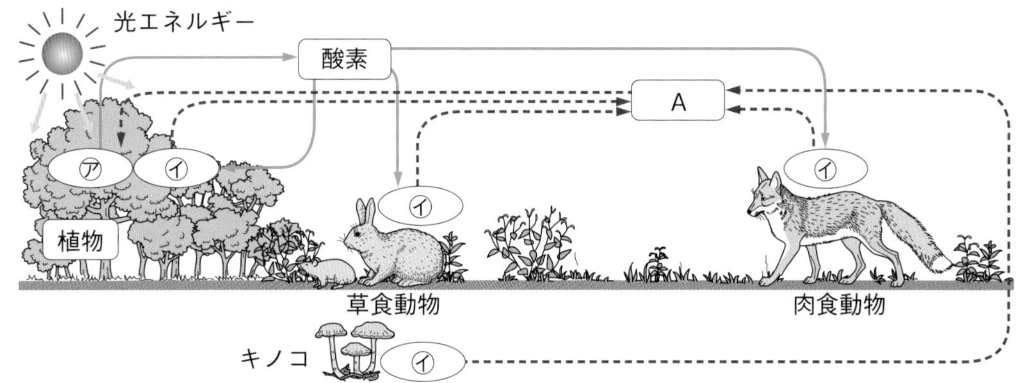

(1) Aにあてはまる気体の名称を答えなさい。

(2) 呼吸を表しているのは，㋐，㋑のどちらか。

(3) 図では，矢印が1本ぬけている。ぬけている矢印をかき加えなさい。

(4) ほかの生物の死がいや排出物などから養分を得ているキノコは，消費者にふくまれる。一方で，有機物を無機物にする役割をもつことから何とよばれているか。

(1)		(2)		(3)	図に記入	(4)	

よく出る **4** 右の図は，ネズミ，タカ，植物の生物量の関係を表したものである。これについて，次の問いに答えなさい。 6点×5（30点）

(1) タカの生物量を表しているのは，A～Cのどれか。

(2) (1)と判断した理由を，生物量に着目して答えなさい。

(3) 何らかの原因で，図のように，急にBの生物量が減った。このあと，一時的にAとCの生物量はどうなると考えられるか。

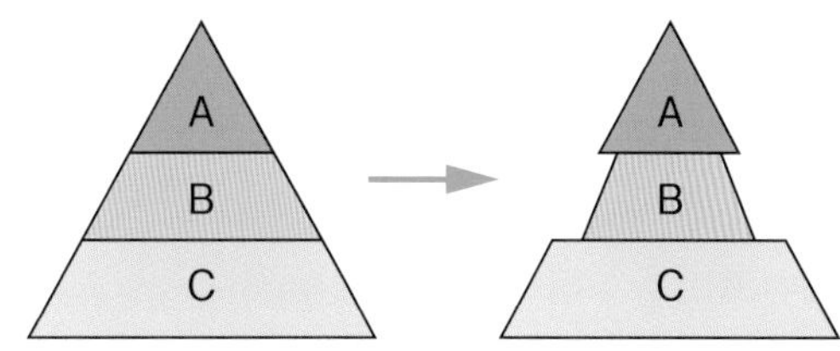

(4) AとCの生物量が(3)のようになると，Bの生物量はどうなると考えられるか。

(5) (4)の結果，長い時間でみると，A～Cの生物量の関係は，どのようになるか。

(1)		(2)	
(3)		(4)	
(5)			

3-2 生物どうしのつながり

1 図１のように，細胞分裂のようすを調べるために３cmほど伸びたタマネギの根を５mm切り取り，その根を温めた塩酸の中に入れた。次に，根を取り出して水洗いし，スライドガラスにのせて染色したあと，根にカバーガラスをかけてからろ紙をのせて指で静かに押しつぶし，顕微鏡で観察した。これについて，次の問いに答えなさい。

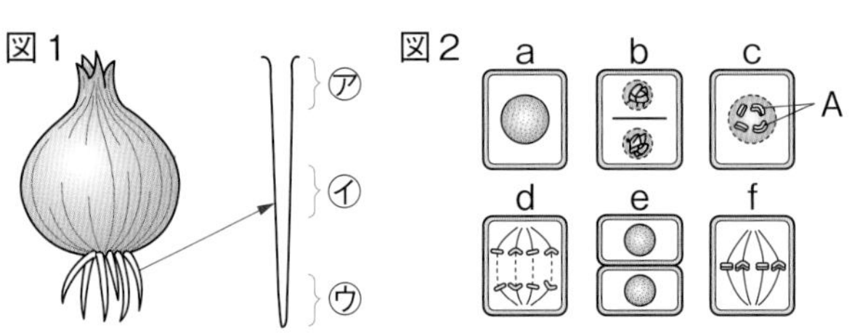

5点×5（25点）

(1) 細胞分裂のようすを調べるためには，図１の㋐〜㋒のどの部分を切り取るとよいか。

(2) 根を染色するときに使う染色液を，１つ答えなさい。

(3) 図２は，顕微鏡で観察した細胞の模式図である。ひものように見えるAの名称を答えなさい。

(4) 図２のa〜fの細胞を，aを最初にして細胞分裂の順にならべなさい。

(5) 根が成長するには，細胞分裂によって細胞の数が増えることのほかに，１つひとつの細胞がどのようになることが必要か。

1

(1)	
(2)	
(3)	
(4)	
(5)	

2 右の図は，有性生殖での染色体のようすを表したものである。これについて，次の問いに答えなさい。

5点×4（20点）

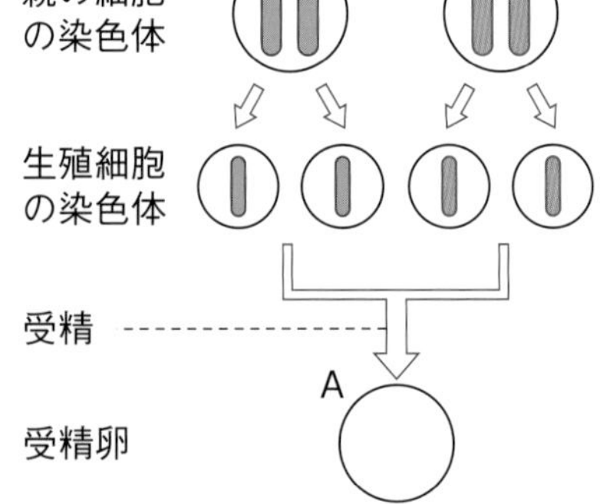

(1) 生殖細胞ができるときに起こる細胞分裂を何というか。

(2) 図のように，親の細胞の染色体にふくまれる１対の遺伝子が別べつの生殖細胞に入ることを何というか。

(3) 図のAにあてはまる染色体を，次の㋐〜㋓から選びなさい。

㋐　㋑　㋒　㋓

(4) １対の対立形質の遺伝子をA，aと表すとき，雄がAA，雌がaaという遺伝子の組み合わせをもつ両親からうまれる子の遺伝子の組み合わせはどのようになるか。次のア〜ウから選びなさい。

ア　AAだけである。　　**イ**　AAとAaの両方がある。

ウ　Aaだけである。

2

(1)	
(2)	
(3)	
(4)	

目標 細胞分裂の順序，遺伝子の伝わり方，遺伝の規則性，食物連鎖や生物量のつり合いについて，よく整理して覚えよう。

自分の得点まで色をぬろう!
がんばろう!　もう一歩　合格!
0　60　80　100点

3》 丸粒の種子をつくる純系のエンドウのめしべに，しわ粒の種子をつくる純系のエンドウの花粉をつけたところ，できた種子(子)はすべて丸粒であった。この種子を育てたエンドウを自家受粉させたところ，できた種子(孫)には丸粒としわ粒の両方が見られた。これについて，次の問いに答えなさい。

5点×5(25点)

子　Rr
生殖細胞　①
孫　RR　②

(1) 対立形質の純系どうしをかけ合わせたとき，子に現れる形質を何というか。

(2) 図は，遺伝子が子から孫へ，生殖細胞を通して伝わるしくみを表したものである。丸粒の形質を表す遺伝子をR，しわ粒の形質を表す遺伝子をrとするとき，①，②にあてはまる記号をそれぞれ答えなさい。

(3) 孫の代の種子が全部で6000個できたとき，しわ粒の種子は何個か。次の**ア**～**エ**から選びなさい。

ア　約1500個　　**イ**　約2000個
ウ　約3000個　　**エ**　約4500個

(4) 遺伝子の組み合わせがRrのエンドウと，遺伝子の組み合わせがrrのエンドウをかけ合わせたときにできる，丸粒の種子としわ粒の種子の数の比を，最も簡単な整数で表しなさい。

3》

(1)				
(2)	①		②	
(3)				
(4)	丸粒：しわ粒＝			

4》 右の図は，ある草原の生物の生物量を食物連鎖の順に重ねたものである。これについて，次の問いに答えなさい。

6点×5(30点)

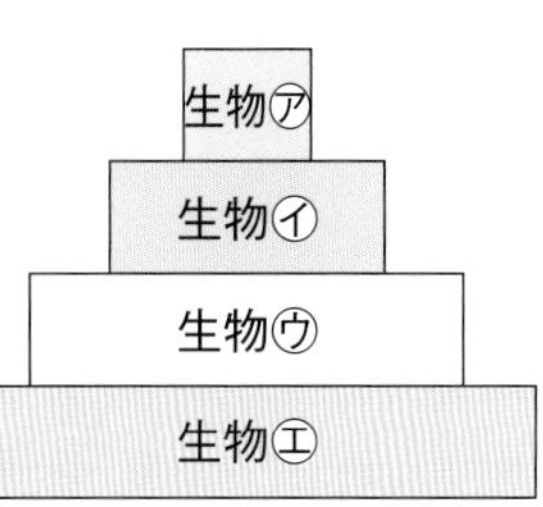

記述

(1) 食物連鎖とは，生物間のどのようなつながりか。

(2) 生物㋐～㋓が，バッタ，タカ，植物，ネズミのいずれかであるとき，生物㋐，㋒にあてはまる生物をそれぞれ答えなさい。

(3) 生物㋐～㋓を，生産者，消費者，分解者に分類したとき，正しく分類されているものを，次の**ア**～**エ**から選びなさい。

ア　生産者…㋐　消費者…㋑，㋒　分解者…㋓
イ　生産者…なし　消費者…㋐，㋑，㋒　分解者…㋓
ウ　生産者…㋓　消費者…㋐，㋑，㋒　分解者…なし
エ　生産者…㋓　消費者…㋑，㋒　分解者…㋐

(4) 何らかの原因で，生物㋒が急激に減ると，一時的に増える生物はどれか。次の**ア**～**エ**から選びなさい。

ア　㋐と㋑　　**イ**　㋑と㋓
ウ　㋑だけ　　**エ**　㋓だけ

4》

(1)		
(2)	㋐	
	㋒	
(3)		
(4)		

終わったら後ろの，5，8をやろう。

解答 p.17

確認のワーク ステージ1 第1章 水溶液とイオン

同じ語句を何度使ってもかまいません。

教科書の要点 （　）にあてはまる語句を，下の語群から選んで答えよう。

1 イオン

教 p.132〜144

(1) 塩化ナトリウムなどのように，水に溶(と)けたときに電流が流れる物質を(①★　　　)といい，砂糖などのように，水に溶けたときに電流が流れない物質を(②★　　　)という。

(2) 原子は，＋の電気をもつ(③★　　　)と−の電気をもつ(④★　　　)からできている。原子核は，＋の電気をもつ(⑤★　　　)と電気をもたない(⑥★　　　)の集まりでできている。

(3) 原子が電子(でんし)を放出すると，原子全体は＋の電気を帯びた(⑦★　　　)となる。
−の電気をもつ。

(4) 原子が電子を受け取ると，原子全体は−の電気を帯びた(⑧★　　　)となる。

(5) 塩化銅水溶液を電気分解すると，陰極(いんきょく)には(⑨　　　)が付着し，陽極(ようきょく)からは(⑩　　　)が発生する。

2 イオンの化学式

教 p.145〜151

(1) 水素原子は，電子を1個放出して陽(よう)イオンとなる。これを水素イオンといい，(①　　　)と表す。また，塩素原子は，電子を1個受け取って陰(いん)イオンとなる。これを(②　　　)といい，(③　　　)と表す。

(2) 電解質(でんかいしつ)が，水溶液中で陽イオンと陰イオンに分かれることを(④★　　　)という。

(3) 電離(でんり)のようすは，次のように表すことができる。

例 塩化水素　HCl ⟶(⑤　　　)＋ Cl^-

塩化ナトリウム　NaCl⟶Na^+ ＋(⑥　　　)

塩化銅　$CuCl_2$ ⟶(⑦　　　)＋ $2Cl^-$

塩化鉄　$FeCl_2$ ⟶(⑧　　　)＋ $2Cl^-$

(4) 電離の式は，⟶の左右で原子とイオンの数が等しく，右側で陽イオンの＋の数と陰イオンの−の数が等しくなるように表す。

(5) 塩酸を電気分解すると，陰極からは(⑨　　　)，陽極からは(⑩　　　)が発生する。

まるごと暗記
- 電解質
⇨水に溶けたときに電流が流れる物質。
- 非電解質
⇨水に溶けたときに電流が流れない物質。

ワンポイント
原子の中にある陽子と電子の数は等しく，たがいの電気を打ち消し合うため，原子全体としては電気を帯びていない状態にある。

まるごと暗記
- 電離
⇨水溶液中で，物質が**陽イオン**と**陰イオン**に分かれること。

まるごと暗記
電気分解
- 陰極には**陽イオン**からできる物質が現れる。
⇨水素，銅など
- 陽極には**陰イオン**からできる物質が現れる。
⇨塩素など

語群
①中性子(ちゅうせいし)／銅／塩素／電子／陽イオン／陰イオン／電解質／非電解質(ひでんかいしつ)／原子核／陽子(ようし)
②電離／Fe^{2+}／Cl^-／Cu^{2+}／H^+／塩化物イオン／水素／塩素

★の用語は，説明できるようになろう！

同じ語句を何度使ってもかまいません。

□にあてはまる語句を，下の語群から選んで答えよう。

1 電解質と非電解質

教 p.138

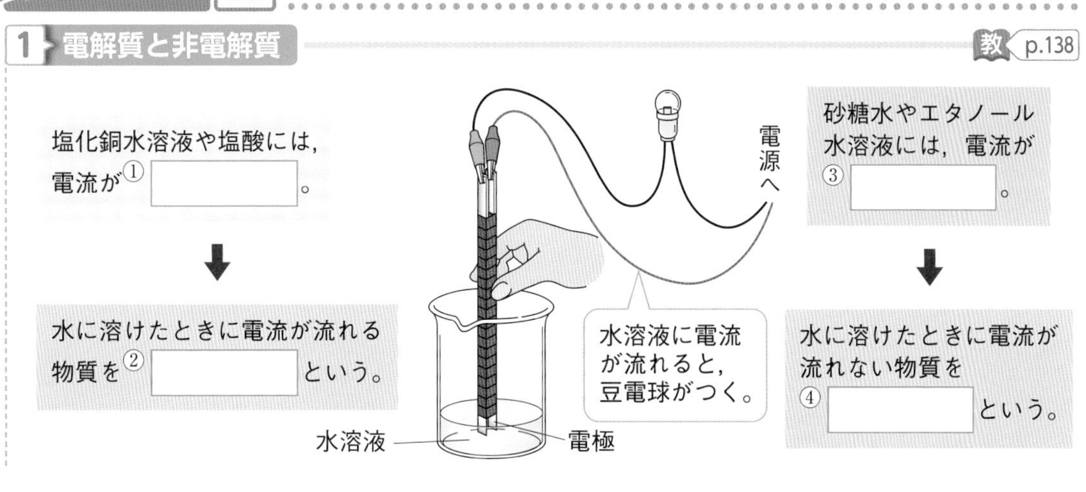

2 イオンと電離

⑤，⑦はイオンの化学式を用いて書こう。

教 p.139〜146

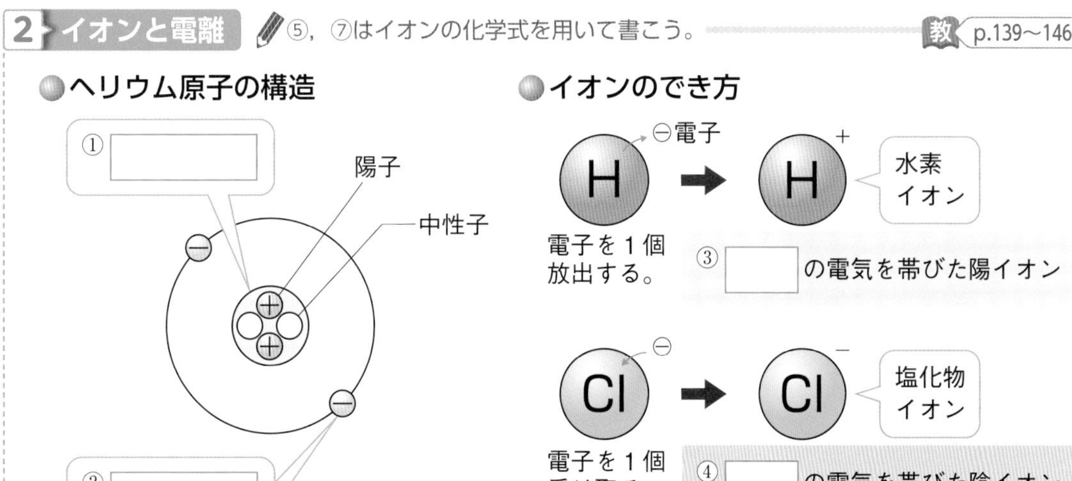

塩化ナトリウムの電離

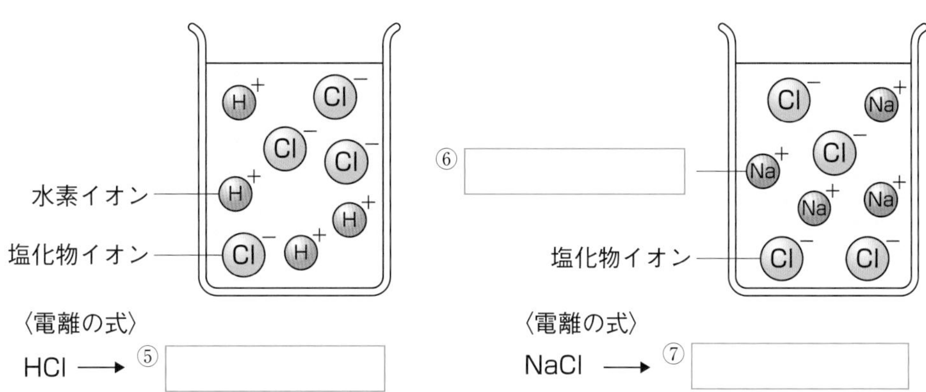

語群

1 電解質／非電解質／流れる／流れない

2 ナトリウムイオン／電子／原子核／＋／－／$H^{+}+Cl^{-}$／$Na^{+}+Cl^{-}$

わからない用語は，教科書の要点の★で確認しよう！

3－3

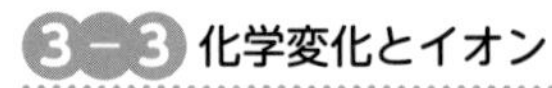

解答 p.17

定着のワーク ステージ2 第1章 水溶液とイオン―①

1 教 p.135 探究1 **電流が流れる水溶液** 図1のような装置で，いろいろな水溶液や蒸留水に電流が流れるかどうかを調べた。また，固体の塩化ナトリウムの粉末にも電流が流れるかどうかを調べた。これについて，次の問いに答えなさい。

図1

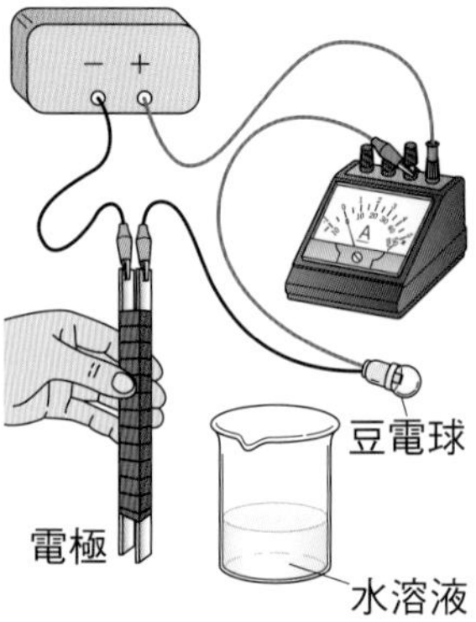

−　＋
A
豆電球
電極
水溶液

(1) 水溶液に電極を入れるとき，そのつど，何で電極を洗って使用するか。（　　　　）

(2) 次の**ア**～**カ**のうち，電流が流れる水溶液をすべて選びなさい。（　　　　）

ア 蒸留水　**イ** 水酸化ナトリウム水溶液
ウ 砂糖水　**エ** 塩化銅水溶液
オ 塩酸　**カ** エタノール水溶液

(3) 固体の塩化ナトリウムの粉末に電極をさしこむと，電流は流れるか。（　　　　）

(4) 水に溶けたとき，水溶液に電流が流れる物質を何というか。（　　　　）

(5) 水に溶けたとき，水溶液に電流が流れない物質を何というか。（　　　　）

(6) 電流が流れた水溶液には共通してある変化が見られた。その変化を，次の**ア**～**エ**から選びなさい。（　　）

ア 水溶液の色が変化した。
イ 水溶液の量が増えた。
ウ 水溶液の温度が下がった。
エ 気体が発生した。

(7) 図2は水溶液に電流が流れることを，塩化ナトリウム水溶液に電極を入れた装置を使って説明しようとしたものである。

図2

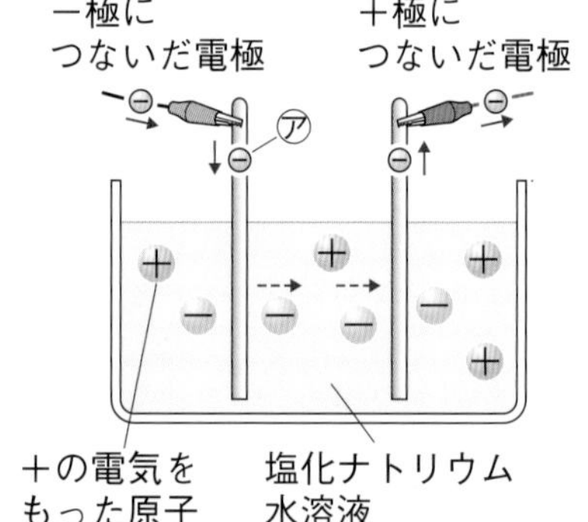

① 水溶液に電流が流れるのは，図2の㋐が流れているためである。㋐は何を表しているか。 ヒント
（　　　　）

② ㋐はどこから出て，水溶液中を移動したと考えられるか。下の〔 〕から選びなさい。 ヒント
（　　　　）

〔 溶媒（ようばい）　溶質（ようしつ） 〕

③ 電流が流れる水溶液は，電極で何が起こっていると考えられるか。
（　　　　）

❶(7)①静電気が生じるとき，移動するものである。(7)②溶液で，物質を溶かしている液体を溶媒，溶けている物質を溶質という。

2 原子の構造とイオンのでき方

右の図1は，ヘリウム原子の構造を模式的に表したものである。これについて，次の問いに答えなさい。

図1

A　B　C　電子

(1) 図のA～Cを何というか。　A(　　　)　B(　　　)　C(　　　)

(2) Bの説明として正しいものを，次のア～ウから選びなさい。(　　　)

ア　＋の電気をもっている。

イ　－の電気をもっている。　　ウ　電気をもたない。

(3) Cは，＋，－のどちらの電気をもっているか。(　　　)

(4) 原子全体としては電気を帯びていない状態になっている。これは，Aの数と電子の数がどのようになっているからか。(　　　)

(5) 同じ元素であっても，原子によってはBの数がちがうことがある。このような原子どうしを何というか。(　　　)

図2

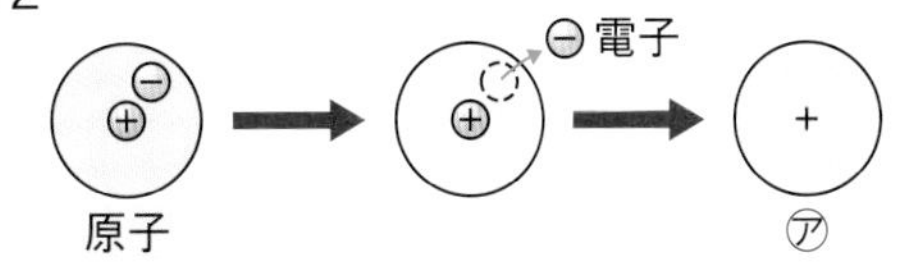

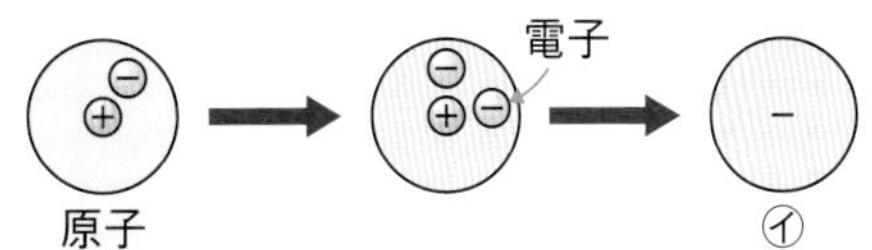

(6) 図2は，イオンのでき方を表したものである。陰イオンを表しているのは，ア，イのどちらか。ヒント (　　　)

3 教 p.141 探究2 塩化銅水溶液の電気分解

右の図のような装置で塩化銅水溶液に電流を流すと，陰極には物質が付着し，陽極からは気体が発生した。これについて，次の問いに答えなさい。

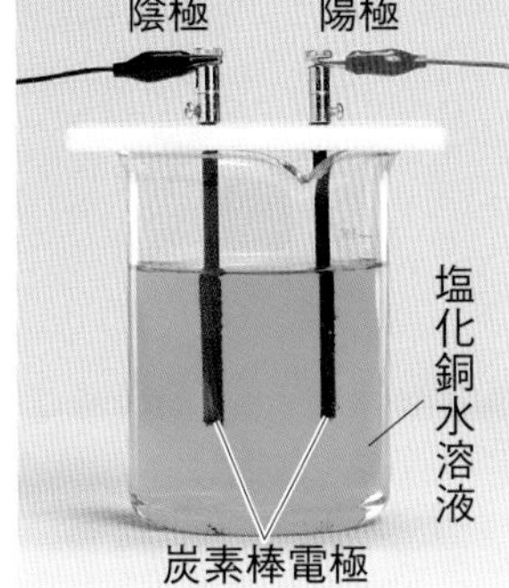

(1) 陰極に付着した物質の色を，次のア～エから選びなさい。(　　　)

ア　青色　　イ　黒色　　ウ　赤色　　エ　白色

記述 (2) 陰極に付着した物質を薬さじでこすると，どのようになるか。ヒント (　　　)

(3) 陰極に付着した物質は何か。(　　　)

(4) 陽極から発生した気体には，どのようなにおいがあるか。(　　　)

(5) 陽極から発生した気体は何か。(　　　)

(6) 陽極付近の水溶液をとり，赤インクを1滴(てき)たらすと，赤インクの色はどのようになるか。(　　　)

(7) (5)の気体は陽極から現れることから，水溶液中で陽イオン，陰イオンのどちらになっていると考えられるか。ヒント (　　　)

2(6)－の電気を帯びたイオンである。　3(2)陰極に付着した物質は金属である。(7)陰極と陽極に引きつけられるイオンの種類を考える。

解答 p.17

定着のワーク ステージ2 第1章 水溶液とイオン−②

1 イオンの化学式 右の図は，イオンをイオンの化学式で表そうとしたものである。これについて，次の問いに答えなさい。

水素原子 H → 電子を1個放出する。 → ㋐
銅原子 Cu → 電子を2個放出する。 → ㋑
塩素原子 Cl → 電子を1個受け取る。 → ㋒

(1) 図の㋐〜㋒のイオンの名称を答えなさい。
㋐(　　　　)
㋑(　　　　)
㋒(　　　　)

(2) 図の㋐〜㋒のうち，陽イオンをすべて選びなさい。ヒント
(　　　　)

(3) 図の㋐〜㋒を，それぞれイオンの化学式で表しなさい。
㋐(　　) ㋑(　　) ㋒(　　)

2 水溶液中のイオン 下の図は，3種類の物質がそれぞれ水に溶けているようすを模式的に表したものである。これについて，あとの問いに答えなさい。

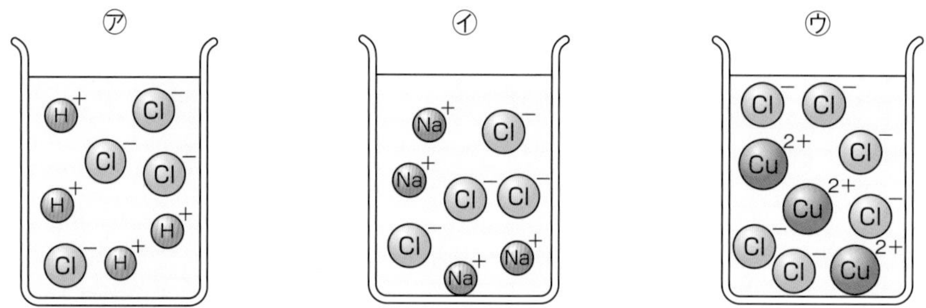

(1) 図の㋐〜㋒は何が溶けた水溶液か。下の〔 〕からそれぞれ選びなさい。ヒント
㋐(　　　　) ㋑(　　　　) ㋒(　　　　)
〔 塩化ナトリウム　塩化水素　塩化銅 〕

(2) ㋐〜㋒の水溶液中で，物質はそれぞれ何イオンと何イオンに電離しているか。
㋐(　　　　)イオンと(　　　　)イオン
㋑(　　　　)イオンと(　　　　)イオン
㋒(　　　　)イオンと(　　　　)イオン

(3) ㋐〜㋒の水溶液中での電離のようすを，それぞれイオンの化学式を用いて表しなさい。
㋐(　　　　)
㋑(　　　　)
㋒(　　　　)

ヒントの森
1(2)陽イオンは＋の電気を帯びたイオン，陰イオンは−の電気を帯びたイオンである。
2(1)㋐は塩酸である。

3 教 p.147 探究3 **電気分解をイオンの化学式から予想する** 右の図のような装置で塩酸を電気分解したところ，陽極からも陰極からも気体が発生した。これについて，次の問いに答えなさい。

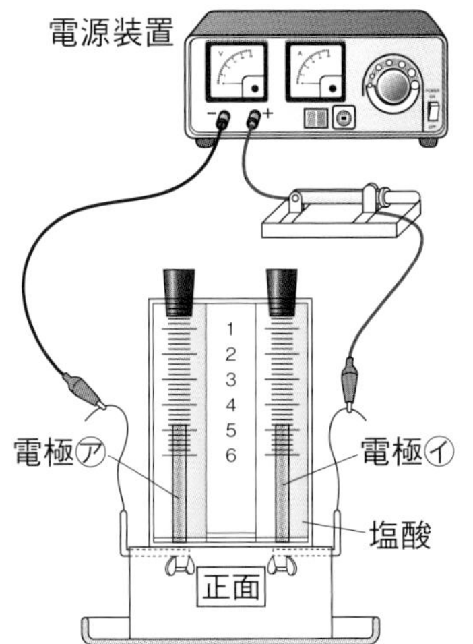

(1) 図で，陽極を表しているのは，電極㋐，㋑のどちらか。
（　　）

(2) 塩酸中にある陽イオンは何か。イオンの化学式で答えなさい。
（　　　　）

(3) 塩酸中にある陰イオンは何か。イオンの化学式で答えなさい。
（　　　　）

(4) (2)，(3)から考えられることについて，次の(　)にあてはまる言葉をそれぞれ答えなさい。ただし，①，③には，陽極か陰極かを書きなさい。ヒント

①(　　　　　　) ②(　　　　　　)
③(　　　　　　) ④(　　　　　　)

(2)のことより，(①)からは(②)が発生すると考えられる。また，(3)のことより，(③)からは(④)が発生すると考えられる。

(5) 塩酸の電気分解を，化学反応式で表しなさい。
（　　　　　　　　　　　　　　）

4 **塩化銅水溶液の電気分解** 右の図のような装置で塩化銅水溶液を電気分解した。これについて，次の問いに答えなさい。

㋐ ㋑

銅が付着　塩化銅水溶液　塩素が発生

(1) 付着した銅は，水溶液中の陽イオンと陰イオンのどちらからできた物質か。ヒント
（　　　　）

(2) (1)のことから，銅が付着した㋐の電極は，陽極，陰極のどちらであると考えられるか。
（　　　　）

(3) ㋑の電極から発生した気体が塩素であることを確かめるためには，どのような操作を行えばよいか。次のア～ウから選びなさい。
（　　）

ア　マッチの火を近づけて，気体が燃えるかどうかを確かめる。

イ　気体を石灰水に通して，白くにごるかどうかを確かめる。

ウ　電極付近の液に赤インクをたらし，色が消えるかどうかを確かめる。

(4) 塩化銅水溶液の電気分解を，化学反応式で表しなさい。
（　　　　　　　　　　　　　　）

3(4)陽イオンは－の電気に，陰イオンは＋の電気に引きつけられる。
4(1)銅原子は，電子を２個放出してイオンになる。

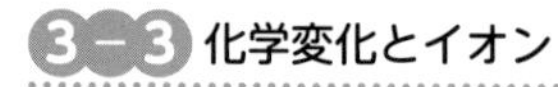

解答 p.18

実力判定テスト ステージ3 第1章 水溶液とイオン

30分 /100

1 右の図のような装置で，次の５種類の物質を溶かした水溶液に電圧をかけ，電流が流れるかどうかを調べた。これについて，あとの問いに答えなさい。 4点×5（20点）

㋐塩化ナトリウム　㋑砂糖　㋒エタノール
㋓水酸化ナトリウム　㋔塩化水素

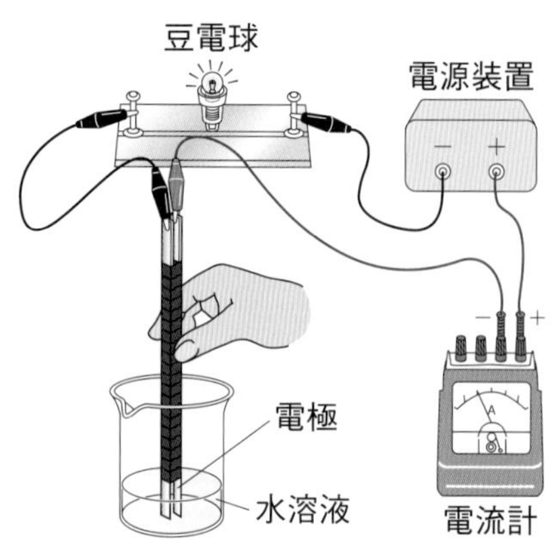

⑴ 電解質とはどのような物質か。

⑵ ㋐～㋔から，電解質をすべて選びなさい。

⑶ 水溶液に電圧をかけたときに電極付近で変化が見られたものをすべて選びなさい。

⑷ ⑶の変化とはどのようなものか。

⑸ 水溶液を変えて調べるときに，そのつど電極にする操作は何か。

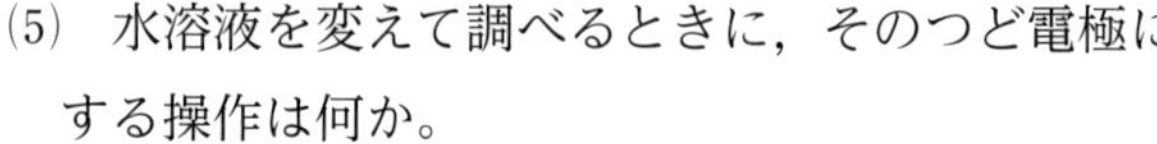

⑴		⑵	
⑶		⑷	
⑸			

2 右の図のような装置で塩化銅水溶液に電流を流すと，電極㋐には赤色の物質が付着し，電極㋑からは気体が発生した。これについて，次の問いに答えなさい。 4点×6（24点）

⑴ 電極㋐に付着した物質は何か。

⑵ 電極㋑から発生した気体は何か。

⑶ ⑵の気体は，水溶液中で陽イオン，陰イオンのどちらになっているか。

⑷ 電極㋐に付着した⑴の物質が金属であることを確かめるには，どのような操作を行えばよいか。方法と結果を，「薬さじ」という言葉を使って答えなさい。

⑸ 電源装置の＋極と－極をつなぎ変えて電流を流すと，電極㋐と電極㋑では，それぞれどのような変化が見られるか。

電源装置
電極㋐
電極㋑
⊖
⊕
塩化銅水溶液
電流計

⑴		⑵		⑶	
⑷					
⑸	㋐		㋑		

3 右の図は，塩化ナトリウムが水に溶けて，陽イオン(㋐)と陰イオン(㋑)に電離したようすを表したものである。これについて，次の問いに答えなさい。　4点×8(32点)

(1) 原子がもつ＋と－の電気の量は，どのようになっているか。

(2) ㋐は，原子が何を放出してできたものか。

(3) ㋑は何というイオンか。イオンの名称を答えなさい。

(4) 塩化ナトリウムが電離しているようすを，イオンの化学式を用いて表しなさい。

(5) 塩化銅は水溶液中では，Cu^{2+}とCl^{-}に電離している。Cu^{2+}のイオンの名称を答えなさい。

(6) 塩化銅が電離しているようすを，イオンの化学式を用いて表しなさい。

(7) 塩化銅が電離しているとき，Cu^{2+}とCl^{-}の数の比はどのようになっているか。次のア～ウから選びなさい。

ア　Cu^{2+}：Cl^{-}＝1：2

イ　Cu^{2+}：Cl^{-}＝2：1

ウ　Cu^{2+}：Cl^{-}＝1：1

(8) 非電解質は，水にとけたときに電離するか。

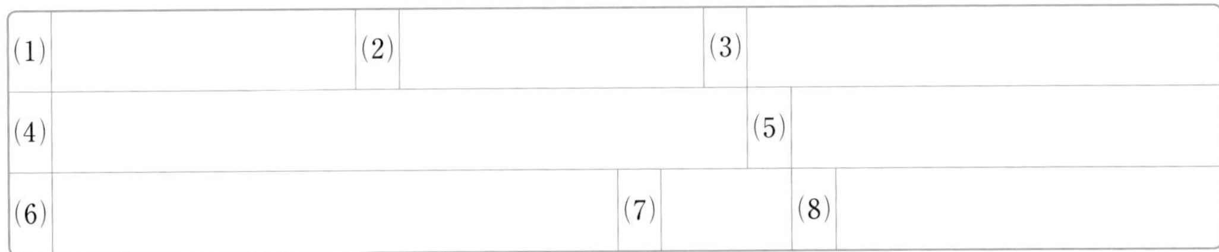

(1)		(2)		(3)	
(4)		(5)			
(6)		(7)		(8)	

4 右の図のような装置で塩化鉄水溶液に電流を流したところ，陰極には固体の物質が付着し，陽極からは気体が発生した。これについて，次の問いに答えなさい。　4点×6(24点)

(1) 塩化鉄はどのように電離しているか。イオンの化学式を用いて表しなさい。

(2) 陽極で発生した気体は何か。

(3) (2)の気体ににおいはあるか。

(4) 陰極に付着する物質は何か。

(5) 水溶液中を陰極の方に移動するのは，水溶液中の陽イオンか，陰イオンか。

(6) 塩化鉄水溶液の電気分解を，化学反応式で表しなさい。

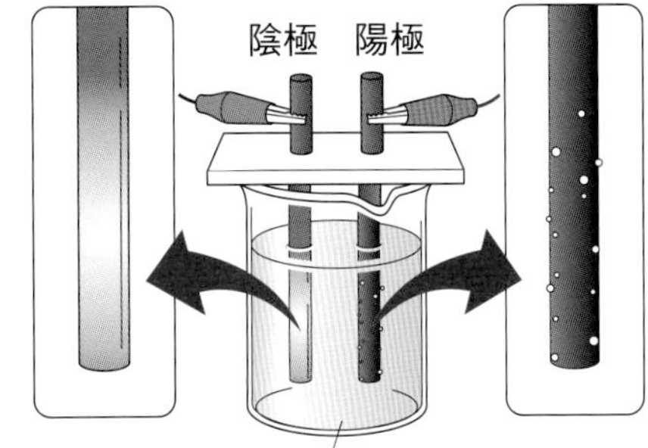

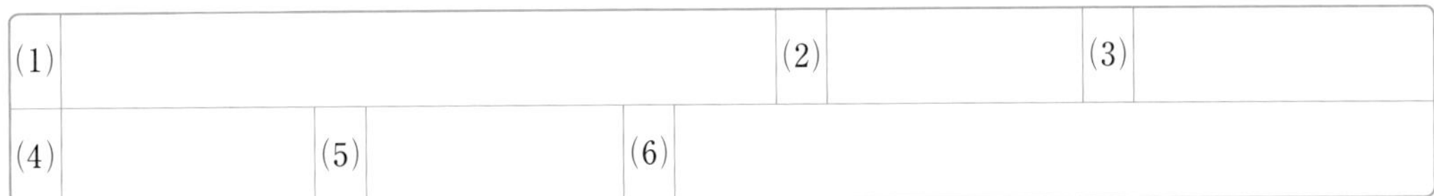

(1)		(2)		(3)	
(4)		(5)		(6)	

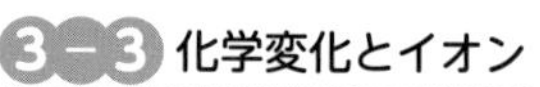

解答 p.19

確認のワーク ステージ1 第2章 酸・アルカリとイオン

教科書の要点 (　　)にあてはまる語句を，下の語群から選んで答えよう。 同じ語句を何度使ってもかまいません。

1 酸とアルカリ

教 p.152〜162

(1) その水溶液が酸性を示す物質を(①★　　　　　　)，その水溶液がアルカリ性を示す物質を(②★　　　　　　)という。

(2) 酸性やアルカリ性の強さを表す数値を(③★　　　　　　)という。pHが7より小さいときは(④★　　　　　　)，pHが7のときは(⑤★　　　　　　)，pHが7より大きいときは(⑥★　　　　　　)である。
（pH メーターなどで調べる。）

(3) 酸性の水溶液の性質は次の通りである。
・青色リトマス紙が(⑦　　　　　　)になる。
・緑色に調整したBTB溶液が(⑧　　　　　　)になる。
・マグネシウムを入れると(⑨　　　　　　)が発生する。（H_2）

(4) アルカリ性の水溶液の性質は次の通りである。
・赤色リトマス紙が(⑩　　　　　　)になる。
・緑色に調整したBTB溶液が(⑪　　　　　　)になる。
・フェノールフタレイン溶液が(⑫　　　　　　)になる。

(5) 酸性を示すのは，水溶液中の(⑬　　　　　　)イオンのはたらきである。また，アルカリ性を示すのは，水溶液中の(⑭　　　　　　)イオンのはたらきである。（OH^-）

2 中和（ちゅうわ）

教 p.163〜169

(1) 酸性の水溶液とアルカリ性の水溶液を混ぜ合わせたとき，たがいの性質を打ち消し合う化学変化を(①★　　　　　　)という。

(2) 中和は，酸の水素イオンとアルカリの水酸化物イオンが結びついて(②　　　　　　)ができる化学変化である。

(3) 酸性の水溶液とアルカリ性の水溶液を混ぜ合わせたとき，水素イオンが余ると水溶液は(③　　　　　　)を示し，水酸化物イオンが余ると水溶液は(④　　　　　　)を示す。

(4) 中和では，酸の陰イオンとアルカリの陽イオンが結びついて(⑤★　　　　　　)ができる。

(5) 塩（えん）には，塩化ナトリウムのように水に(⑥　　　　　　)塩と，硫酸（りゅうさん）バリウムのように水に(⑦　　　　　　)塩がある。

まるごと暗記
- 酸性
⇨pH7より小さい
- 中性
⇨pH7
- アルカリ性
⇨pH7より大きい

ワンポイント
酸は電離して水素イオン(H^+)を生じ，アルカリは電離して水酸化物イオン(OH^-)を生じる。

まるごと暗記
中和
酸＋アルカリ⟶塩＋水
$HCl + NaOH \longrightarrow NaCl + H_2O$
$H_2SO_4 + Ba(OH)_2 \longrightarrow BaSO_4 + 2H_2O$

ワンポイント
酸性とアルカリ性の水溶液を混ぜるといつも中性になるわけではない。水溶液が何性を示すかは，酸とアルカリの割合によって決まる。

語群
①中性／水酸化物／赤色／青色／黄色／酸性／水素／酸／アルカリ／アルカリ性／pH
②水／酸性／塩／アルカリ性／溶けやすい／溶けにくい／中和

★の用語は，説明できるようになろう！

同じ語句を何度使ってもかまいません。

教科書の図　□にあてはまる語句を，下の語群から選んで答えよう。

1 酸性・中性・アルカリ性の水溶液
教 p.154

●試薬と色の変化

試薬＼性質	酸性	中性	アルカリ性
青色リトマス紙	①	青色	②
赤色リトマス紙	③	赤色	④
BTB溶液	⑤	⑥	青色
フェノールフタレイン溶液	無色	無色	⑦

2 中和のモデル図
教 p.167

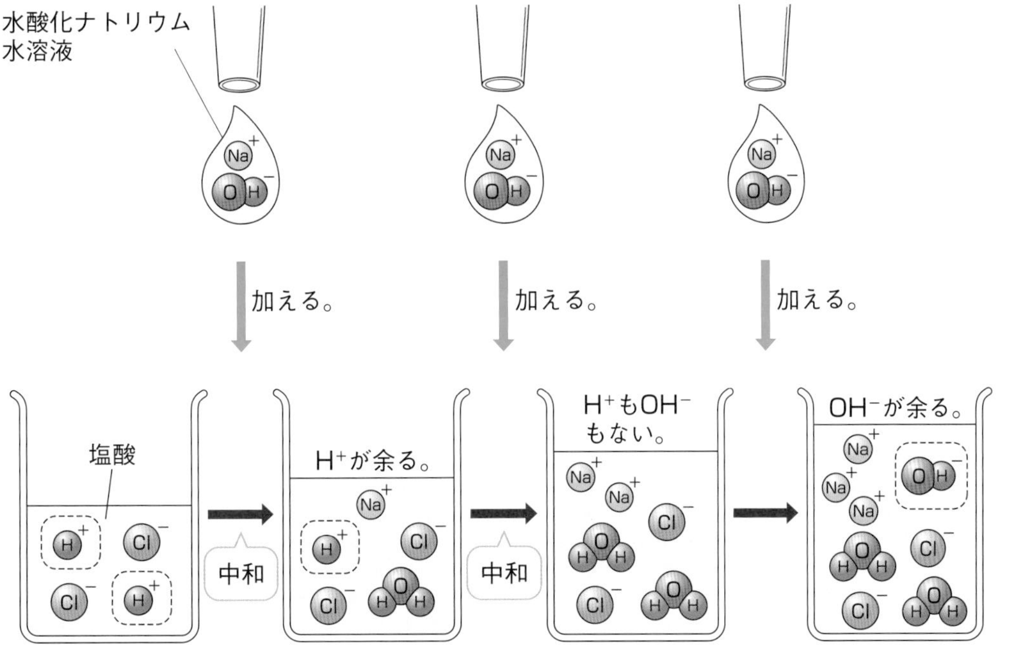

①	酸性	②	③

語群
1 青色／赤色／緑色／黄色
2 酸性／アルカリ性／中性

わからない用語は，教科書の要点の★で確認しよう！

解答 p.19

定着のワーク ステージ2 第2章 酸・アルカリとイオン―①

1 酸性とアルカリ性の水溶液の性質 塩酸，水酸化ナトリウム水溶液，塩化ナトリウム水溶液の３種類の水溶液の性質を調べた。これについて，次の問いに答えなさい。

図１

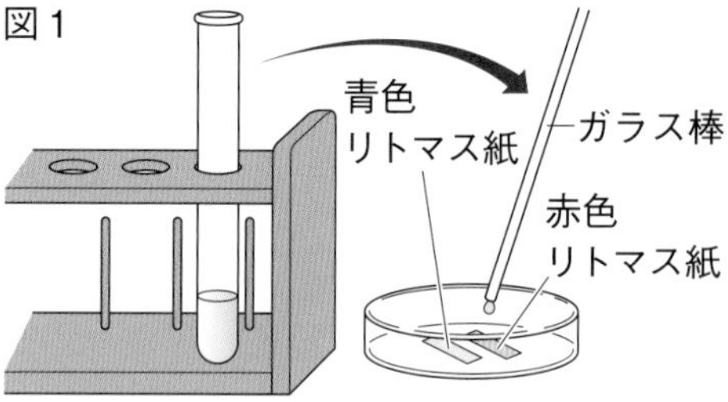

青色リトマス紙
ガラス棒
赤色リトマス紙

⑴ 図１で，赤色リトマス紙が青色に変化した水溶液はどれか。
( )

⑵ ⑴の水溶液は，酸性，中性，アルカリ性のどれか。 ( )

⑶ 図１で，青色リトマス紙が赤色に変化した水溶液はどれか。 ( )

図２

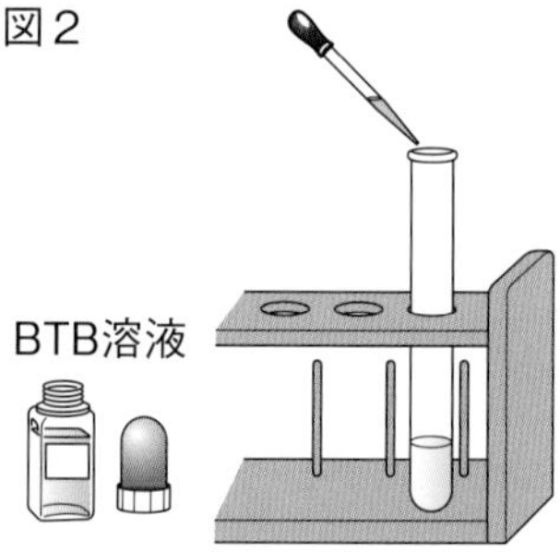

BTB溶液

⑷ ⑶の水溶液は，酸性，中性，アルカリ性のどれか。
( )

⑸ 図１で，赤色リトマス紙の色も青色リトマス紙の色も変化しなかった水溶液はどれか。ヒント
( )

⑹ 図２で，⑴の水溶液では，BTB溶液は何色になるか。ヒント
( )

⑺ 図２で，⑶の水溶液では，BTB溶液は何色になるか。ヒント ( )

⑻ フェノールフタレイン溶液を加えると赤色に変わる水溶液はどれか。
( )

⑼ 図３のように，３種類の水溶液に，それぞれマグネシウムリボンを入れて変化があるかどうかを調べ，気体が発生したら上方置換法（じょうほうちかんほう）で集めた。気体が発生する水溶液はどれか。
( )

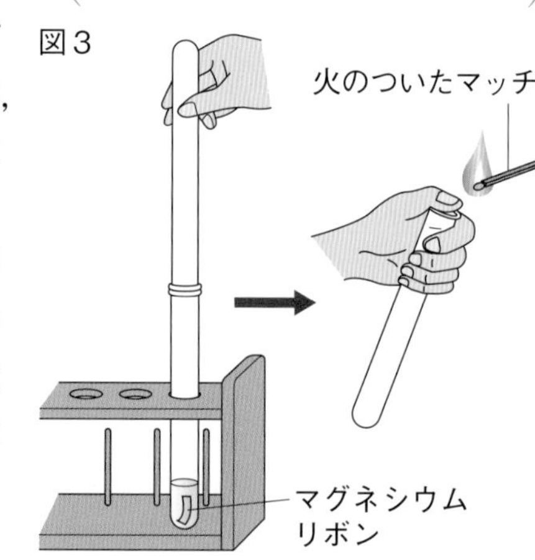

⑽ 図３で，発生した気体を集めた試験管の口に火のついたマッチを近づけると，どのようになるか。次のア～ウから選びなさい。 ( )

ア ポンという音がして気体が燃える。
イ マッチが激しく燃える。
ウ マッチの火がすぐに消える。

⑾ ⑽の結果から，発生した気体は何であることがわかるか。 ( )

⑿ pHメーターの先端を水溶液につけると「３」を示した。この水溶液は何か。
( )

1⑸中性の水溶液は，リトマス紙の色を変化させない。⑹⑺BTB溶液は，酸性で黄色，アルカリ性で青色になる。

2 教 p.155 探究 4 **酸の正体**　右の図のような装置に電圧をかけ，リトマス紙の色の変化を調べた。これについて，次の問いに答えなさい。

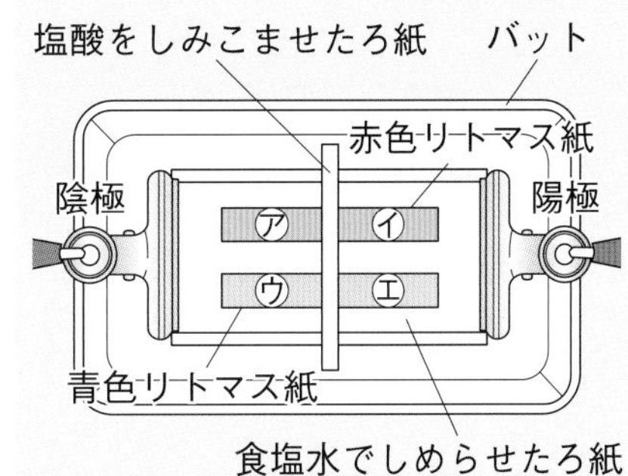

(1)　塩化水素の電離を，イオンの化学式を用いて表しなさい。
(　　　　　　　　　　　　　　)

(2)　リトマス紙の色が変わるのは，㋐～㋓のどの部分か。ヒント　(　　　)

(3)　(2)の結果から，酸性を示す物質は，＋，－のどちらの電気を帯びていることがわかるか。ヒント　(　　　)

(4)　塩酸中で，(3)の電気を帯びているイオンは何か。　(　　　　　　)

(5)　(4)より，リトマス紙の色を変えたイオンは何だとわかるか。　(　　　　　　)

(6)　電離して(5)のイオンを生じる化合物を何というか。　(　　　　　　)

(7)　塩酸のかわりにろ紙にしみこませて同様の実験を行ったとき，リトマス紙が同じように変化するものを，下の〔　〕から選びなさい。　(　　　　　　)

〔　塩化ナトリウム水溶液　　水酸化カリウム水溶液　　硫酸　〕

3 教 p.159 探究 5 **アルカリの正体**　右の図のような装置に電圧をかけ，リトマス紙の色の変化を調べた。これについて，次の問いに答えなさい。

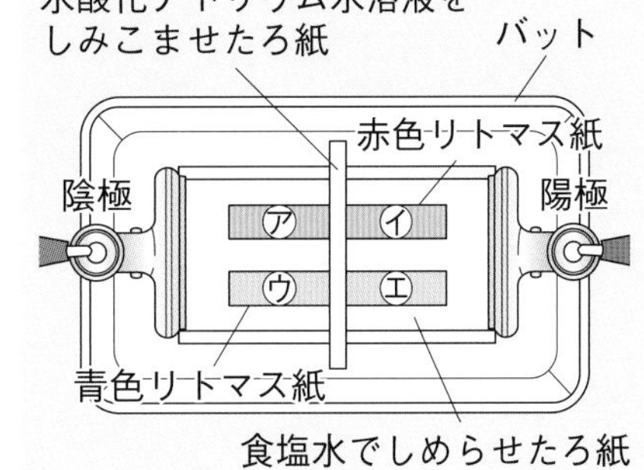

(1)　水酸化ナトリウムの電離を，イオンの化学式を用いて表しなさい。
(　　　　　　　　　　　　　　)

(2)　リトマス紙の色が変わるのは，㋐～㋓のどの部分か。　(　　　)

(3)　(2)の結果から，アルカリ性を示す物質は，＋，－のどちらの電気を帯びていることがわかるか。　(　　　)

(4)　水酸化ナトリウム水溶液中で，(3)の電気を帯びているイオンは何か。　(　　　　　　)

(5)　(4)より，リトマス紙の色を変えたイオンは何だとわかるか。　(　　　　　　)

(6)　電離して(5)のイオンを生じる化合物を何というか。　(　　　　　　)

(7)　水酸化ナトリウム水溶液のかわりにろ紙にしみこませて同様の実験を行ったとき，リトマス紙が同じように変化するものを，下の〔　〕から選びなさい。
(　　　　　　)

〔　塩化ナトリウム水溶液　　水酸化カリウム水溶液　　硫酸　〕

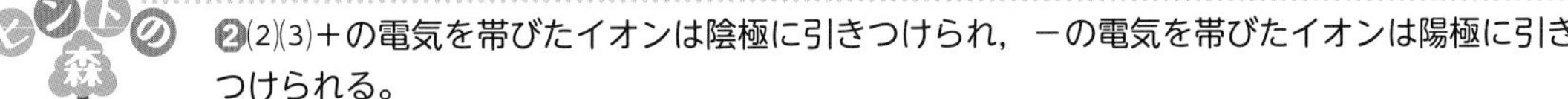
ヒントの森

2(2)(3)＋の電気を帯びたイオンは陰極に引きつけられ，－の電気を帯びたイオンは陽極に引きつけられる。

解答 p.20

定着のワーク ステージ2 第2章 酸・アルカリとイオン－②

1 酸とアルカリの電離のようす 右の図は，２種類の物質が水溶液の中で電離しているようすをモデルで表したものである。これについて，次の問いに答えなさい。

㋐ 陰イオン　㋑ 陽イオン

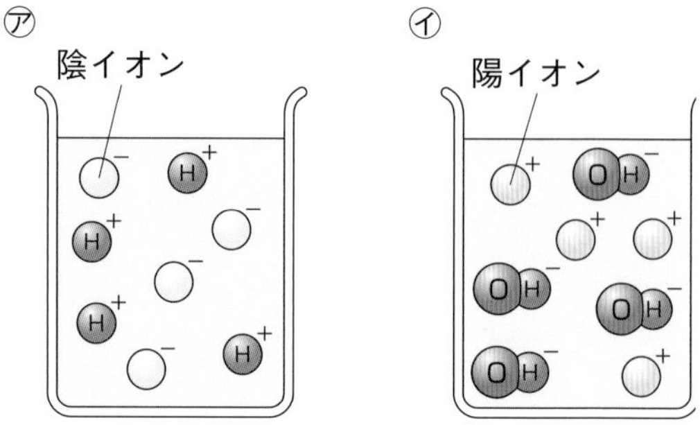

(1) ㋐の水溶液に溶けているのは，酸，アルカリのどちらか。（　　　）

(2) ㋑の水溶液は何性を示すか。（　　　）

(3) 酸性の水溶液に共通してふくまれるイオンは何か。（　　　）

(4) アルカリ性の水溶液に共通してふくまれるイオンは何か。（　　　）

(5) 次の①〜③の物質の電離の式を完成させなさい。ヒント

① 硫酸　$H_2SO_4 \longrightarrow$（　　　）

② 硝酸（しょうさん）　$HNO_3 \longrightarrow$（　　　）

③ 水酸化カリウム　$KOH \longrightarrow$（　　　）

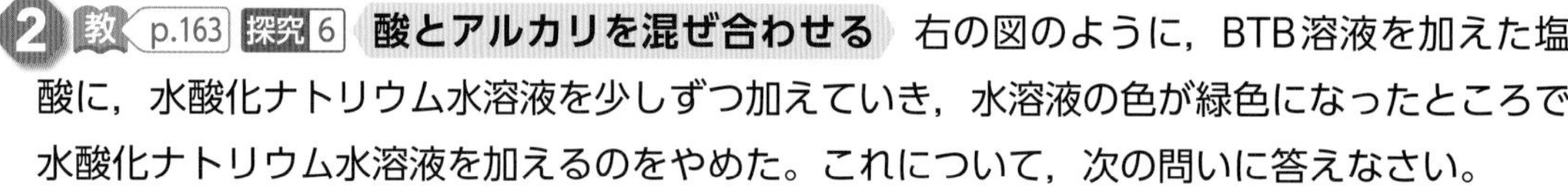

2 教 p.163 探究6 酸とアルカリを混ぜ合わせる 右の図のように，BTB溶液を加えた塩酸に，水酸化ナトリウム水溶液を少しずつ加えていき，水溶液の色が緑色になったところで水酸化ナトリウム水溶液を加えるのをやめた。これについて，次の問いに答えなさい。

(1) 塩酸にBTB溶液を加えると，何色になるか。（　　　）

(2) 水溶液の色が緑色になったとき，水溶液は何性になっているか。（　　　）

(3) (2)からさらに水酸化ナトリウム水溶液を加えると，水溶液の色は何色になるか。（　　　）

(4) 緑色になった水溶液を１滴取り，水を蒸発させると，白い物質が残った。この物質を顕微鏡で観察すると，どのように見えるか。次の㋐〜㋒から選びなさい。ヒント（　　　）

㋐ 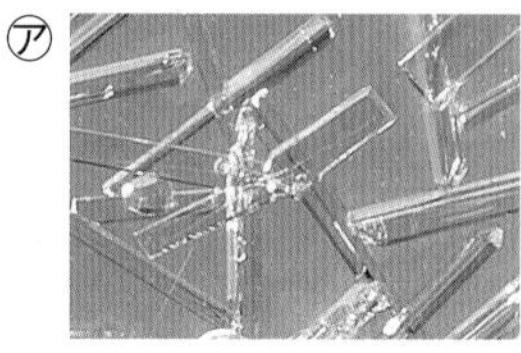

㋑ 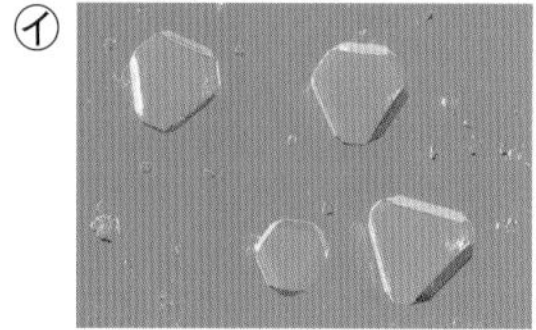

㋒ 

1(5)矢印の右側で，陽イオンの＋の数と陰イオンの－の数を同じにする。

2(4)塩化物イオンとナトリウムイオンが結びついたもの。

3 酸とアルカリの反応のモデル

下の図は，塩酸に水酸化ナトリウム水溶液を加えていったときの反応をモデルを使って表したものである。●は水素原子，◎は酸素原子，⊗はナトリウム原子，○は塩素原子を，各モデルの右上に＋がついているものは陽イオン，－がついているものは陰イオンを表している。これについて，あとの問いに答えなさい。

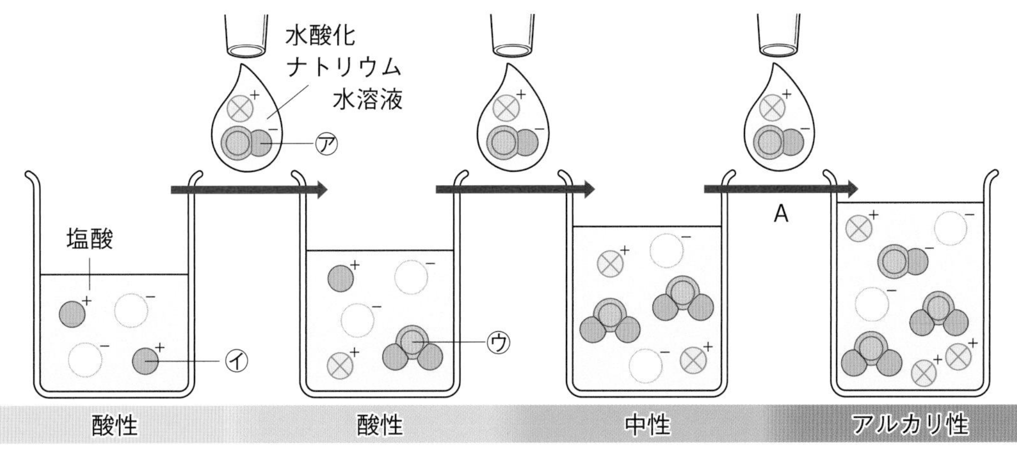

⑴　㋐，㋑のイオンの名称と，㋒の分子の名称をそれぞれ答えなさい。

㋐（　　　　　）　㋑（　　　　　）　㋒（　　　　　）

⑵　酸の水溶液とアルカリの水溶液を混ぜ合わせると，アルカリの性質を示す㋐と酸の性質を示す㋑が結びついて㋒になることにより，たがいの性質を打ち消し合う。このような化学変化を何というか。（　　　　　）

⑶　⑵の化学変化を，イオンの化学式を用いて表しなさい。ヒント

（　　　　　）

⑷　中性になった水溶液の水を蒸発させると何が残るか。残った物質の化学式を答えなさい。

（　　　　　）

⑸　⑷の物質は，塩酸中の陰イオンと水酸化ナトリウム水溶液中の陽イオンが結びついてできたものである。このように，酸の陰イオンとアルカリの陽イオンが結びついてできた化合物を何というか。（　　　　　）

⑹　図のAのように，中性の水溶液に水酸化ナトリウム水溶液を加えたとき，⑵の反応は起こるか。ヒント（　　　　　）

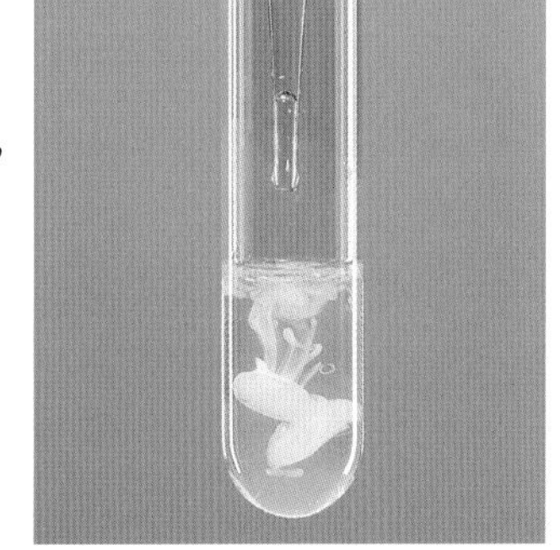

⑺　硫酸に水酸化バリウム水溶液を加えると，右の図のように白色の沈殿（ちんでん）ができる。この反応でできる⑸の性質を，次のア，イから選びなさい。（　　　　　）

ア　水に溶けやすい。

イ　水に溶けにくい。

⑻　硫酸に水酸化バリウム水溶液を加えたときにできる⑸の物質名を答えなさい。（　　　　　）

3⑶陽イオンと陰イオンが１個ずつ結びついて，分子が１個できる。⑹中性の水溶液中には，加える水酸化ナトリウム水溶液中の水酸化物イオンと結びつく水素イオンがない。

解答 p.20

実力判定テスト ステージ3 第2章 酸・アルカリとイオン

30分 /100

1 ビーカー㋐〜㋒には，塩酸，水酸化ナトリウム水溶液，塩化ナトリウム水溶液のいずれかが入っている。これについて，次の問いに答えなさい。

4点×7（28点）

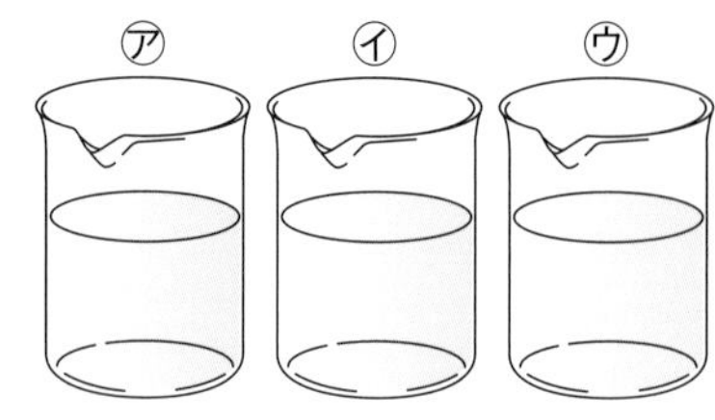

(1) ㋐〜㋒の水溶液に，それぞれ緑色のBTB溶液を加えると，㋐が黄色に変化した。㋐は何性の水溶液か。

(2) ㋑の水溶液にある試薬を加えると，水溶液の色が赤色に変化したのでアルカリ性であることがわかった。ある試薬とは何か。

記述 (3) ㋑の水溶液は，何色のリトマス紙を何色に変化させるか。

(4) pHの値が11である水溶液は何性か。

(5) マグネシウムリボンを入れると水素が発生する水溶液を，㋐〜㋒から選びなさい。

(6) ㋐，㋒の水溶液はそれぞれ何か。

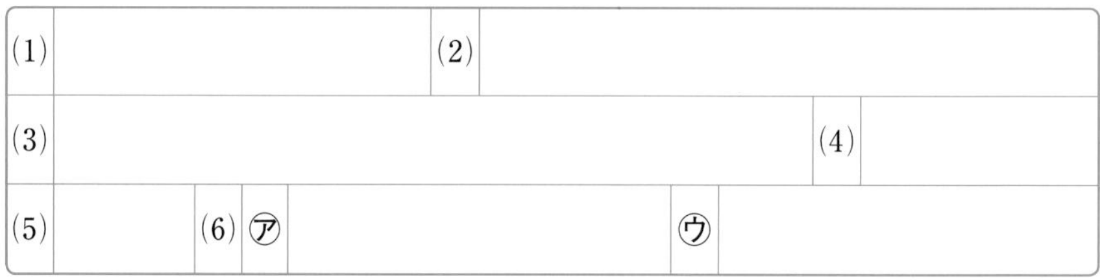

(1)		(2)			
(3)				(4)	
(5)		(6) ㋐		㋒	

よく出る **2** 右の図のような装置をつくって電圧をかけた。これについて，次の問いに答えなさい。

4点×4（16点）

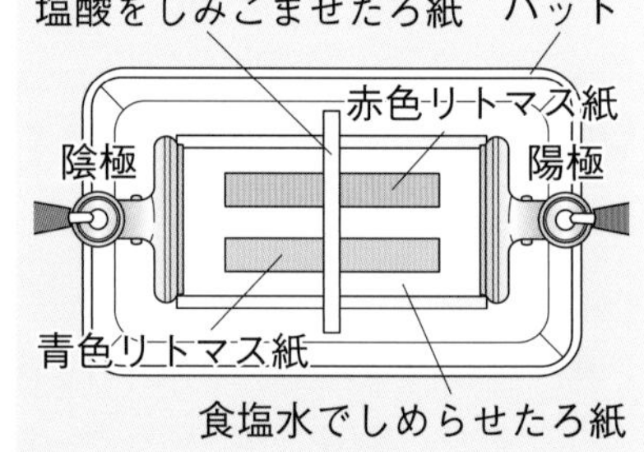

(1) リトマス紙の変化を，次のア〜エから選びなさい。

ア 赤色リトマス紙の陽極側が青色に変わる。
イ 赤色リトマス紙の陰極側が青色に変わる。
ウ 青色リトマス紙の陽極側が赤色に変わる。
エ 青色リトマス紙の陰極側が赤色に変わる。

(2) (1)で，リトマス紙の色を変えたイオンの名称を答えなさい。

(3) 図の塩酸をしみこませたろ紙を水酸化ナトリウム水溶液をしみこませたろ紙にかえて同様の実験を行ったところ，リトマス紙の色が変わった。リトマス紙の色を変えたイオンの名称を答えなさい。

記述 (4) 水酸化ナトリウムはアルカリである。アルカリとはどのような化合物か。「イオン」という言葉を使って答えなさい。

(1)		(2)		(3)	
(4)					

よく出る **3** 右の図のように，BTB溶液を２～３滴加えた塩酸に，水酸化ナトリウム水溶液を少しずつ加え，液の色を観察した。これについて，次の問いに答えなさい。 ４点×14(56点)

(1) 図の水溶液に水酸化ナトリウム水溶液を加えていったが，水溶液の色は黄色のままであった。このとき，水溶液の性質は，酸性，中性，アルカリ性のどれか。

(2) (1)のとき，水溶液中にあるイオンは何か。次の**ア**～**エ**からすべて選びなさい。

ア H^+　　**イ** Na^+

ウ Cl^-　　**エ** OH^-

(3) (1)のとき，中和は起こったか。

(4) (1)の水溶液に，水酸化ナトリウム水溶液を加えていくと，やがて，水溶液の色が緑色に変わった。このとき，水溶液の性質は，酸性，中性，アルカリ性のどれか。

(5) (4)のとき，水溶液中にあるイオンは何か。(2)の**ア**～**エ**からすべて選びなさい。

(6) (4)のとき，中和は起こったか。

(7) (4)の緑色の水溶液をスライドガラスに少量取って水を蒸発させると，白い物質が残った。この物質は，何と何が結びついたものか。次の**ア**～**エ**から２つ選びなさい。

ア 酸の陽イオン

イ アルカリの陽イオン

ウ 酸の陰イオン

エ アルカリの陰イオン

(8) (7)の２つのイオンが結びついてできる化合物を何というか。

(9) (4)の水溶液に，さらに水酸化ナトリウム水溶液を加えると，水溶液の色が青色に変わった。このとき，水溶液の性質は，酸性，中性，アルカリ性のどれか。

(10) (9)のときの水溶液中にふくまれているイオンの状態を表しているモデル図を，次の㋐～㋒から選びなさい。

㋐
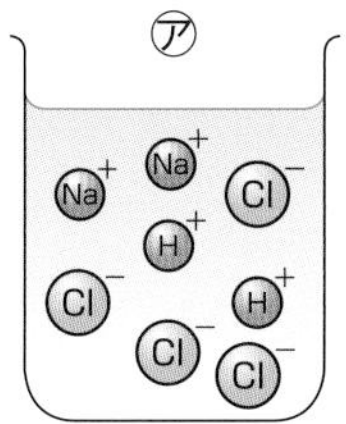

㋑
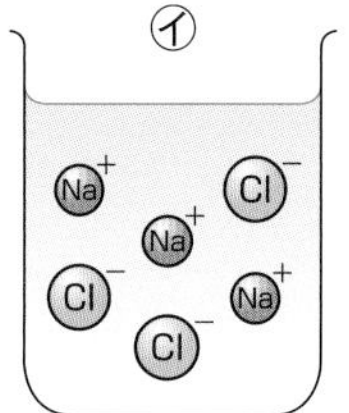

㋒
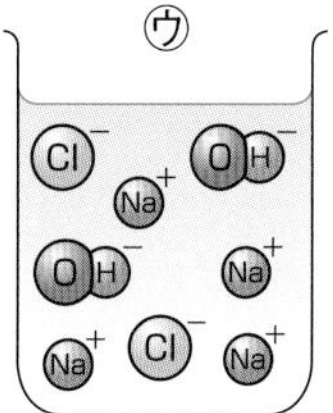

(11) (9)のとき，中和は起こったか。

(12) 中和とは，何と何が結びつく化学変化か。(7)の**ア**～**エ**から２つ選びなさい。

(1)		(2)		(3)			(4)		
(5)		(6)		(7)			(8)		
(9)		(10)		(11)			(12)		

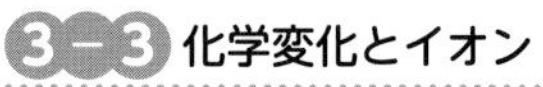

解答 p.21

確認のワーク ステージ1 第3章　電池とイオン

同じ語句を何度使ってもかまいません。

（　）にあてはまる語句を，下の語群から選んで答えよう。

1 イオンへのなりやすさ

教 p.170～173

(1) 塩化銅水溶液に鉄のくぎを入れてしばらくおくと，鉄のくぎの表面に(①　　　)が付着する。これは，鉄が銅よりもイオンになりやすいためである。

(2) イオンになりやすい金属は，(②　　　)を放出して(③　　　)になり，水溶液中に溶ける。水溶液中のイオンになりにくい金属イオンは，(④　　　)を受け取って金属原子になり，金属の表面に付着する。
（④：－の電気をもっている。）

2 化学電池（かがくでんち）

教 p.174～177

(1) 化学変化によって電流を取り出すことができる装置を(①　　　)という。
（化学変化：化学エネルギーが電気エネルギーに変わる。）

(2) 硫酸亜鉛（あえん）水溶液と硫酸銅水溶液の間をセロファンでしきり，それぞれに亜鉛の電極，銅の電極を入れて，導線でつなぐと，電流が取り出せる。このしくみをダニエル電池といい，亜鉛の電極が(②　　　)極，銅の電極が(③　　　)極になる。

(3) ダニエル電池の－極と＋極では，次のような化学変化が起こる。

・－極…亜鉛の電極の亜鉛原子(Zn)が(④　　　)を2個放出して(⑤　　　)(Zn^{2+})となり，硫酸亜鉛水溶液中に溶け出す。放出された(⑥　　　)は，導線の中を銅の電極へ向かって移動する。

・＋極…硫酸銅水溶液中の(⑦　　　)(Cu^{2+})が，導線の中を移動してくる(⑧　　　)を2個受け取って銅原子(Cu)になる。

3 電池の種類

教 p.178～185

(1) マンガン乾電池（かんでんち）などの使い切りの電池を(①　　　)，くり返し充電（じゅうでん）して使える電池を二次電池という。

(2) 水素と酸素から水ができるとき，(②　　　)エネルギーを取り出すことができる。水素と酸素の化学変化によって電流を取り出す電池を(③★　　　)という。

まるごと暗記
電池
●化学変化によって電流を取り出す装置
⇨化学電池

ワンポイント
電解質の水溶液の中には，陽イオンと陰イオンが存在している。

プラスα
ダニエル電池は，2種類の金属のイオンへのなりやすさのちがいを利用した化学電池である。

まるごと暗記
●水素と酸素の化学変化で電流を取り出す装置
⇨燃料電池

燃料電池を利用した自動車が開発されているよ。

語群
1 電子／銅／陽イオン　2 電子／亜鉛イオン／化学電池／＋／－／銅イオン
3 燃料（ねんりょう）電池／電気／一次電池

★の用語は，説明できるようになろう！

同じ語句を何度使ってもかまいません。

□にあてはまる語句を，下の語群から選んで答えよう。

1 イオンへのなりやすさ

教 p.173

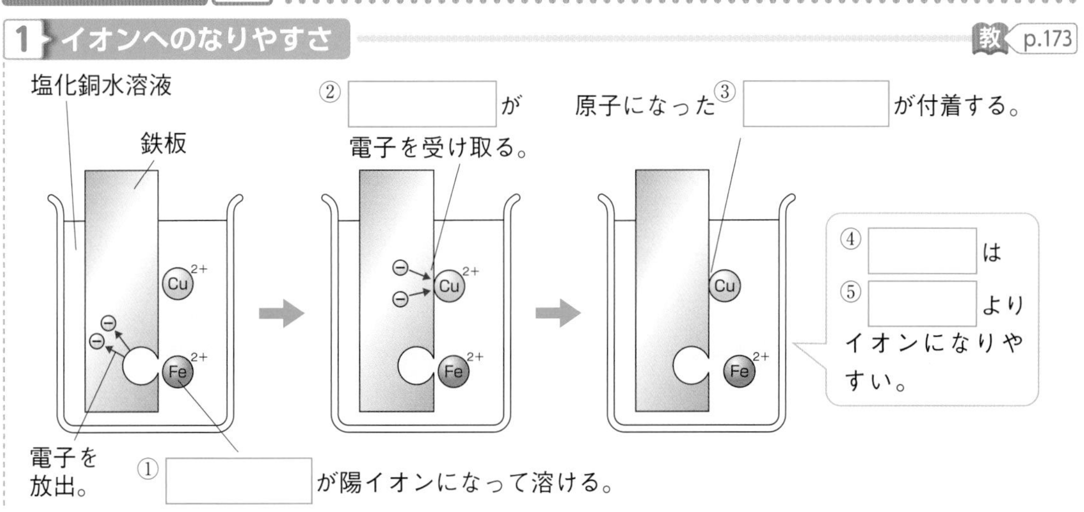

2 ダニエル電池

教 p.177

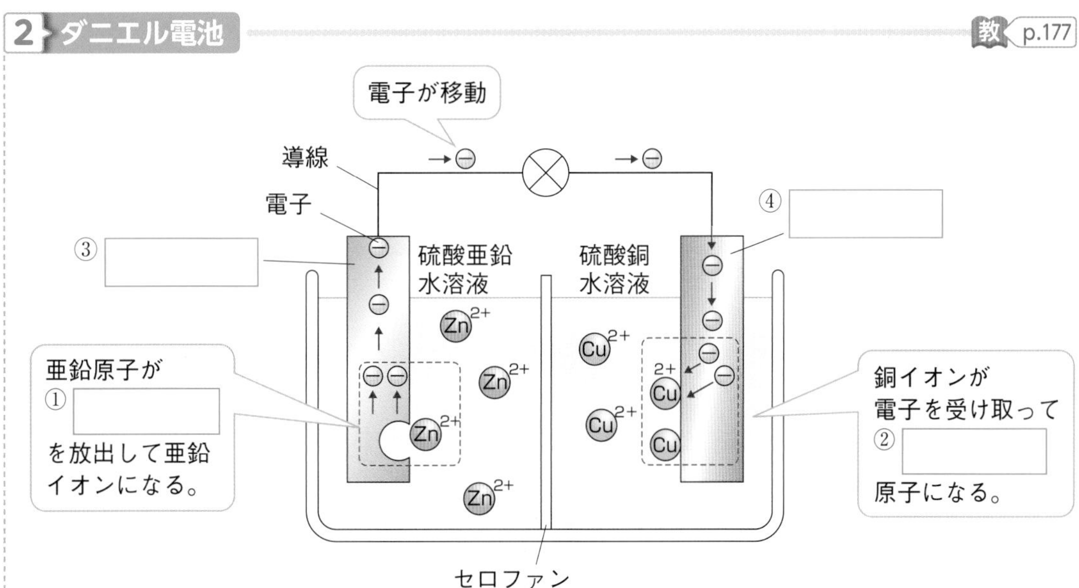

3 燃料電池

教 p.179

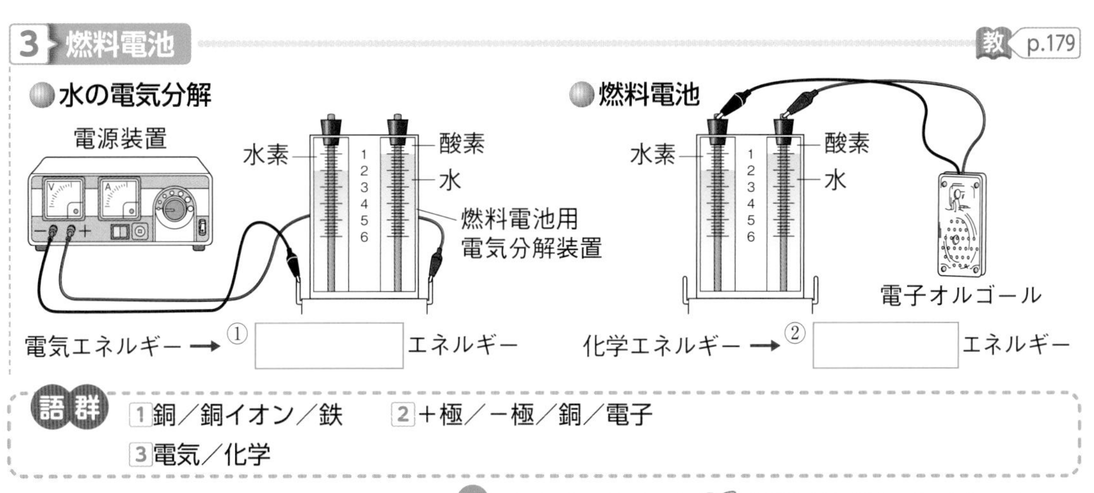

語群 1 銅／銅イオン／鉄　2 ＋極／－極／銅／電子
3 電気／化学

わからない用語は，教科書の要点の★で確認しよう！

3-3

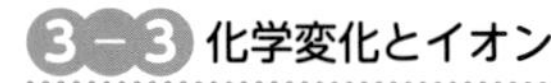

解答 p.21

定着のワーク ステージ2 第3章 電池とイオン

1 教 p.172 実験 **金属の種類によるイオンへのなりやすさ** 下の図のように，3種類の金属に3種類の水溶液を数滴たらして，変化を調べた。表は，金属板に物質が付着した場合は○，変化しない場合は×としてまとめたものである。これについて，あとの問いに答えなさい。

実験用プレート／塩化マグネシウム水溶液／塩化鉄水溶液／塩化銅水溶液／マグネシウムリボン／鉄板／銅板

	マグネシウムリボン	鉄板	銅板
塩化マグネシウム水溶液	×	×	×
塩化鉄水溶液	○	×	×
塩化銅水溶液	○	○	×

(1) マグネシウムリボンに塩化鉄水溶液をたらしたところ，マグネシウムリボンに物質が付着した。付着した物質は，磁石に引きつけられるか。 (　　　)

(2) (1)の結果から，マグネシウムリボンに付着した物質は何であると考えられるか。 (　　　)

(3) (2)から，マグネシウムと鉄では，どちらがイオンになりやすいといえるか。 ヒント (　　　)

(4) マグネシウムリボンに塩化銅水溶液をたらしたところ，マグネシウムリボンに物質が付着した。この物質を薬さじでこすったときのようすを，次の**ア**〜**エ**から選びなさい。 (　　　)

ア 白色で金属光沢がある。　　**イ** 黒色で金属光沢がある。

ウ 赤色で金属光沢がある。　　**エ** 金属光沢は見られない。

(5) (4)の結果から，マグネシウムリボンに付着した物質は何であると考えられるか。 (　　　)

(6) (5)から，マグネシウムと銅では，どちらがイオンになりやすいといえるか。 ヒント (　　　)

(7) 鉄板に塩化銅水溶液をたらしたところ，鉄板に物質が付着した。この物質を薬さじでこすったときのようすを，(4)の**ア**〜**エ**から選びなさい。 (　　　)

(8) (7)の結果から，鉄板に付着した物質は何であると考えられるか。 (　　　)

(9) (8)から，鉄と銅では，どちらがイオンになりやすいといえるか。 (　　　)

ヒントの森

1(3)(6)イオンになりやすい金属は，電子を放出して陽イオンとなり，水溶液中に溶ける。水溶液中のイオンになりにくい金属イオンは，電子を受け取って金属板に付着する。

2 教 p.175 探究7 **ダニエル電池の原理**　右の図は，2種類の水溶液に2種類の金属板を入れたときにできる電池のしくみを表したものである。これについて，次の問いに答えなさい。

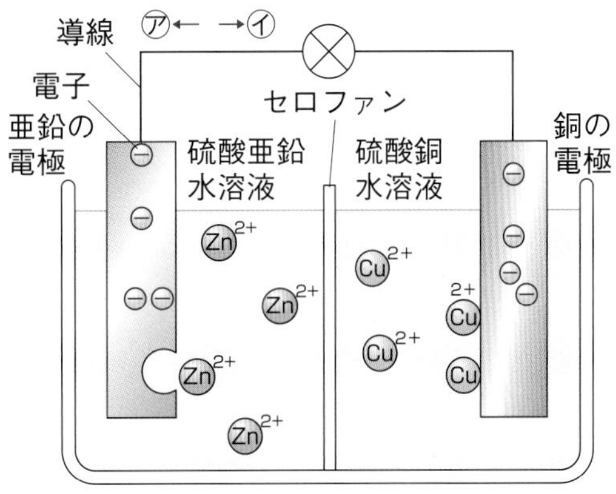

(1) 亜鉛の電極の表面で起こっている化学変化を，次の**ア**～**エ**から選びなさい。ヒント　(　　)

ア　亜鉛原子が電子を1個受け取って，亜鉛イオンになる。

イ　亜鉛原子が電子を1個放出して，亜鉛イオンになる。

ウ　亜鉛原子が電子を2個受け取って，亜鉛イオンになる。

エ　亜鉛原子が電子を2個放出して，亜鉛イオンになる。

(2) 銅の電極の表面で起こっている化学変化を，次の**ア**～**エ**から選びなさい。　(　　)

ア　銅イオンが電子を1個受け取って，銅原子になる。

イ　銅イオンが電子を1個放出して，銅原子になる。

ウ　銅イオンが電子を2個受け取って，銅原子になる。

エ　銅イオンが電子を2個放出して，銅原子になる。

(3) 図で，電子が移動する向きは，㋐，㋑のどちらか。　(　　)

(4) (3)より，－極になるのは，亜鉛，銅のどちらの電極か。　(　　)

3 **いろいろな電池**　右の図のように，電気分解装置で水を電気分解した直後に電子オルゴールにつないだ。これについて，次の問いに答えなさい。

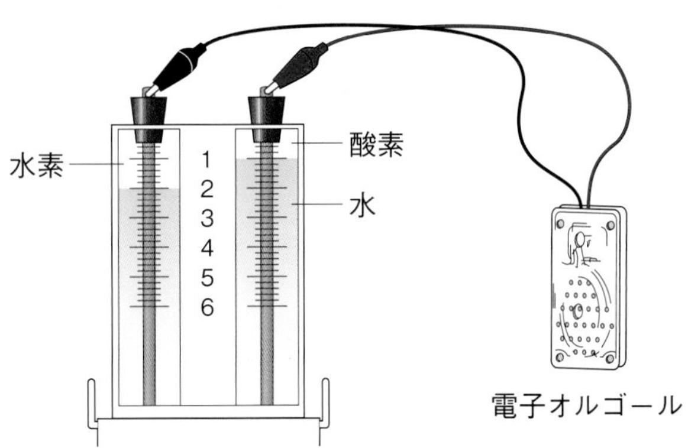

(1) 図で，電子オルゴールが鳴るのはなぜか。その理由を，次の**ア**，**イ**から選びなさい。　(　　)

ア　水を水素と酸素に分解するとき，電気エネルギーが取り出せるから。

イ　水素と酸素を反応させて水ができるとき，電気エネルギーが取り出せるから。

(2) (1)のような化学変化によって，電流を取り出すことのできる装置を何というか。

(　　)

(3) (2)で起こる化学変化を，化学反応式で表しなさい。ヒント

(　　)

❷(1)電子をe^-とすると，$Zn \longrightarrow Zn^{2+} + 2e^-$

❸(3)「水素＋酸素⟶水」という化学変化である。

3-3

実力判定テスト ステージ3

第3章　電池とイオン

1 右の図は，塩化銅水溶液に鉄板を入れたときのようすをモデルで表したものである。これについて，次の問いに答えなさい。

5点×5（25点）

(1) 陽イオンになって塩化銅水溶液中に溶け出す金属原子は何か。名称を答えなさい。

(2) (1)が溶け出すとき，鉄板に何を放出するか。

(3) (2)を受け取って，金属原子になるイオンは何か。名称を答えなさい。

(4) 鉄板に付着する物質は何か。

(5) イオンになりやすいのは，鉄と銅のどちらといえるか。

鉄板
塩化銅水溶液

(1)		(2)		(3)	
(4)		(5)			

2 右の図は，ダニエル電池をモーターにつないだものである。これについて，次の問いに答えなさい。

5点×5（25点）

記述 (1) 亜鉛の電極の表面では，どのような変化が起こっているか。「電子」，「イオン」という言葉を使って答えなさい。

記述 (2) 銅の電極の表面では，どのような変化が起っているか。「電子」，「イオン」という言葉を使って答えなさい。

(3) 電子が移動する向きは，㋐，㋑のどちらか。

(4) ＋極になっているのは，亜鉛の電極，銅の電極のどちらか。

(5) ダニエル電池は，物質がもっている何エネルギーを電気エネルギーに変えているか。

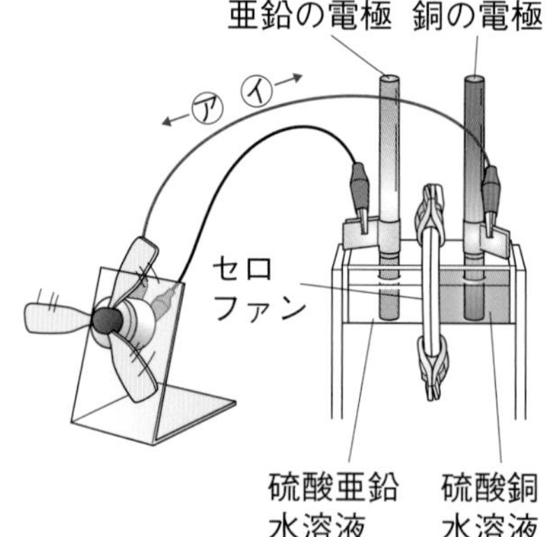

(1)					
(2)					
(3)		(4)		(5)	

3 図１は懐中電灯などに使われる電池のしくみを表したものである。また，図２は，自動車などに使われている電池である。これについて，次の問いに答えなさい。 5点×5（25点）

(1) 電池には，①一次電池と②二次電池がある。それぞれどのような電池か。

(2) 図１と図２の電池で，一次電池はどちらか。

(3) 図１，図２の電池の名称を，それぞれ下の〔 〕から選びなさい。

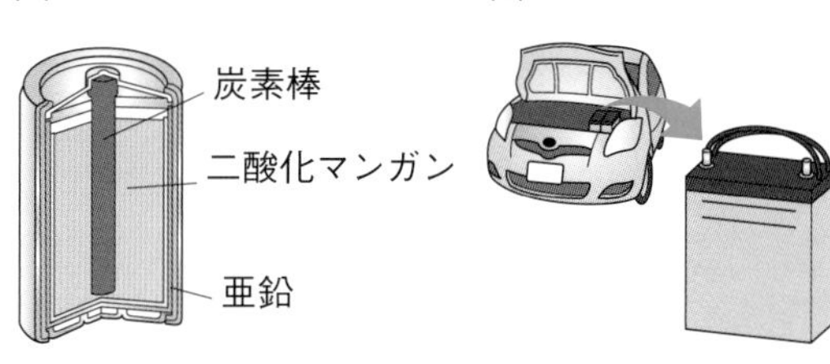

〔 アルカリ乾電池　　マンガン乾電池　　鉛蓄電池　　ニッケル水素電池 〕

(1)	①				
	②				
(2)		(3) 図1		図2	

4 図１のように，電気分解装置で水を電気分解した直後に，図２のように，導線を電源装置からはずして電子オルゴールにつないだ。これについて，あとの問いに答えなさい。

5点×5（25点）

図１

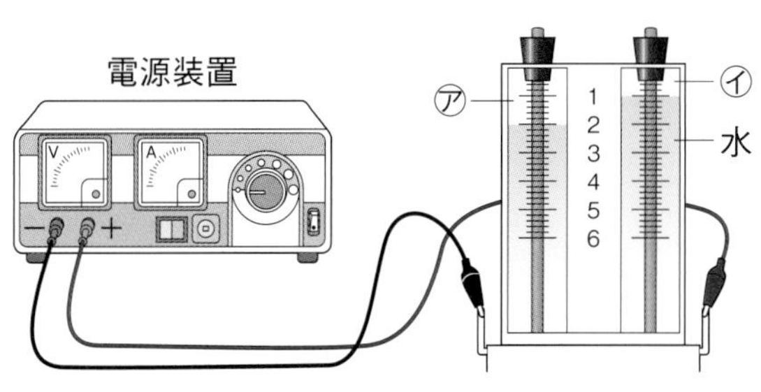

図２

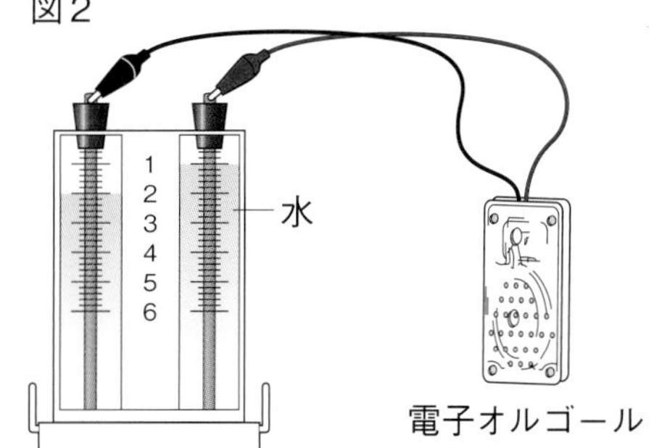

(1) 図１で，㋐，㋑にはそれぞれ何という気体が集められたか。

(2) 図１では，何エネルギーが何エネルギーに移り変わったか。

(3) 図２のようにつなぐと，電子オルゴールはどうなるか。次のア～ウから選びなさい。

ア ずっと鳴り続けた。

イ しばらくの間鳴り続けたが，その後は鳴らなくなった。

ウ まったく鳴らなかった。

(4) 図２を燃料電池という。燃料電池とはどのような装置か。「化学変化」という言葉を使って答えなさい。

(1)	㋐		㋑		(2)	
(3)		(4)				

3-3 化学変化とイオン

1 右の図のように，塩化銅水溶液の入ったビーカーに，電極として２本の炭素棒を入れ，電源装置につないで電流を流した。これについて，次の問いに答えなさい。　4点×6（24点）

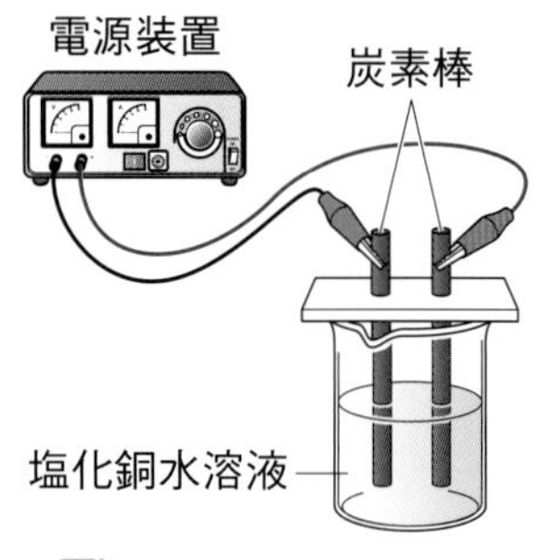

(1) 電源装置の＋極につながっているのは，陽極，陰極のどちらか。

(2) 塩化銅が電離しているようすを，イオンの化学式を用いて表しなさい。

(3) 陽極では気体が発生した。この気体にはどのような性質があるか。次の**ア**〜**オ**から選びなさい。

ア　においがない。
イ　青色をしている。
ウ　赤インクの色を消す作用がある。
エ　気体そのものが燃える。
オ　水に溶けるとアルカリ性を示す。

(4) (3)の気体は何か。

(5) 陰極には物質が付着した。物質は赤色をしていて，薬さじでこすると，金属光沢が現れた。この物質の名称を答えなさい。

(6) この実験で起こった化学変化を，化学反応式で表しなさい。

1

(1)	
(2)	
(3)	
(4)	
(5)	
(6)	

2 右の図のような装置をつくり，水溶液をしみこませたろ紙をのせ，電圧をかけた。これについて，次の問いに答えなさい。　6点×5（30点）

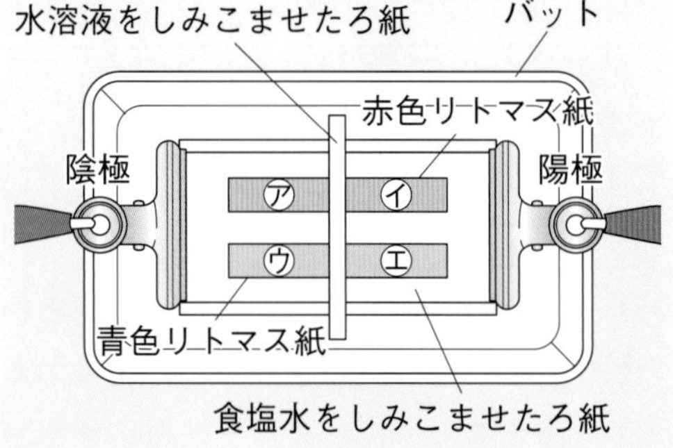

(1) ろ紙に塩酸をしみこませて電圧をかけると，㋐〜㋓のどの部分の色が変わるか。

(2) (1)で，リトマス紙の色を変えたイオンは何か。イオンの名称を答えなさい。

(3) ろ紙に水酸化ナトリウム水溶液をしみこませて電圧をかけると，㋐〜㋓のどの部分の色が変わるか。

(4) (3)で，リトマス紙の色を変えたイオンは何か。イオンの名称を答えなさい。

(5) この実験から，酸性の性質を示すものは何であることがわかるか。次の**ア**〜**エ**から選びなさい。

ア　H^+　　**イ**　Cl^-
ウ　Na^+　　**エ**　OH^-

2

(1)	
(2)	
(3)	
(4)	
(5)	

目標 塩化銅の電気分解，酸とアルカリの性質を示すもの，中和，電池のしくみなどの基本事項をしっかり理解しておこう。

自分の得点まで色をぬろう!

がんばろう! | もう一歩 | 合格!

0 60 80 100点

3 右の図のように，塩酸に少量のBTB溶液を加えたあと，水酸化ナトリウム水溶液を少しずつ加えていき，水溶液の色が緑色に変わったところで，水酸化ナトリウム水溶液を加えるのをやめた。これについて，次の問いに答えなさい。

3点×7（21点）

(1) 塩酸にBTB溶液を加えると，水溶液は何色になるか。

(2) 水溶液の色が緑色になったとき，pHの値はいくらか。次のア～ウから選びなさい。

ア 5　イ 7　ウ 9

(3) 水溶液の色が緑色になったとき，水溶液中にあるイオンは何か。イオンの化学式で２つ答えなさい。

(4) (3)の２つのイオンが結びついてできる物質は何か。物質名を答えなさい。

(5) この実験のように，酸性の水溶液とアルカリ性の水溶液がたがいにその性質を打ち消し合う化学変化を何というか。

(6) (5)の化学変化が起こるとき，塩酸の陽イオンと水酸化ナトリウム水溶液の陰イオンが結びついてできる物質は何か。化学式で答えなさい。

3

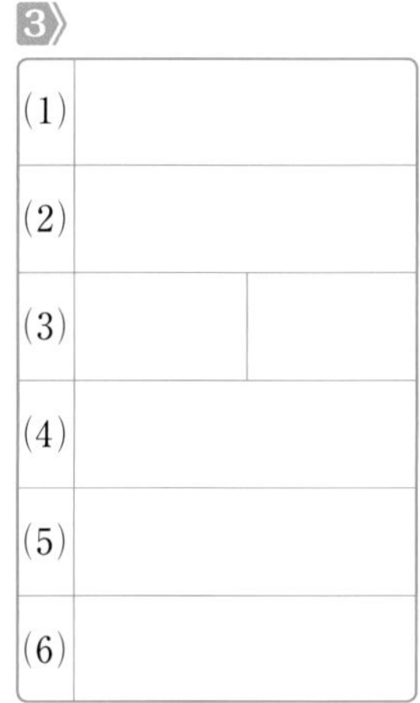

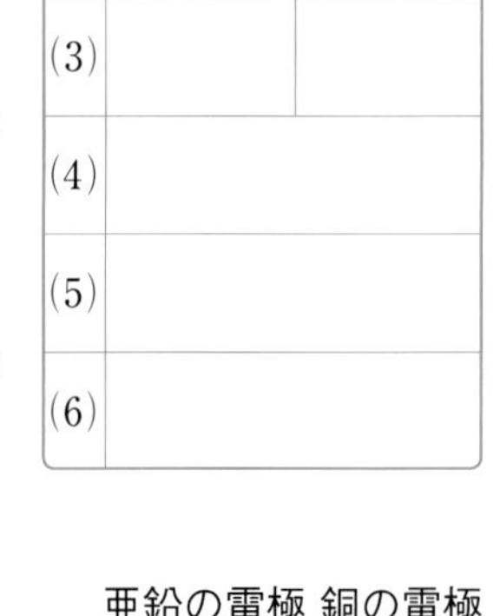

4 右の図のような装置を低電圧用モーターにつないだところ，銅の電極，亜鉛の電極で変化が見られた。これについて，次の問いに答えなさい。

5点×5（25点）

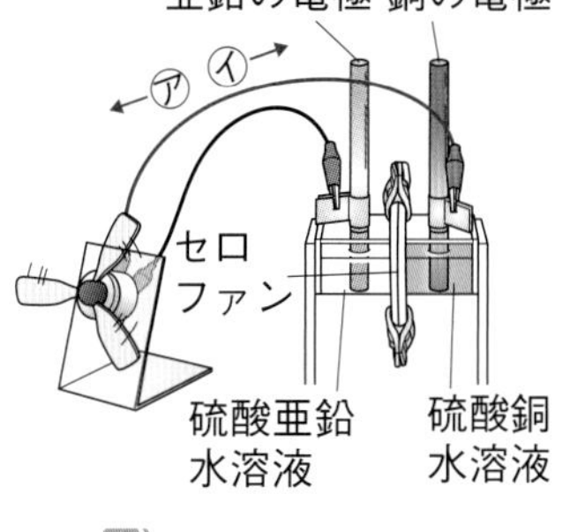

(1) 銅の電極の表面では，どのような変化が見られるか。次のア～ウから選びなさい。

ア 気体が発生する。

イ 物質が付着する。

ウ 金属板の一部が溶け出す。

(2) 電子を放出してイオンになっている原子は何か。次のア～エから選びなさい。

ア H　イ Zn　ウ Cu　エ S

(3) 電子を受け取って原子になっているイオンは何か。次のア～エから選びなさい。

ア H^{+}　イ Zn^{2+}　ウ Cu^{2+}　エ SO_4^{2-}

(4) 導線の中を電子が移動する向きは，図の㋐，㋑のどちらか。

(5) －極は，銅の電極，亜鉛の電極のどちらか。

4

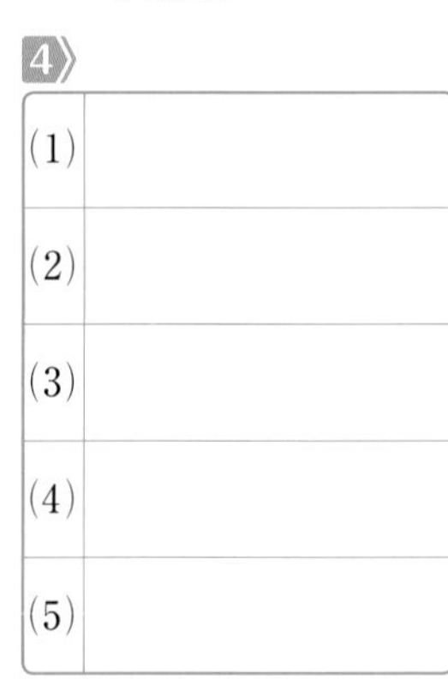

終わったら後ろの6をやろう。

解答 p.24

確認のワーク ステージ1 第1章　太陽系と宇宙の広がり

教科書の要点

同じ語句を何度使ってもかまいません。

(　　)にあてはまる語句を，下の語群から選んで答えよう。

1 太陽系の天体

教 p.186〜201

(1) 宇宙空間にある，太陽や月，地球などの物体をまとめて(①★　　　　)といい，太陽を中心とした天体の集まりを(②★　　　　)という。

(2) 太陽のまわりをまわっている8つの大きな天体を(③★　　　　)という。

(3) 天体がほかの天体のまわりをまわることを(④★　　　　)という。

(4) 太陽系の惑星(わくせい)のうち，太陽に近い水星・金星・地球・火星を(⑤　　　　)といい，火星より太陽から遠い木星・土星・天王星(てんのうせい)・海王星(かいおうせい)を(⑥　　　　)という。

(5) 太陽系には惑星のほかに，(⑦　　　　)，★小惑星(しょうわくせい)，すい星などがある。月は，(⑧　　　　)のまわりを公転(こうてん)している。

└ 地球に最も近い天体で，地球から約38万km離れている。

(6) 太陽など，自ら光を出す天体を(⑨★　　　　)という。

(7) 太陽の表面温度は約6000℃で，中心部の温度は約1600万℃である。太陽を見ると，表面から噴(ふ)き出す(⑩★　　　　)(紅炎(こうえん))や，ガスの層である(⑪★　　　　)が観測できる。

(8) 太陽の表面には，(⑫★　　　　)という黒い斑点(はんてん)があり，その位置は太陽の(⑬　　　　)によって動いて見える。

(9) 太陽は大量の光や熱などの(⑭　　　　)を宇宙空間に放出している。

2 太陽系の外の天体

教 p.202〜203

(1) 宇宙には太陽のほかにも多くの恒星(こうせい)があり，夜空に見えるほとんどの星が(①　　　　)である。恒星や星雲(ちりやガスの集まり)からなる集団の1つひとつを(②★　　　　)という。宇宙には，このような銀河(ぎんが)が無数にある。

(2) 太陽系をふくむ銀河を(③★　　　　)(銀河系(ぎんがけい))という。天(あま)の川(がわ)銀河はうずを巻いた円盤状(えんばんじょう)の形で，約2000億個の恒星でできている。

└ 直径は約10万光年。中心から太陽系までの距離は約2.8万光年。

まるごと暗記

- **太陽系**
  ⇨太陽を中心とした天体の集まり。
- **惑星**
  ⇨太陽のまわりをまわる大きな8つの天体。
- **衛星**
  ⇨月は地球の衛星である。
- **地球型惑星**(平均密度が大きい)
  ⇨水星・金星・地球・火星
- **木星型惑星**(平均密度が小さい)
  ⇨木星・土星・天王星・海王星

まるごと暗記

太陽

- 球形をしている。
- 地球からの距離
  ⇨1.5億km
- 約25日間で1回自転する。

プラスα

太陽の表面温度は約6000℃，黒点は約4000℃である。黒点は**まわりよりも温度が低い**ため，暗く見える。

語群

1 公転／自転(じてん)／惑星／天体／衛星(えいせい)／太陽系／地球型惑星／木星型惑星／エネルギー／プロミネンス／恒星／コロナ／黒点／地球　2 銀河／天の川銀河／恒星

★の用語は，説明できるようになろう！

同じ語句を何度使ってもかまいません。

□にあてはまる語句を，下の語群から選んで答えよう。

教 p.200

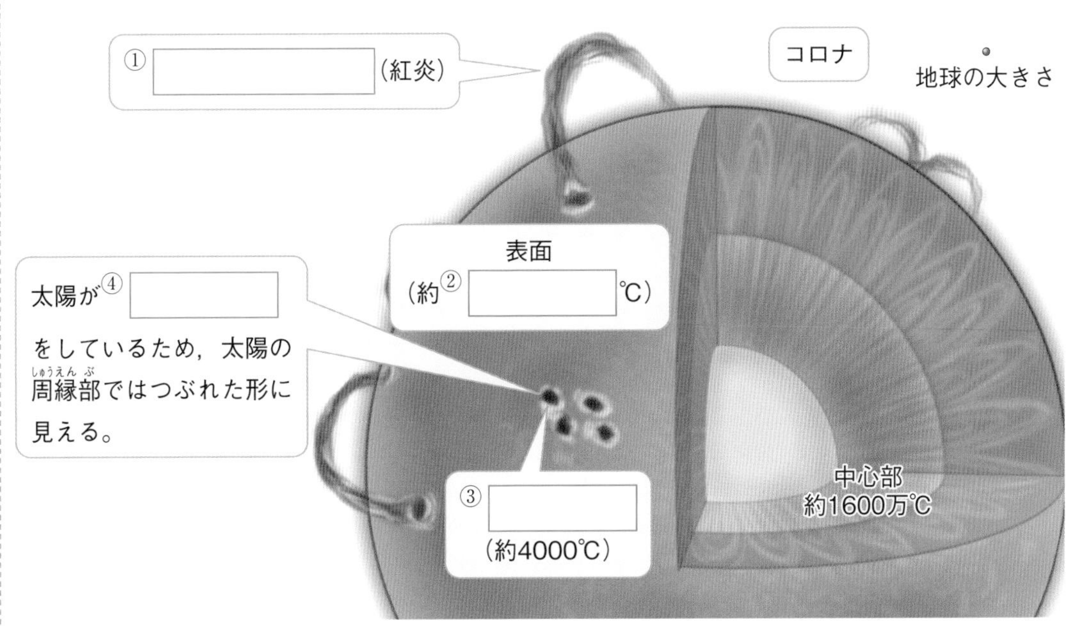

教 p.202〜203

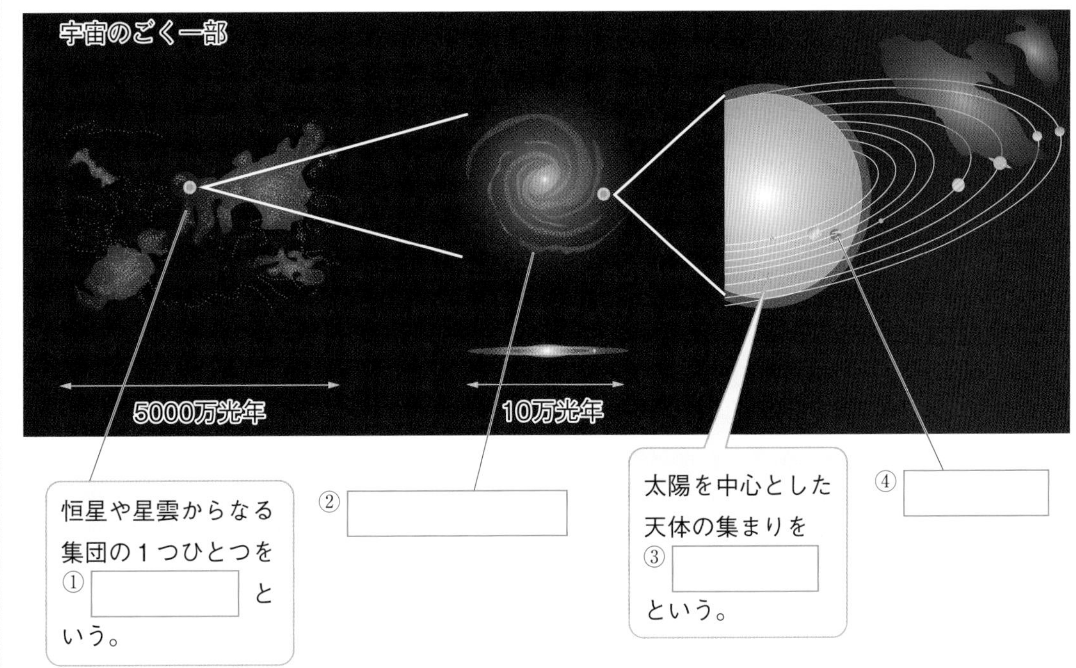

恒星や星雲からなる集団の1つひとつを①□という。

②□

太陽を中心とした天体の集まりを③□という。

④□

1 球形／黒点／プロミネンス／6000

2 太陽系／地球／銀河／天の川銀河

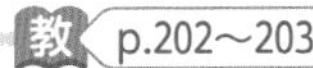

解答 p.24

定着のワーク ステージ2 第1章 太陽系と宇宙の広がり－①

1 教 p.194 実習 **天体の特徴** 下の表は，惑星の特徴をまとめたものである。これについて，あとの問いに答えなさい。

		太陽からの平均距離	公転周期〔年〕	自転周期〔日〕	赤道半径	質量	平均密度〔g/cm^3〕
A	㋐	0.39	0.24	58.65	0.38	0.06	5.43
B	㋑	0.72	0.62	243.02	0.95	0.82	5.24
C	地　球	1.00	1.00	1.00	1.00	1.00	5.51
D	㋒	1.52	1.88	1.03	0.53	0.11	3.93
E	木　星	5.20	11.86	0.41	11.21	317.83	1.33
F	㋓	9.55	29.46	0.44	9.45	95.16	0.69
G	天王星	19.22	84.02	0.72	4.01	14.54	1.27
H	㋔	30.11	164.77	0.67	3.88	17.15	1.64

※太陽からの平均距離，赤道半径，質量は地球を1とした値を示している。

(1) 太陽を中心とした天体の集まりを何というか。 (　　　)

(2) 表の㋐～㋔にあてはまる惑星の名称を答えなさい。

㋐(　　　) ㋑(　　　) ㋒(　　　)
㋓(　　　) ㋔(　　　)

(3) A～Dの惑星をまとめて何というか。 ヒント (　　　)

記述 (4) A～Dの惑星に共通した特徴は何か。赤道半径と平均密度に着目して答えなさい。
(　　　)

(5) E～Hの惑星をまとめて何というか。 ヒント (　　　)

記述 (6) E～Hの惑星に共通した特徴は何か。赤道半径と平均密度に着目して答えなさい。
(　　　)

(7) 惑星が太陽のまわりをまわる運動を何というか。 (　　　)

(8) 次の文にあてはまる惑星は何か。それぞれ名称で答えなさい。

① 自転周期が最も長い惑星で，比較(ひかく)的太陽に近いところをまわっている。
(　　　)

② 最も大きな惑星である。 (　　　)

③ 最も小さな惑星で，太陽に最も近いところをまわっている。 (　　　)

④ 表面は酸素をふくむ大気でおおわれ，液体の水が存在できる適度な温度に保たれている。そのため，生物が発生し，存在できる。 (　　　)

ヒントの森

1(3)(5)太陽を中心にした天体の集まりは，太陽に近い4つの惑星と，太陽から遠い4つの惑星にグループ分けすることができる。

❷ 月　月は地球に最も近い天体である。これについて，次の問いに答えなさい。

(1)　月のように，惑星などのまわりを公転している天体を何というか。（　　　　　）

(2)　月は地球からどのくらいの距離にあるか。次のア～エから選びなさい。（　　）

ア　約3.8万km　　　イ　約38万km

ウ　約380万km　　　エ　約3800万km

(3)　月は，どのくらいの期間をかけて地球のまわりを公転しているか。次のア～エから選びなさい。ヒント（　　）

ア　約1日　　イ　約10日　　ウ　約1か月　　エ　約1年

(4)　月の表面には，隕石が衝突したあとが多数見られる。このあとを何というか。

（　　　　　）

(5)　月の表面には，黒っぽい部分と白っぽい部分がある。これは何のちがいによるものか。次のア，イから選びなさい。（　　）

ア　表面の温度

イ　表面をおおっている岩石の種類

(6)　(1)の天体は地球以外の惑星にもある。木星のまわりを公転している，太陽系で最も大きい(1)で，表面は氷におおわれ，その下に海があると考えられている天体は何か。下の〔　〕から選びなさい。（　　　　　）

〔　タイタン　　カリスト　　ガニメデ　〕

❸ 小惑星，すい星　小惑星やすい星について，次の問いに答えなさい。

(1)　小惑星について，次のア～エから正しいものを選びなさい。ヒント（　　）

ア　主に気体でできていて，主として火星と木星の軌道の間で，太陽のまわりを公転している。

イ　主に岩石でできていて，主として火星と木星の軌道の間で，太陽のまわりを公転している。

ウ　主に気体でできていて，主として水星と金星の軌道の間で，太陽のまわりを公転している。

エ　主に岩石でできていて，主として水星と金星の軌道の間で，太陽のまわりを公転している。

(2)　すい星について，次のア～エから正しいものをすべて選びなさい。（　　　　　）

ア　主に岩石でできていて，多くが太陽の遠くを通る円形の公転軌道をもっている。

イ　主に氷でできていて，多くが太陽の近くを通る細長いだ円形の公転軌道をもっている。

ウ　太陽に近づくと，尾が伸びているように見える。

エ　太陽から遠ざかると，尾が伸びているように見える。

❷(3)月の形がもとにもどるのに，どれくらいの期間がかかるかを考える。

❸(1)地球より太陽から離れたところを公転している。

解答 p.24

定着のワーク ステージ2

第1章　太陽系と宇宙の広がり－②

1 教 p.188 探究1 **太陽の表面のようすを調べる** 天体望遠鏡で太陽の表面のようすを観測するために，図1のような装置を準備した。図2は，黒い斑点の位置と形をすばやくスケッチしたものである。これについて，次の問いに答えなさい。

図1

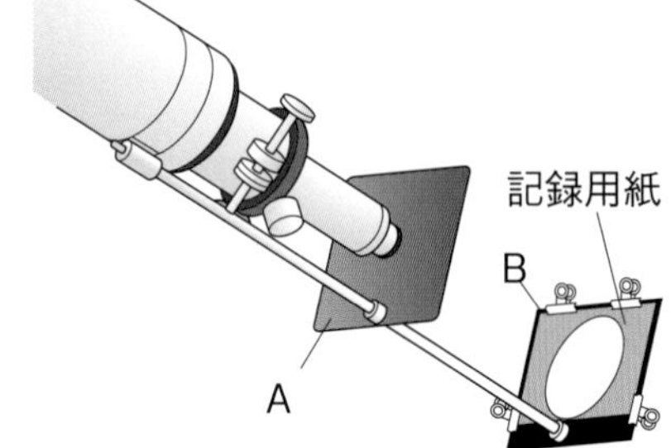

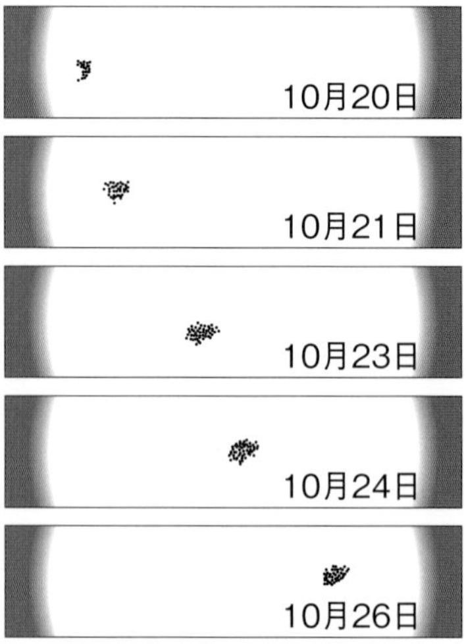

(1) 図1のA，Bを何というか。それぞれ次のア～エから選びなさい。　A(　　　) B(　　　)

ア　接眼レンズ
イ　ファインダー
ウ　太陽投影(とうえい)板
エ　しゃ光板

(2) 図1で，天体望遠鏡を太陽に向けて，接眼レンズや太陽投影板の位置を調整したあと，どのようにピントを合わせるか。次のア～ウから選びなさい。(　　　)

ア　太陽の像が，記録用紙にかいた円より少し小さくなるようにする。
イ　太陽の像が，記録用紙にかいた円に合うようにする。
ウ　太陽の像が，記録用紙にかいた円より少し大きくなるようにする。

図2

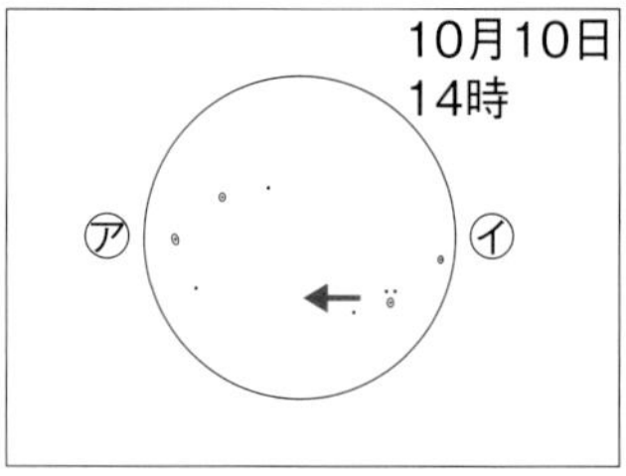

10月10日
14時
㋐
㋑

(3) 図2の黒い斑点の名称を答えなさい。(　　　　　　　)

(4) 図2で，(3)は時刻とともに矢印の方にずれていった。このとき，西は㋐，㋑のどちらか。(　　　)

(5) 図3は，数日ごとに太陽の表面のようすを観測した結果を表したものである。黒い斑点の位置が日がたつとともに移動することから，太陽が自ら回転していることがわかる。この回転運動を何というか。ヒント(　　　　　　　)

図3

10月20日
10月21日
10月23日
10月24日
10月26日

(6) (5)で，太陽が1回転するのに，赤道付近で約何日かかるか。次のア～エから選びなさい。(　　　)

ア　約1日　　イ　約7日　　ウ　約25日　　エ　約180日

(7) 図3をさらにくわしく観察すると，黒い斑点が周縁部でつぶれて見えた。このことから，太陽がどのような形をしていることがわかるか。ヒント(　　　　　　　)

ヒントの森
1(5)地球も太陽と同じ運動をしている。(7)太陽は地球や月と同じ形をしている。

2 太陽　右の図は，太陽の表面と内部のようすである。これについて，次の問いに答えなさい。

(1) 図の㋐は，太陽を取りまくガスの層で，淡(あわ)くかがやいて見える。㋐の名称を答えなさい。（　　　　　）

(2) 図のㇶは，太陽の表面から噴き出している濃(こ)いガスで，炎のように見える。㋑の名称を答えなさい。

（　　　　　）

(3) 図の㋒は黒い斑点のように見える。㋒が黒く見える理由を，次のア～ウから選びなさい。（　　）

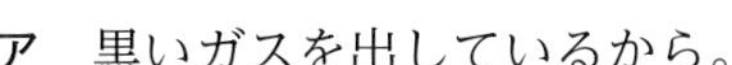

ア　黒いガスを出しているから。

イ　周囲より温度が高いから。

ウ　周囲より温度が低いから。

(4) 太陽の直径は地球の直径の約何倍か。次のア～エから選びなさい。（　　）

ア　約19倍　　イ　約109倍　　ウ　約1900倍　　エ　約1万倍

(5) 太陽の中心部の温度はどれくらいか。次のア～ウから選びなさい。（　　）

ア　約6000℃　　イ　約10万℃　　ウ　約1600万℃

3－4

3 太陽系の外の天体　図1は，太陽系をふくむ恒星や星雲の集団を表したものであり，図2はある天体の集団のようすである。これについて，あとの問いに答えなさい。

図1

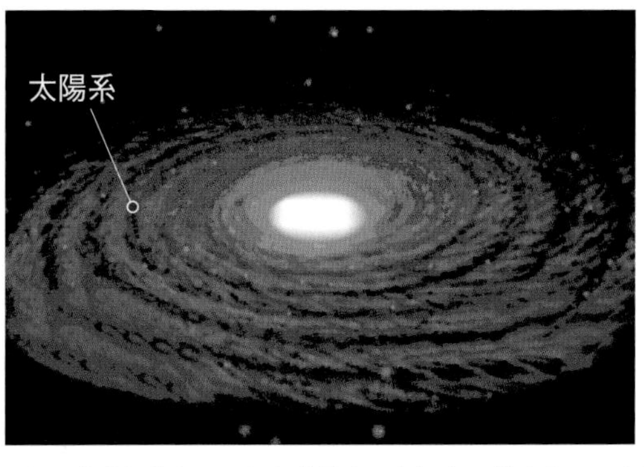

図2

(1) 太陽系をふくむ恒星や星雲の集団で，図1のうずを巻いた円盤状の形をしたものを何というか。（　　　　　）

(2) (1)は，約何個の恒星からなっているか。次のア～エから選びなさい。（　　）

ア　約2000個　　イ　約2万個　　ウ　約2億個　　エ　約2000億個

(3) (1)の直径はどれくらいか。次のア～エから選びなさい。ヒント（　　）

ア　約1000光年　　イ　約1万光年　　ウ　約10万光年　　エ　約100万光年

(4) 図2のように，恒星や星雲でできた集団の1つひとつを何というか。

（　　　　　）

ヒントの森　3(3)円盤状になったものの中心から太陽系までの距離は約2.8万光年である。

解答 p.25

実力判定テスト ステージ3 第1章 太陽系と宇宙の広がり

30分 /100

1 太陽系の８つの惑星について，次の問いに答えなさい。 5点×6（30点）

記述 (1) 惑星とはどのような天体か。簡単に答えなさい。

(2) 赤道半球が最も大きい惑星は何か。

(3) 太陽に最も近いところを公転している惑星は何か。

(4) 地球型惑星の特徴を，次のア～エからすべて選びなさい。

ア 木星型惑星に比べて赤道半径が小さい。

イ 木星型惑星に比べて質量が小さい。

ウ 木星型惑星に比べて平均密度が小さい。

エ 水素やヘリウムでできている部分が多い。

(5) 地球型惑星にふくまれる惑星をすべて答えなさい。

(6) 木星型惑星にふくまれる惑星をすべて答えなさい。

(1)					
(2)		(3)		(4)	
(5)		(6)			

2 太陽系の天体について，次の問いに答えなさい。 3点×7（21点）

記述 (1) 月は衛星の１つである。衛星とはどのような天体か。「公転」という言葉を使って答えなさい。

(2) 右の図は，月の表面のようすを表したものである。月はどのような形をしているか。

(3) 海とよばれるのは，図の白っぽい部分，黒っぽい部分のどちらか。

(4) タイタンは何という惑星の衛星か。次のア～エから選びなさい。

ア 火星　**イ** 木星　**ウ** 金星　**エ** 土星

(5) 主として火星と木星の軌道の間で太陽のまわりを公転している，多くの小さな天体を何というか。

(6) 太陽の近くを通る細長いだ円形の公転軌道をもつ天体を何というか。

(7) 海王星の軌道の外側にある天体を何というか。

(1)		(2)		(3)			
(4)		(5)		(6)		(7)	

3 右の図は，天体望遠鏡で太陽の表面を１日おきに観測した記録である。これについて，次の問いに答えなさい。

4点×6（24点）

(1)　図の黒い斑点の名称を答えなさい。

(2)　(1)が黒く見えるのはなぜか。その理由を答えなさい。

(3)　図の(1)の位置が日がたつと移動していることからわかることは何か。次の**ア**～**ウ**から選びなさい。

ア　太陽が自転していること。

イ　太陽が公転していること。

ウ　太陽は動かず，(1)が太陽の表面上を移動していること。

(4)　周縁部での(1)の形の変化から，太陽がどのような形をしていることがわかるか。

(5)　太陽と月の実際の大きさは太陽の方が大きいが，地球からは太陽と月がほぼ同じ大きさに見える。その理由を簡単に答えなさい。

(6)　太陽のように自ら光を出している天体を何というか。

4 右の図は，ある銀河のようすである。太陽系の外の宇宙のようすについて，次の問いに答えなさい。

5点×5（25点）

(1)　銀河は，恒星や星雲の集団である。星雲とはどのようなものか。次の**ア**～**ウ**から選びなさい。

ア　天体が雲のような形に集まったもの

イ　ガスだけでできた天体

ウ　ちりやガスが集まったもの

(2)　太陽系をふくむ恒星や星雲の集団を何というか。

(3)　(2)は，どのような形をしているか。

(4)　太陽系から(2)の中心までの距離は，約何光年か。次の**ア**～**エ**から選びなさい。

ア　約１万光年

イ　約2.8万光年

ウ　約５万光年

エ　約10万光年

(5)　１光年とはどのような距離のことか。

解答 p.25

確認のワーク ステージ1 第2章 太陽や星の見かけの動き(1)

教科書の要点

同じ語句を何度使ってもかまいません。

(　　)にあてはまる語句を，下の語群から選んで答えよう。

1 天球(てんきゅう)

教 p.204〜206

(1) 地球は，1年に1回，太陽のまわりを(①　　　　　　)している。

(2) 地球は，北極と南極を結ぶ軸(じく)である(②★　　　　　　)を中心にして，1日に1回(③　　　　　　)している。地軸(ちじく)は地球の公転面に対して垂直な方向から約23.4°傾いている。

(3) 天体の位置を表すのに使う東西南北を(④★　　　　　　)といい，北極の方向が(⑤　　　　　　)，南極の方向が南である。

(4) 地球から恒星までの距離はそれぞれ異なっているが，観測者から見ると大きな球面にはりついているように見える。この見かけの球面のことを(⑥★　　　　　　)という。

まるごと暗記

- 地球の公転
⇨太陽のまわりを1年に1回まわる。
- 地球の自転
⇨地軸を中心に1日に1回まわる。

ワンポイント

地球が自転しているため，地球上から見ると天体が動いているように見える。

2 太陽の動き

教 p.207〜215

(1) 太陽が東の空から昇(のぼ)り，南の空を通って西の空へ沈むという1日の動きを，太陽の(①★　　　　　　)という。

(2) 太陽が真南の方向にきたときを，太陽が(②★　　　　　　)したといい，このときの太陽の高度を(③★　　　　　　)という。

(3) 太陽の日周運動は，地球が一定の速さで(④　　　　　　)から東へ，1日に1回(⑤　　　　　　)しているために起こる。

(4) 太陽が動いていく道すじは，季節によって大きくちがう。日本では，太陽の南中高度は(⑥　　　　　　)の日に最も高くなり，(⑦　　　　　　)の日に最も低くなる。昼の長さは夏至の日に最も長くなり，冬至の日に最も短くなる。

(5) 太陽は，春分・秋分の日は真東から昇り，真西に沈む。夏至の日は真東より(⑧　　　　　　)よりから昇って真西より北よりに沈む。冬至の日は真東より(⑨　　　　　　)よりから昇って真西より南よりに沈む。

(6) 季節によって昼の長さや太陽の南中(なんちゅう)高度が変わるのは，地球が地軸を傾けたままで(⑩　　　　　　)しているからである。また，地面が受ける太陽からのエネルギーが多い夏は暑く，太陽から受けるエネルギーが少ない冬は寒くなる。

まるごと暗記

太陽の動き

- 日周運動
⇨ 1日の動き
- 南中
⇨真南の方向にきたとき
- 南中高度
⇨南中したときの高度

プラスα

緯度(いど)の高い地方では，夏のある期間，1日中太陽が沈まない日が続く。これを「白夜(びゃくや)」という。

語群 ❶公転／自転／天球／北／地軸／方位(ほうい)　❷日周運動／公転／自転／南中高度／南中／北／南／西／冬至／夏至

★の用語は，説明できるようになろう！

同じ語句を何度使ってもかまいません。

□にあてはまる語句を，下の語群から選んで答えよう。

1 季節による太陽の光の当たり方

教 p.214

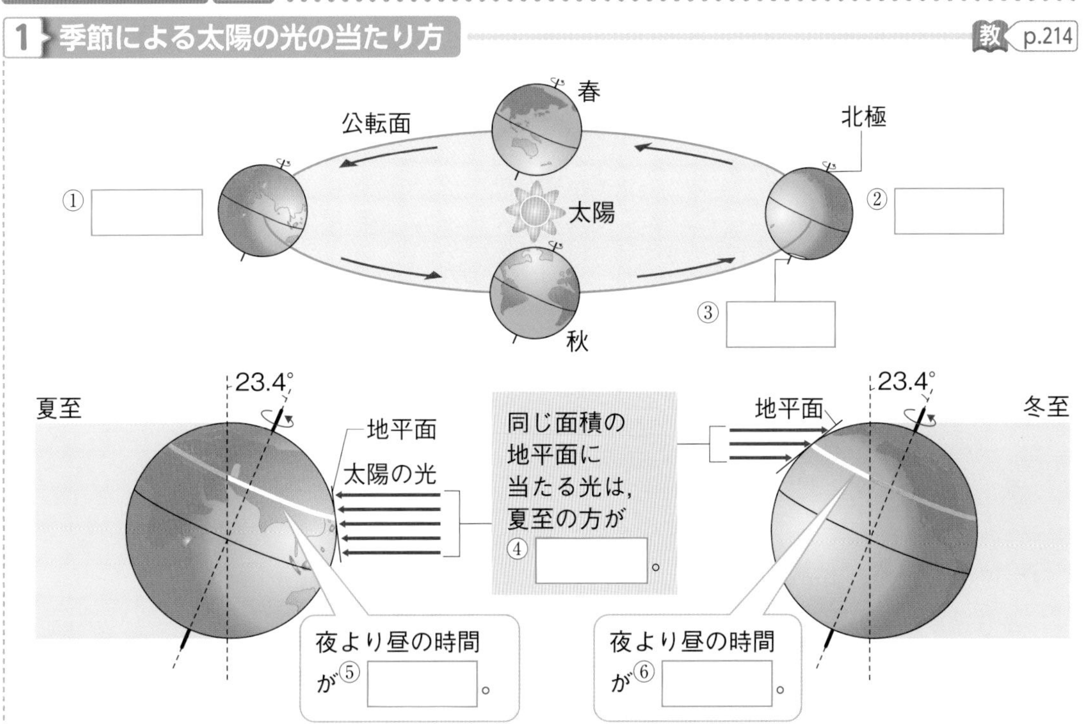

3－4

2 季節による日周運動の変化

教 p.214

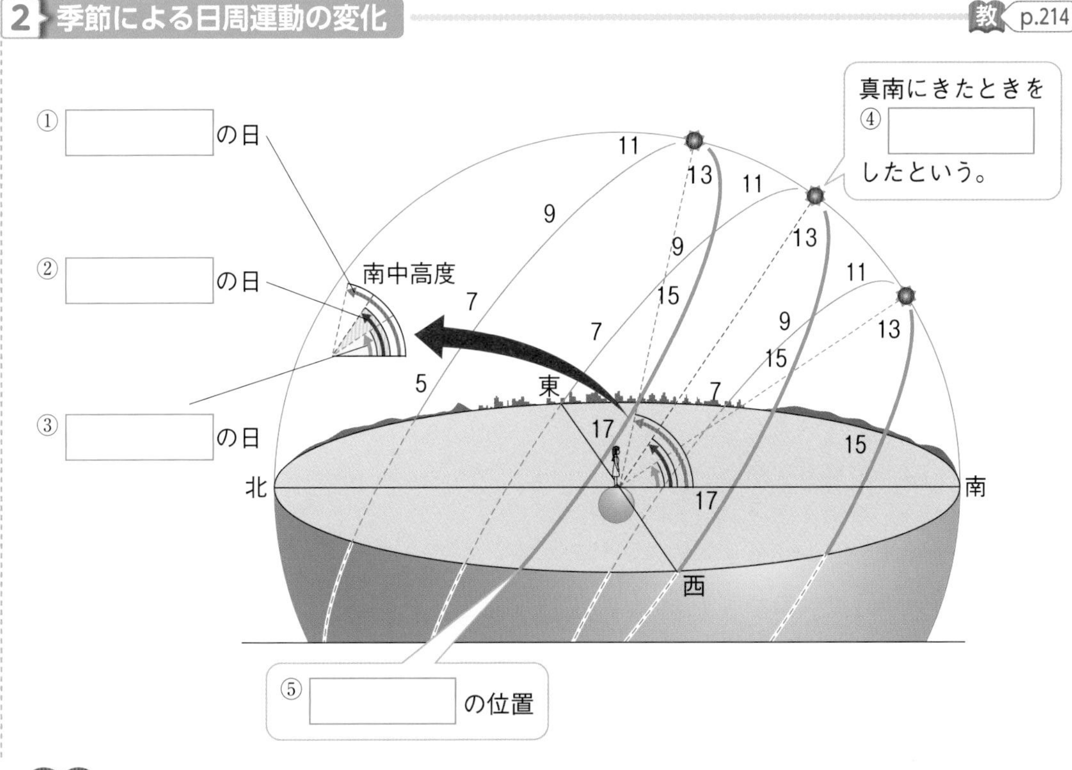

語群
1 短い／長い／多い／夏／冬／地軸
2 春分・秋分／冬至／夏至／日の入り／南中

わからない用語は，教科書の 要点 の★で確認しよう！

解答 p.26

定着のワーク ステージ2 第2章 太陽や星の見かけの動き(1)

1 教 p.207 探究3 **太陽の動きと観測者の関係** 図1～図3のようにして，透明半球(とうめいはんきゅう)で太陽の動きを調べた。これについて，次の問いに答えなさい。

図1

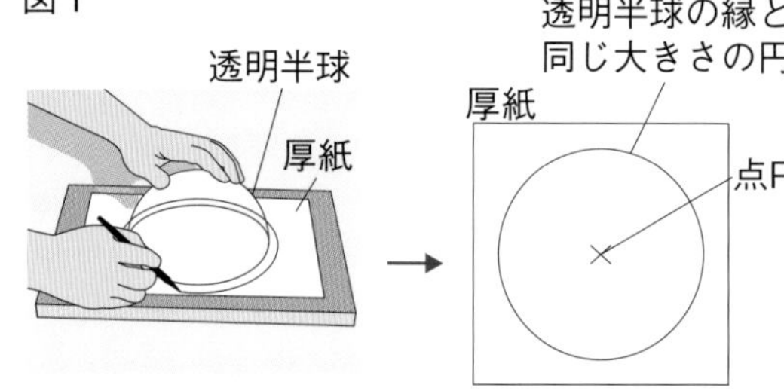

(1) 図2で，透明半球上に記録するとき，油性ペンの先端の影(かげ)をどこに合わせて印をつけるか。 (　　　　)

(2) 透明半球につける印は，点Pに観測者がいるとしたとき，観測者から見た何の位置を表すか。 (　　　　)

(3) 太陽の高さが最も高くなったときの方位を，東，西，南，北で答えなさい。 (　　)

図2

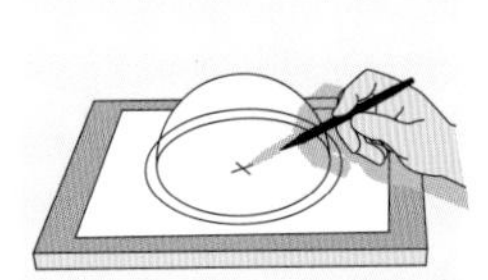

図3

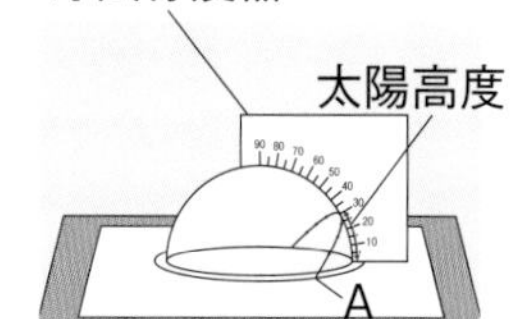

(4) (3)のときのおよその時刻を，次のア～ウから選びなさい。 (　　)

ア　10時ごろ

イ　12時ごろ

ウ　14時ごろ

(5) 記録した印をなめらかな線で結び，その線を延長した。線と厚紙が交わる点(図3のA)は何を表しているか。 (　　　　)

(6) 透明半球上で，1時間ごとの太陽の動く距離はどうなっているか。 ヒント (　　　　)

2 **太陽の1日の動き** 右の図は，太陽の1日の動きを表したものである。これについて，次の問いに答えなさい。

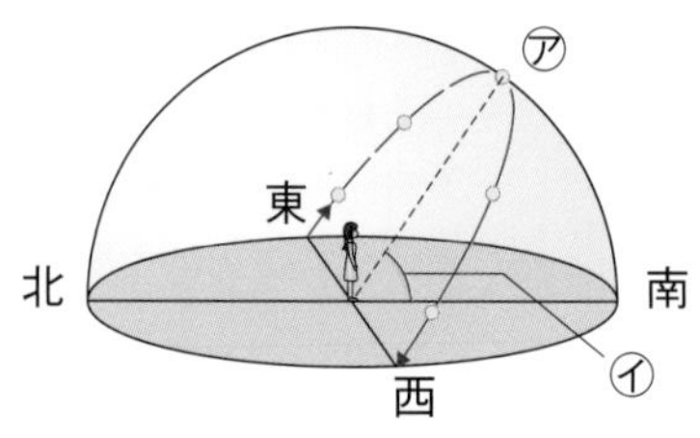

(1) 図の㋐のように，太陽が最も高くなるときのことを何というか。 (　　　　)

(2) 図の㋑の高度を何というか。 (　　　　)

(3) 太陽の1日の動きを何というか。 (　　　　)

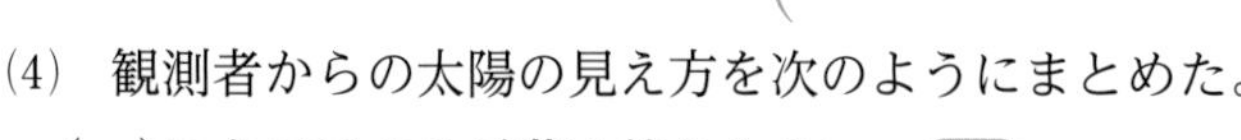

(4) 観測者からの太陽の見え方を次のようにまとめた。( )にあてはまる言葉を答えなさい。 ヒント

①(　　　　) ②(　　　　) ③(　　　　)

地球が，地軸を中心にして，1日に1回，西から東へ(①)すると，観測者から見る太陽は(②)から(③)へ動くように見える。

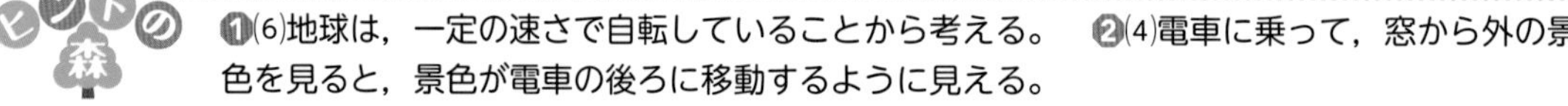

ヒントの森　❶(6)地球は，一定の速さで自転していることから考える。　❷(4)電車に乗って，窓から外の景色を見ると，景色が電車の後ろに移動するように見える。

3 太陽の１年の動き 右の図は，日本のある地点での１年間の日の出，日の入りの時刻の変化を表したグラフである。これについて，次の問いに答えなさい。

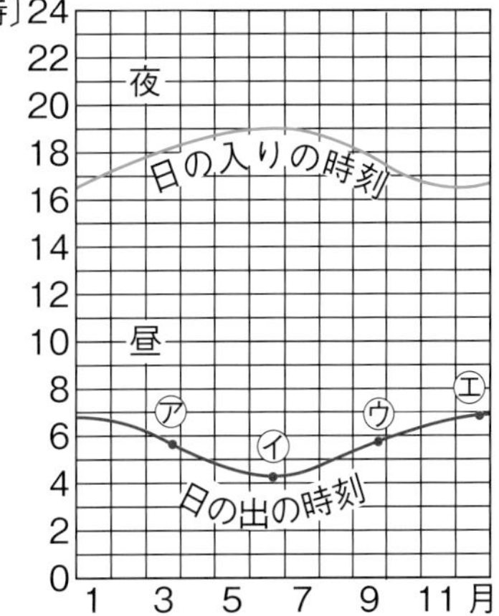

⑴ 夏至の日の日の出の時刻を，図の㋐～㋓から選びなさい。（　　）

⑵ 昼の長さが最も長い日と最も短い日の日の出の時刻を，それぞれ図の㋐～㋓から選びなさい。

最も長い日（　　）　最も短い日（　　）

⑶ 昼と夜の長さがほとんど同じになる日は，１年に何回あるか。ヒント（　　）

⑷ 次の文の（　）にあてはまる言葉を答えなさい。

①（　　）　②（　　）

昼の長さが季節によって異なるのは，地球が地軸を（ ① ）に垂直な方向から約23.4°傾けたまま（ ② ）しているからである。

4 季節による変化 図１の㋐～㋒は，日本のある地点での春分，夏至，秋分，冬至の日の太陽の道すじを表したものである。これについて，次の問いに答えなさい。

図１

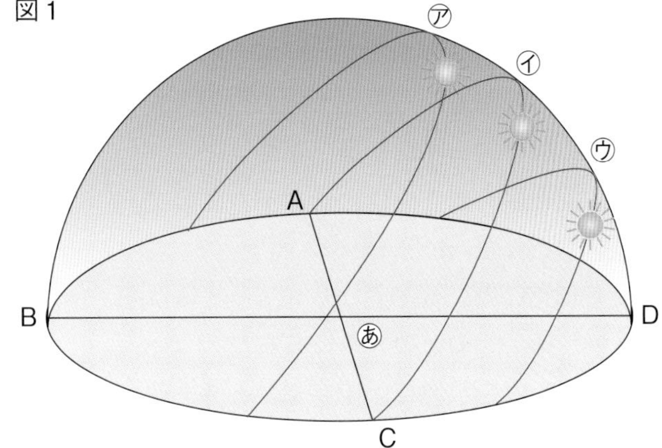

⑴ 図１のA～Dの方位はそれぞれ何か。　A（　　）　B（　　）　C（　　）　D（　　）

⑵ 日の出と日の入りの位置が最も南よりになっている日の太陽の道すじを，図１の㋐～㋒から選びなさい。（　　）

⑶ 太陽の南中高度が最も高い日の太陽の道すじを，図１の㋐～㋒から選びなさい。（　　）

⑷ 秋分の日，夏至の日の太陽の道すじを，それぞれ図１の㋐～㋒から選びなさい。

秋分の日（　　）　夏至の日（　　）

図２

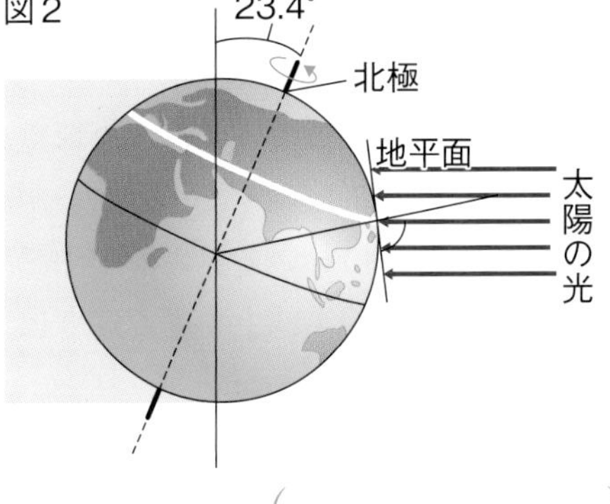

⑸ 図２は，ある日における地球への太陽の光の当たり方を表したものである。この日の太陽の道すじを，図１の㋐～㋒から選びなさい。ヒント（　　）

⑹ 図２の日，北緯66.6°以北では太陽が沈まなかった。このような現象を何というか。（　　）

❸⑶昼の長さがおよそ12時間になる日をさがす。
❹⑸北半球中心に太陽の光が当たっていることから考える。

解答 p.26

実力判定テスト ステージ3 第2章 太陽や星の見かけの動き(1)

30分 /100

1 地球について，次の問いに答えなさい。

4点×4（16点）

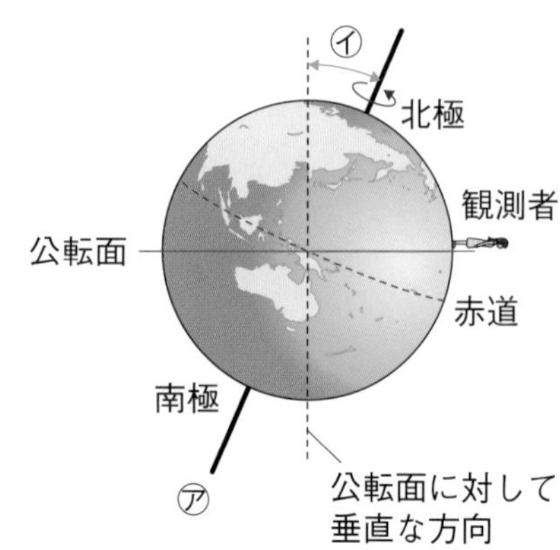

(1) 右の図で，地球の北極と南極を結ぶ㋐の軸を何というか。

(2) 図の㋑の角度を，次のア〜エから選びなさい。

ア 23.4°　イ 32.4°

ウ 66.6°　エ 57.6°

(3) 東と西は，その地点の何という線と直角に交わる線の方向か。

(4) 恒星はどれも観測者を中心にした大きな球面にはりついて見える。この見かけの球面を何というか。

(1)		(2)		(3)		(4)	

よく出る 2 右の図のように，日本のある地点での太陽の日周運動を，透明半球上に1時間おきに記録した。これについて，次の問いに答えなさい。

4点×9（36点）

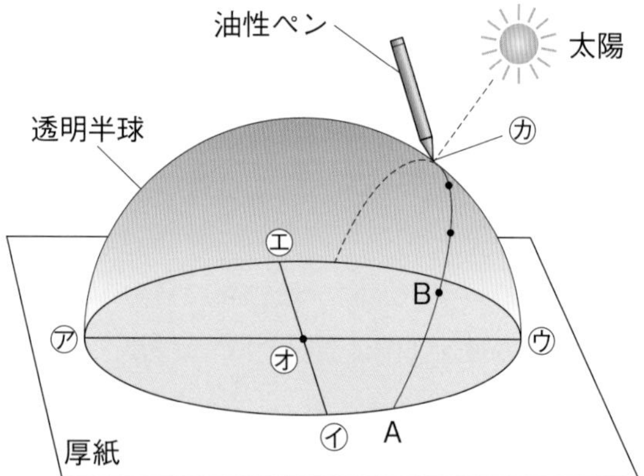

(1) 印は，観測者がどこにいると考えたときの，観測者から見た太陽の位置を表すか。図の㋐〜㋔から選びなさい。

(2) 北と西を表すのは，それぞれ図の㋐〜㋓のどれか。

(3) 12時ごろ，観測者から見て，太陽は東，西，南，北のどの方位にあるか。

(4) 図の㋕の位置に太陽がきたときを何というか。

(5) 図の㋕のときの太陽の高度を何というか。

(6) 太陽の日周運動は，どの方位からどの方位に動いているように見えるか。

記述

(7) (6)のように動いて見える理由を，方位を用いて答えなさい。

(8) 太陽が透明半球上を動く速さは，どのようになっているか。

(1)		(2)	北		西		(3)		(4)		(5)	
(6)		(7)		(8)								

よく出る **3** 右の図は，日本のある地点での，春分の日，夏至の日，冬至の日の太陽の動きを透明半球上に記録したものである。これについて，次の問いに答えなさい。 4点×5 (20点)

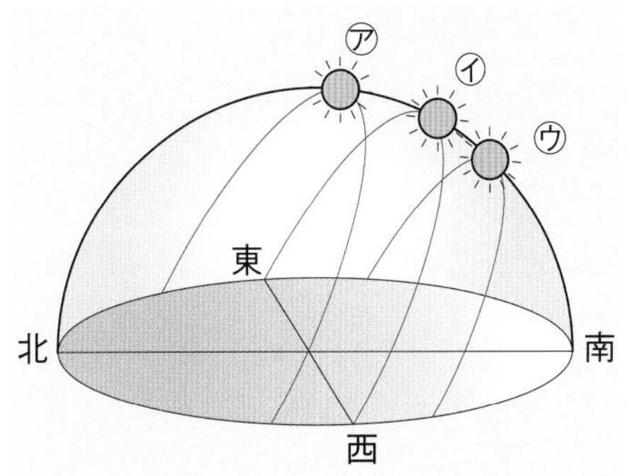

(1) 冬至の日の太陽の道すじを表しているものを，図の㋐～㋒から選びなさい。

(2) 南中高度が最も低い日の太陽の道すじを表しているものを，図の㋐～㋒から選びなさい。

(3) (2)のとき，昼の長さと夜の長さでは，どちらの方が長いか。

(4) 冬に寒くなる理由を，「太陽からのエネルギー」という言葉を使って答えなさい。

(5) 日本で季節による変化が生じる理由を，「地軸」という言葉を使って答えなさい。

(1)		(2)		(3)	
(4)					
(5)					

4 下の図は，地球が太陽のまわりを公転するようすを表したものである。これについて，あとの問いに答えなさい。 4点×7 (28点)

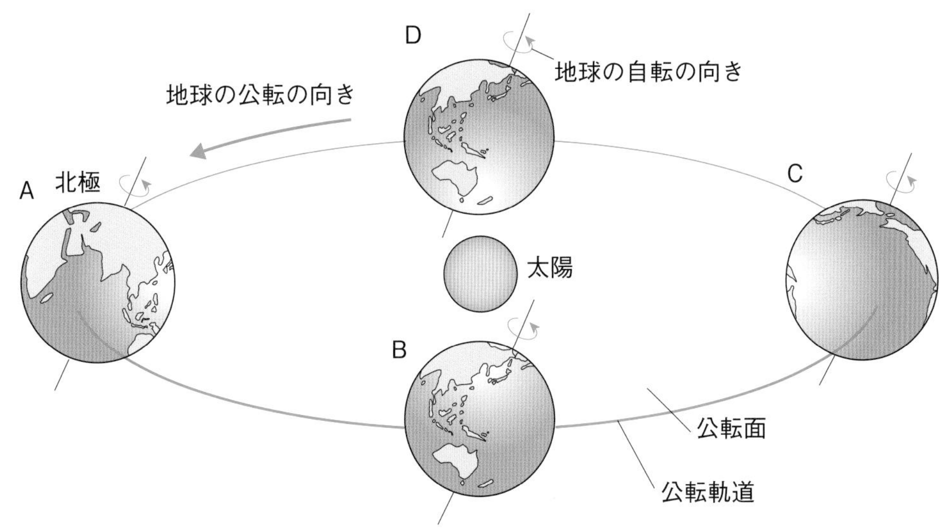

(1) 日本で，太陽の南中高度が最も高いのは，地球がA～Dのどの位置にあるときか。

(2) 日本で，一定の面積の地平面に入る太陽の光の量が最も少ないのは，地球がA～Dのどの位置にあるときか。

(3) 地球がA～Dの位置にあるとき，日本の季節は，それぞれ春，夏，秋，冬のどれか。

(4) 地球がAの位置にあるとき，南半球にあるオーストラリアの季節は何か。

(1)		(2)		(3) A		B		C		D		(4)	

解答 p.27

第２章　太陽や星の見かけの動き(2)
第３章　天体の満ち欠け

同じ語句を何度使ってもかまいません。

教科書の要点　(　　)にあてはまる語句を，下の語群から選んで答えよう。

1 星の動き

教 p.216〜225

(1) 星の動く方向は方位によって異なり，天球全体では，地軸を延長した軸を中心に１日に１回，(①　　　　　)から西に回転しているように見える。このような動きを星の(②★　　　　　)という。
太陽の１日の動き方と似ている。

(2) 星の日周運動は，地球の(③　　　　　)によって起こる。

(3) 同じ時刻に見える星座の位置が少しずつ西へずれ，１年でもとにもどる動きを，星の(④★　　　　　)という。

(4) 太陽が，天球上の星座の間を1年かけて西から東に動く見かけの通り道を(⑤★　　　　　)という。

(5) 星の年周運動（ねんしゅううんどう）は，地球の(⑥　　　　　)によって起こる。

まるごと暗記

星の動き

●日周運動
⇨星が東から西に１日に１回転する動き。**地球の自転**によって起こる。

●年周運動
⇨星が１年かけて東から西へ移動する動き。**地球の公転**によって起こる。

2 月の満ち欠け

教 p.226〜231

(1) 月が(①　　　　　)して見えるのは，地球から見たときの太陽と月の位置関係が変化し，太陽の光の月への当たり方が変わるからである。

(2) 同じ時刻に見える月の位置が，日がたつにつれて西から東へ移るように見えるのは，月の(②　　　　　)が原因である。

(3) 地球や月が公転する間に，太陽・月・地球の順に一直線にならぶと，太陽が月にかくされる(③★　　　　　)が起こる。また，太陽・地球・月の順に一直線にならぶと，月が地球の影に入る(④★　　　　　)が起こる。
満月のときに起こることがある。

まるごと暗記

●日食
⇨太陽・月・地球の順にならぶ。新月のときに起こることがある。

●月食
⇨太陽・地球・月の順にならぶ。満月のときに起こることがある。

3 金星の満ち欠け

教 p.232〜239

(1) 明け方の東の空に見える金星を(①　　　　　)，太陽が沈んだあとの西の空に見える金星を(②　　　　　)という。

(2) 金星が満ち欠けして見えるのは，地球上から見て太陽の光が金星に当たっている部分が変わるからである。

(3) 金星は，地球からの距離が近いほど(③　　　　　)見える。また，金星の手前側に太陽の光があまり当たらず，三日月のような形に見える。

プラスα

月に太陽の一部がかくされることを「**部分日食**」，全部かくされることを「**皆既日食**（かいき）」といい，太陽が月からはみ出して見えることを「**金環日食**（きんかん）」という。

語群
❶公転／自転／黄道（こうどう）／年周運動／日周運動／東　❷公転／月食（げっしょく）／日食（にっしょく）／満ち欠け
❸大きく／明けの明星／よいの明星

★の用語は，説明できるようになろう！

同じ語句を何度使ってもかまいません。

□にあてはまる語句を，下の語群から選んで答えよう。

1 地球の公転と星座

教 p.223

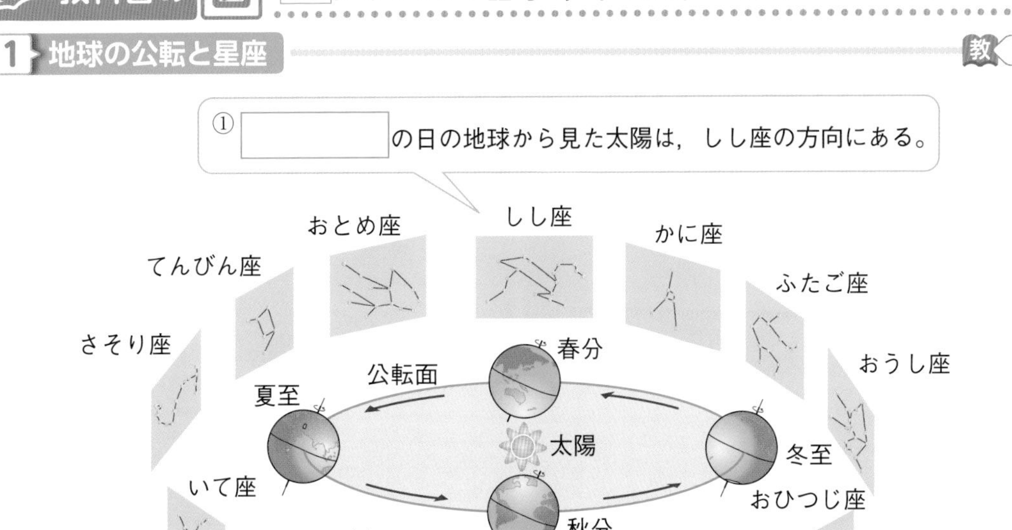

太陽が星座の間を動いていく見かけの通り道 → ② □

2 金星の見え方

教 p.234

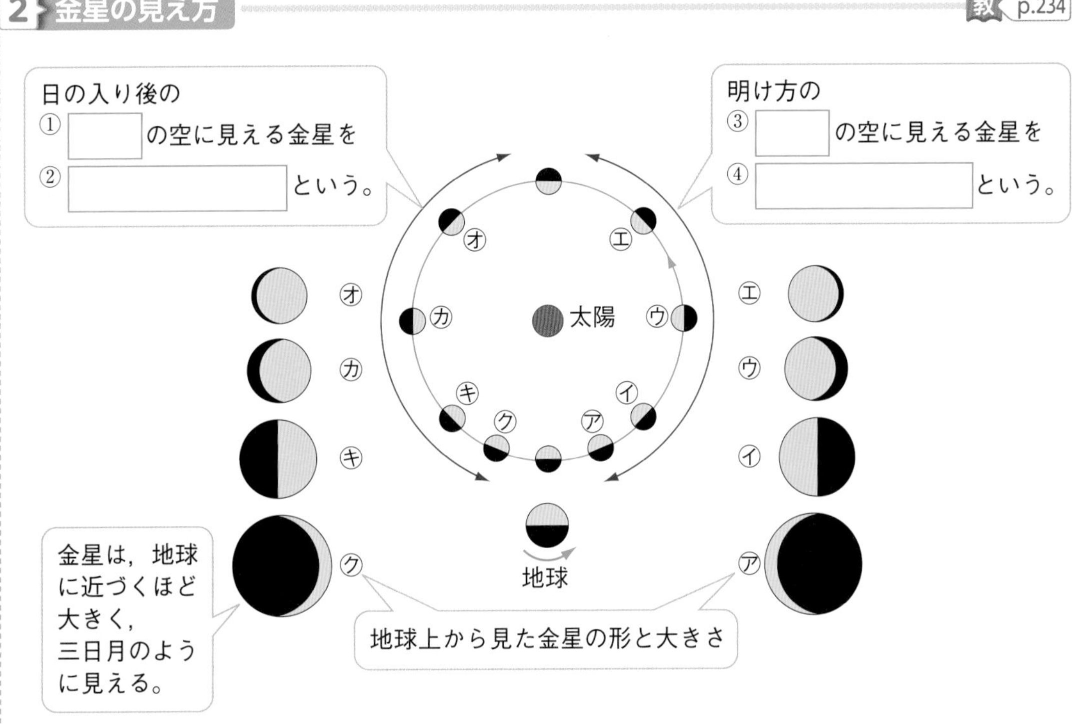

語群
1 黄道／秋分
2 明けの明星／よいの明星／東／西

わからない用語は，教科書の要点の★で確認しよう！

解答 p.27

定着のワーク ステージ2 第2章 太陽や星の見かけの動き(2)－① 第3章 天体の満ち欠け－①

1 教 p.216 探究4 **1日の星の動きと観測者の関係** 下の図は，日本のある地点で星の動きを撮影(さつえい)したものである。これについて，あとの問いに答えなさい。

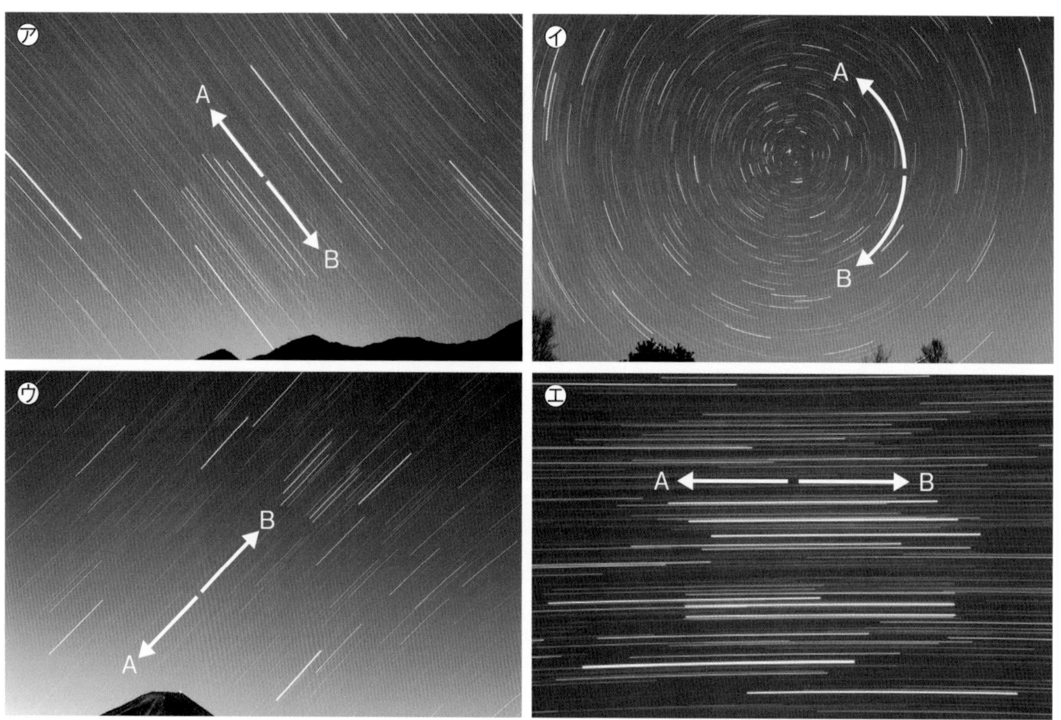

(1) ア～エは，それぞれ，東，西，南，北のどの方位の空を撮影したものか。ヒント

ア(　　) イ(　　) ウ(　　) エ(　　)

(2) イの空の星は，何を中心に回転して見えるか。 (　　)

(3) ア～エの空の星は，それぞれA，Bのどちらの向きに動いて見えるか。

ア(　　) イ(　　)
ウ(　　) エ(　　)

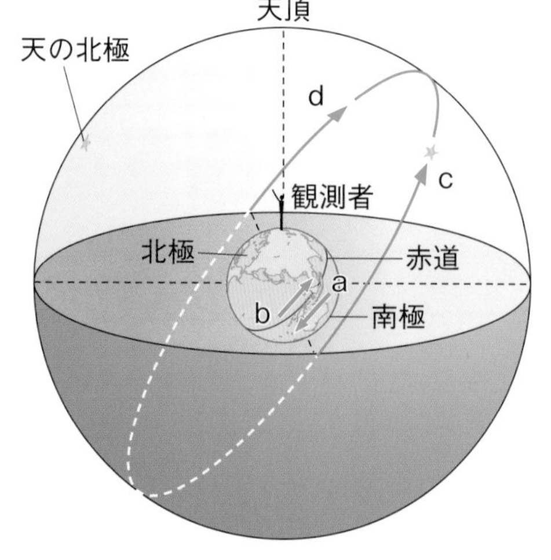

(4) 星は東から西に1日に1回転しているように見える。このような動きを星の何というか。

(　　)

(5) 右の図で地球が自転している向きは，a，bのどちらか。ヒント (　　)

(6) (5)のとき，天球上を星が動いているように見える向きは，図のc，dのどちらか。ヒント

(　　)

1(1)北の空の星は回転しているように見え，南の空の星はほぼ平行に移動するように見える。
(5)(6)地球は西から東に自転しているので，星は東から西に動くように見える。

2 教 p.220 探究5 **季節による星座の移り変わり** 下の図のように，中心に太陽をモデルにした電球を置き，そのまわりに4人の生徒が，春，夏，秋，冬を代表するしし座，さそり座，みずがめ座，おうし座のカードを持って立った。これについて，次の問いに答えなさい。

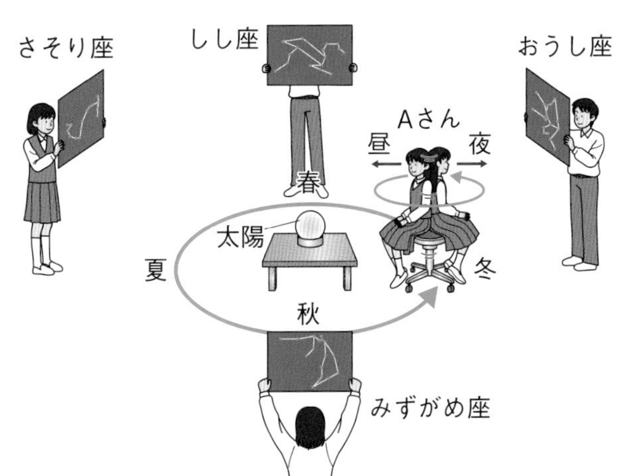

(1) 春の位置にAさんがすわったとき，夜，南の空に見られる星座は何か。図から選びなさい。ヒント
( )

(2) (1)のとき，Aさんから見て太陽の方向にある星座は何か。図から選びなさい。
( )

(3) 夜，南の空にみずがめ座が見えるのは，Aさんが，春，夏，秋，冬のどの位置にすわったときか。
( )

(4) (3)のとき，Aさんが一日中見ることができない星座は何か。図から選びなさい。
( )

(5) 地球から見た太陽は，星座の間を西から東へ少しずつ動く。天球上で，太陽が星座の間を動く見かけの通り道を何というか。( )

3-4

3 **星の1年の動き** 図1はさそり座を，図2はオリオン座を表したものである。これについて，次の問いに答えなさい。

(1) 夏の夜空を表しているのは，図1，図2のどちらか。( )

(2) ある日の午後8時に，さそり座が図1の㋑の位置に見えた。1か月後の午後8時には，さそり座は㋐～㋒のどの位置に見えるか。ヒント ( )

図1

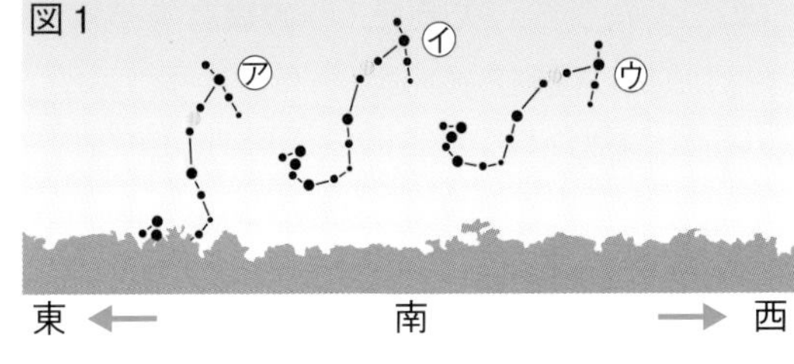

(3) ある日の午後8時に，オリオン座が図2の位置に見えた。1か月後に，オリオン座が図2と同じ位置に見えるのは午後何時ごろか。ヒント
( )

(4) 季節によって同じ時刻に見られる星座が異なるのは，地球が何という運動をしているからか。
( )

図2

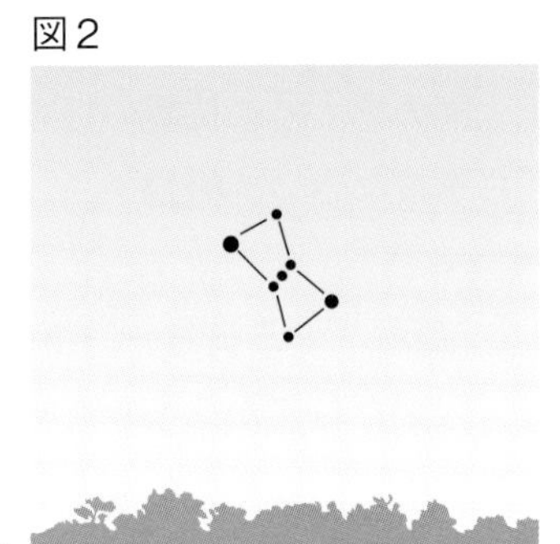

❷(1)夜，南の空に見ることができるのは，太陽と反対側にある星座である。 ❸(2)同じ時刻に見られる星座は，1か月に約30°移動して見える。(3)星は1時間に約15°移動して見える。

解答 p.28

定着のワーク ステージ2 第2章 太陽や星の見かけの動き(2)－② 第3章 天体の満ち欠け－②

1 月の位置と形の変化を観測する 日没(にちぼつ)直後に三日月が見えている日から，毎日同じ時刻に月の見え方を2週間観測した。これについて，次の問いに答えなさい。

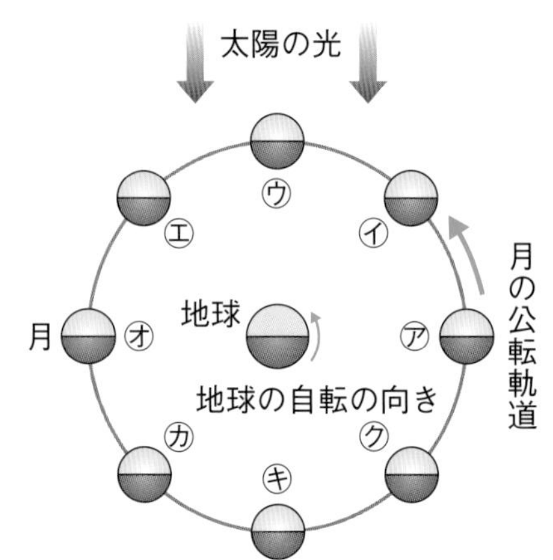

(1) 2週間のうちに，日没直後に見える月の位置は，東，西のどちらの方位へ移動していったか。 (　　　)

(2) 10日後の月の形に最も近いものを，次のア～ウから選びなさい。ヒント (　　　)

ア 三日月　　イ 上弦(じょうげん)の月　　ウ 満月

(3) (2)のように見えるのは，月が図の㋐～㋗のどの位置にあるときか。 (　　　)

(4) 毎日同じ時刻に観測すると，日がたつにつれて月が動いていくように見える。これは，月の何という運動が原因か。 (　　　)

2 日食と月食 右の図は，日食や月食が起こるしくみを図に表したものである。これについて，次の問いに答えなさい。

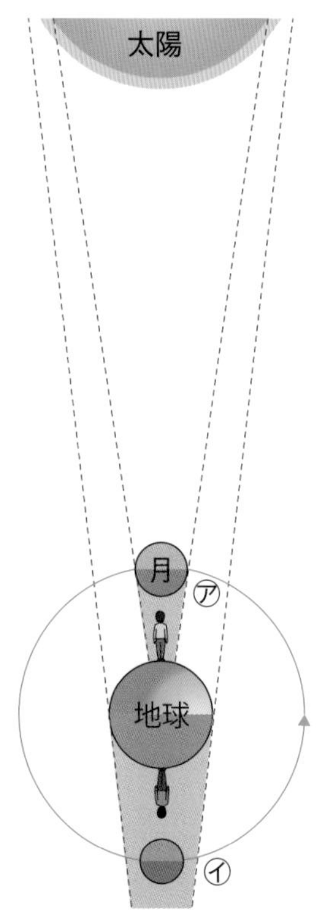

(1) 太陽・月・地球の順に一直線にならんだとき，月が太陽と重なって，太陽が月にかくされる状態を何というか。 (　　　)

(2) (1)のうち，次の①，②の場合をそれぞれ何というか。下の〔 〕から選びなさい。

① 太陽がすべてかくされる場合 (　　　)

② 太陽がはみ出して見える場合 (　　　)

〔 皆既日食　　部分日食　　金環日食 〕

(3) 太陽・地球・月の順に一直線にならんだとき，月が地球の影に入る状態を何というか。 (　　　)

(4) 図の㋐，㋑の位置の月を何というか。それぞれ下の〔 〕から選びなさい。ヒント

㋐(　　　)

㋑(　　　)

〔 新月　　三日月　　半月　　満月 〕

(5) 太陽が月にかくされる状態になることがあるのは，何という形の月のときか。(4)の〔 〕から選びなさい。 (　　　)

ヒントの森

❶(2)月の形はおよそ1か月かけてもとの形にもどる。上弦の月は半月のことである。

❷(4)㋐の月は，地球上からは見ることができない。

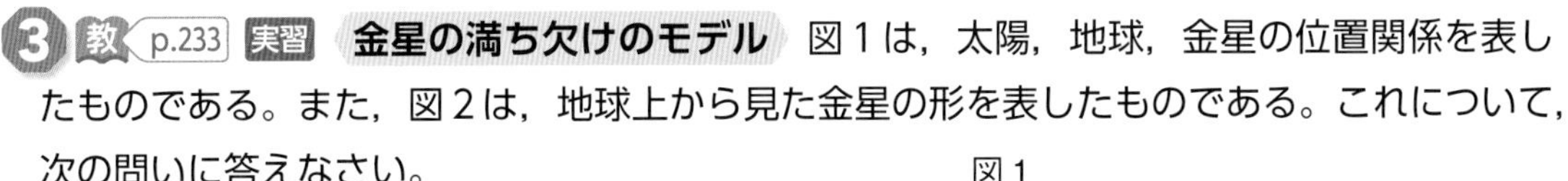

3 教 p.233 実習 **金星の満ち欠けのモデル** 図1は，太陽，地球，金星の位置関係を表したものである。また，図2は，地球上から見た金星の形を表したものである。これについて，次の問いに答えなさい。

図1

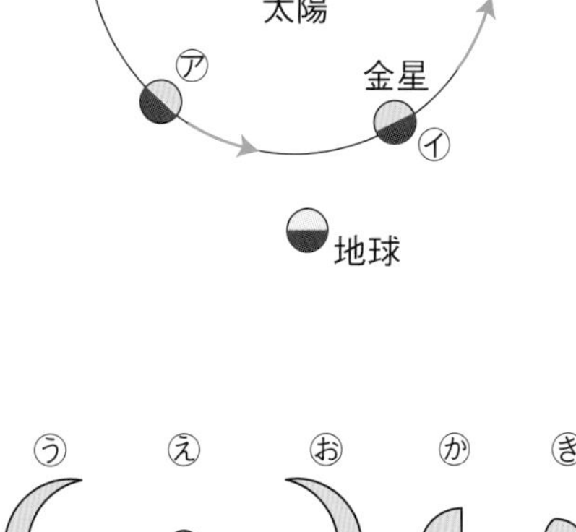

(1) ①明けの明星，②よいの明星が見えるのは，どの方位の空か。それぞれ，東，西，南，北で答えなさい。
①(　　　) ②(　　　)

(2) 金星が明け方に見られるのは，金星が㋐，㋑のどちらにあるときか。 (　　　)

(3) 金星が地球に近づくにつれて，地球上から見た金星の大きさはどうなるか。
(　　　　　　　　)

(4) 金星が最も丸く見えるのは，金星が㋐～㋓のどの位置にあるときか。 (　　　)

(5) 金星が㋐～㋒の位置にあるとき，地球上からはどのように見えるか。それぞれ図2の㋐～㋖から選びなさい。

図2

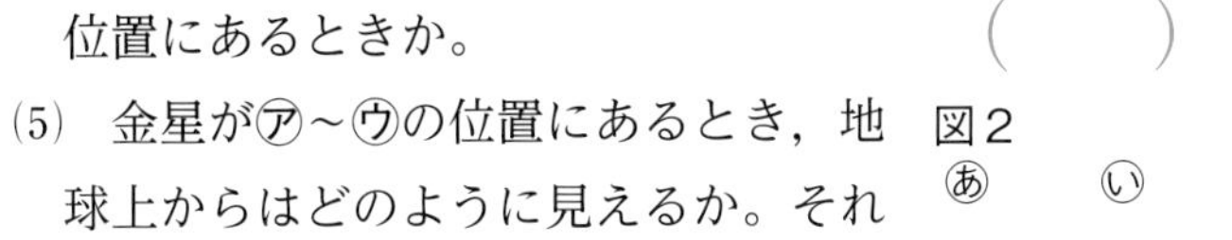

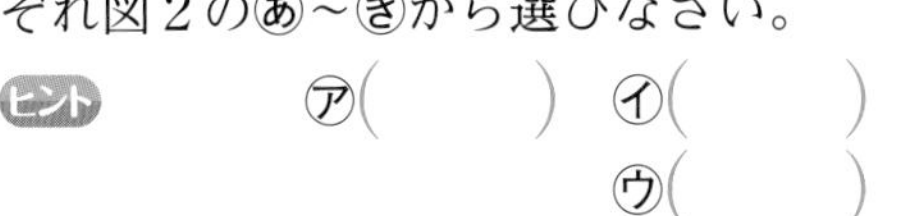

ヒント ㋐(　　　) ㋑(　　　)
㋒(　　　)

(6) ㋐～㋓のうち，地球上から，①金星と太陽が最も離れて見える場合，②金星と太陽が最も近づいて見える場合の金星の位置を，それぞれ選びなさい。 ①(　　　) ②(　　　)

4 **火星の見え方** 右の図は，太陽，地球，火星の位置関係を表したものである。これについて，次の問いに答えなさい。

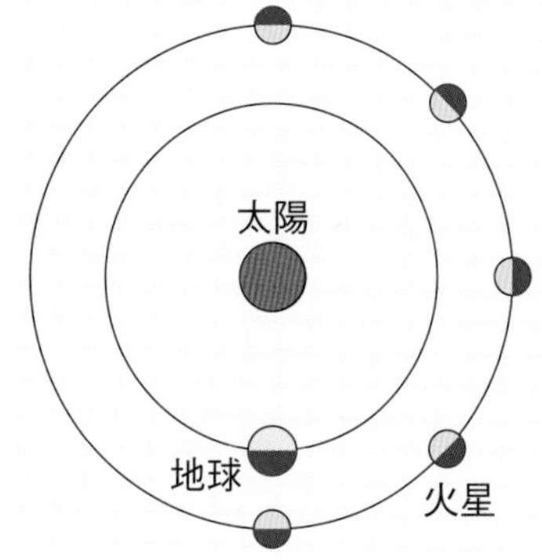

(1) 火星について正しいものを，次の**ア**～**カ**からすべて選びなさい。 (　　　　　)

ア いつも決まった位置に見える。
イ 公転の向きは，地球と同じである。
ウ 公転の向きは，地球と逆である。
エ 地球の公転を止めて考えたとき，火星の公転の向きとは逆に動いて見える。
オ 見かけの大きさや形が変化する。
カ 見かけの大きさや形は変化しない。

(2) 火星は，真夜中に見られることがあるか。ヒント
(　　　　　)

記述 (3) (2)のように判断した理由を答えなさい。
(　　　　　　　　　　　　　　　　　　　　　　　　)

ヒントの森 **3**(5)金星は，月と同じように太陽の光を反射してかがやいている。太陽はいつも金星がかがやいている側にある。 **4**(2)火星は地球の内側，外側のどちらを公転しているか考える。

解答 p.29

実力判定テスト ステージ3 第2章 太陽や星の見かけの動き(2) 第3章 天体の満ち欠け

30分 /100

よく出る **1** 右の図は，ある日の午後8時から１時間ごとに観測したオリオン座の位置を表したものである。これについて，次の問いに答えなさい。 4点×4(16点)

(1) 星座は，どの方位からどの方位に動いているように見えるか。

記述 (2) (1)の星の動きが起こる理由を答えなさい。

(3) ㊁の位置の星座を観測したあと，しばらくすると，星座は30°移動して㊉の位置に見られるようになる。このときの時刻は何時か。

(4) 次の日の午後９時にオリオン座を観測すると，星座は㋐〜㊉のどの位置に見えるか。

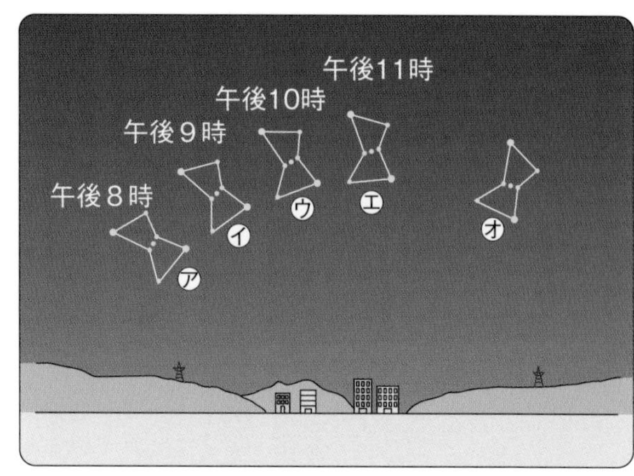

(1)		(2)		(3)		(4)	

2 右の図は，地球の公転モデルを表したものであり，地球の後ろに立てたのは，四季を代表する星座である。これについて，次の問いに答えなさい。 4点×6(24点)

(1) 真夜中にしし座が南の空に見えるのは，地球がA〜Dのどの位置にあるときか。

(2) Aの位置の地球から見て，太陽の方向にある星座は何か。

(3) 天球上で星座の間を動くように見える，太陽の通り道を何というか。

(4) 地球から見た太陽は，(3)をどの方位からどの方位に動いて見えるか。

(5) 同じ時刻に見える星座の位置は少しずつ西にずれていき，１年たつと同じ位置にもどる。このような星の動きを何というか。

記述 (6) (5)の星の動きが起こる理由を答えなさい。

(1)		(2)		(3)		(4)	
(5)		(6)					

3 右の図は，北極側から見た月と地球の位置関係を表したものである。これについて，次の問いに答えなさい。

5点×5（25点）

(1) 地球の自転の向きは，図の㋐，㋑のどちらか。

(2) 月が明け方の南の空に見られるのは，図のa～hのどの位置にあるときか。

(3) 月が図のa～hのどの位置にあるときの形を満月というか。

(4) 日食が起こるのは，太陽，地球，月がどのようにならんだときか。

(5) 月食が起こるのは，どのような形の月のときか。月の名称を答えなさい。

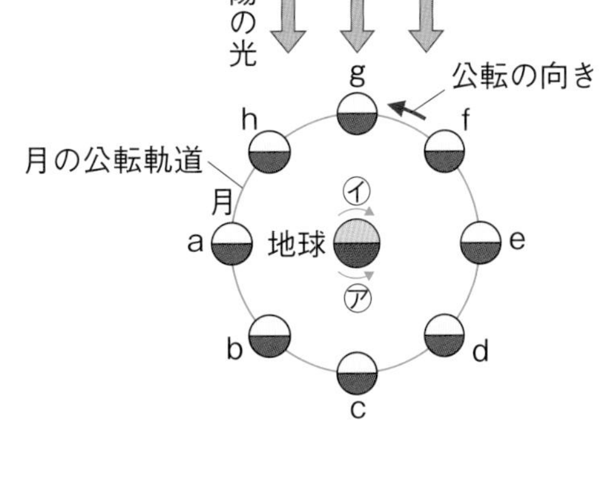

(1)		(2)		(3)	
(4)		(5)			

よく出る **4** 右の図は，太陽，地球，金星の位置関係を表したものである。これについて，次の問いに答えなさい。

5点×7（35点）

(1) 地球上から見た金星の大きさが変化するのは，何が変わるからか。次のア～ウから選びなさい。

ア　金星と太陽の距離

イ　金星と地球の距離

ウ　太陽と地球の距離

(2) 地球上から観測したとき，次の㋐～㋒のように見えるのは，金星がそれぞれ図のA～Iのどの位置にあるときか。

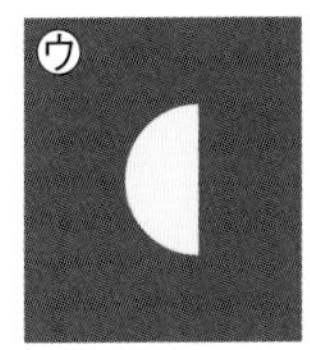

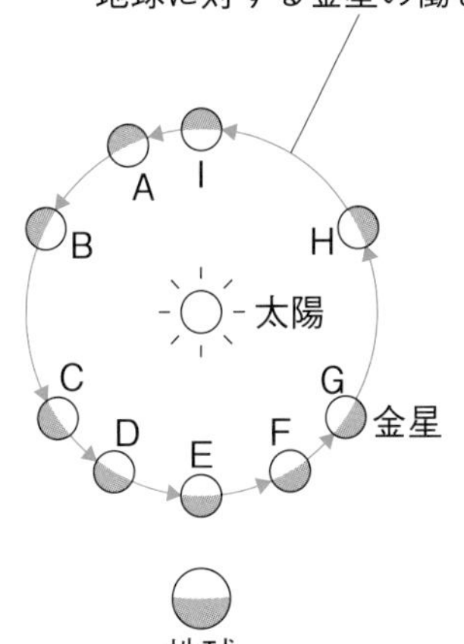

(3) 日の出前に，東の空に見える金星を何というか。その名称を答えなさい。

(4) 日の入り後に，西の空に見える金星を何というか。その名称を答えなさい。

(5) 金星が最も大きく欠けて見えるのは，A～Dのどの位置にあるときか。

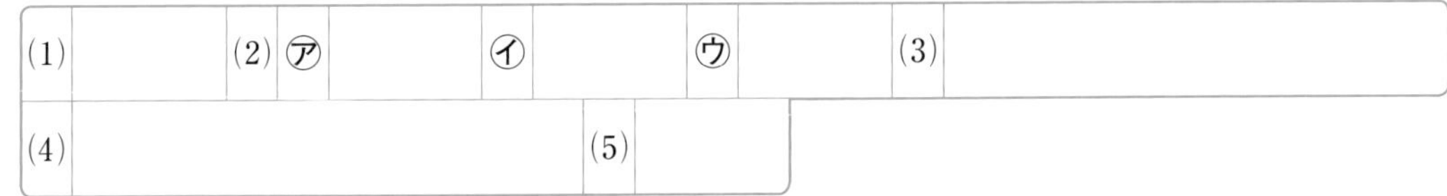

(1)		(2) ㋐		㋑		㋒		(3)	
(4)		(5)							

3-4 地球と宇宙

1 右の表は，太陽系の８つの惑星について，公転周期，質量，密度をまとめたものである。これについて，次の問いに答えなさい。 5点×5（25点）

(1) 太陽から最も遠い惑星を，表の㋐～㋖から選びなさい。

(2) 地球のすぐ外側を公転している惑星を，表の㋐～㋖から選びなさい。

(3) 地球は，惑星の中では比較的小さくて質量も小さいが，平均密度が大きく，地球型惑星に分類されている。㋐～㋖から地球型惑星をすべて選びなさい。

(4) 土星を，表の㋐～㋖から選びなさい。

(5) 公転周期とは何か。

惑星	公転周期〔年〕	質量（地球＝1）	密度〔g/cm³〕
地球	1.00	1.00	5.51
㋐	11.86	317.83	1.33
㋑	29.46	95.16	0.69
㋒	0.62	0.82	5.24
㋓	1.88	0.11	3.93
㋔	0.24	0.06	5.43
㋕	164.77	17.15	1.64
㋖	84.02	14.54	1.27

1

(1)	
(2)	
(3)	
(4)	
(5)	

2 下の図は，３つの方位の空のオリオン座などの動きを，一定時間撮影したものである。これについて，あとの問いに答えなさい。 6点×5（30点）

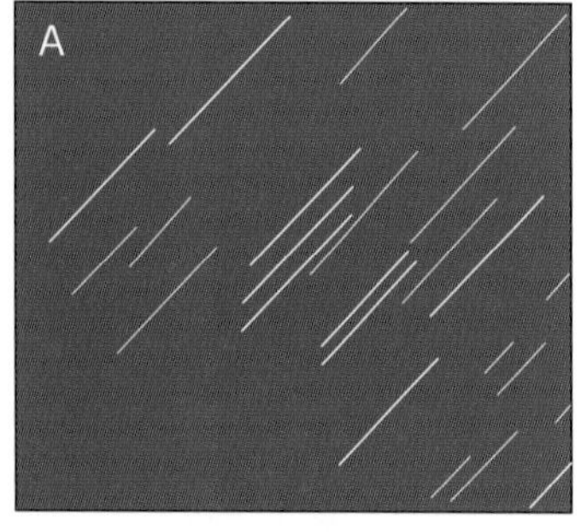

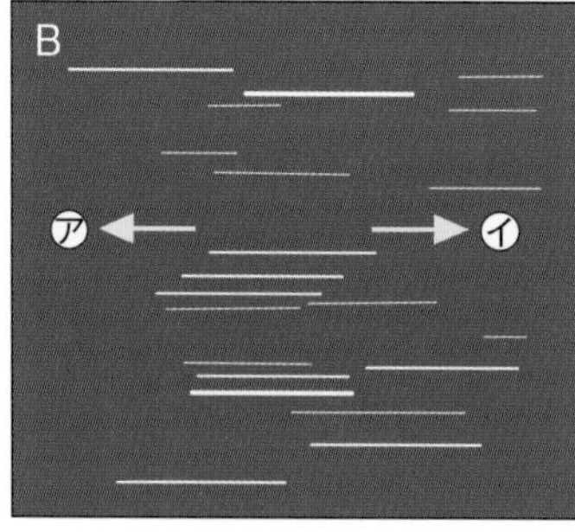

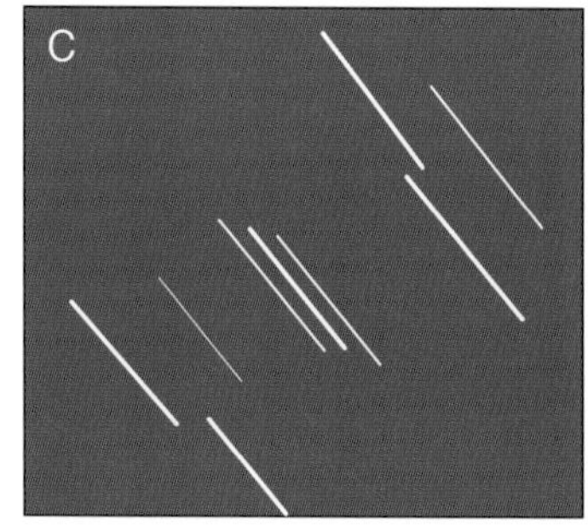

(1) 西の空を撮影したものを，図のA～Cから選びなさい。

(2) 図のBで，オリオン座は時間がたつと，㋐，㋑のどちら向きに動くか。

(3) 星の動く方向は方位によって異なるが，天球全体としては，地軸を延長した軸を中心として，どの方位からどの方位に１日に１回転しているように見えるか。次のア～エから選びなさい。

ア 東から西　　**イ** 西から東

ウ 北から南　　**エ** 南から北

(4) 星の(3)のような動きを何というか。

(5) (4)で，星が動いているように見える理由を，地球の運動に着目して答えなさい。

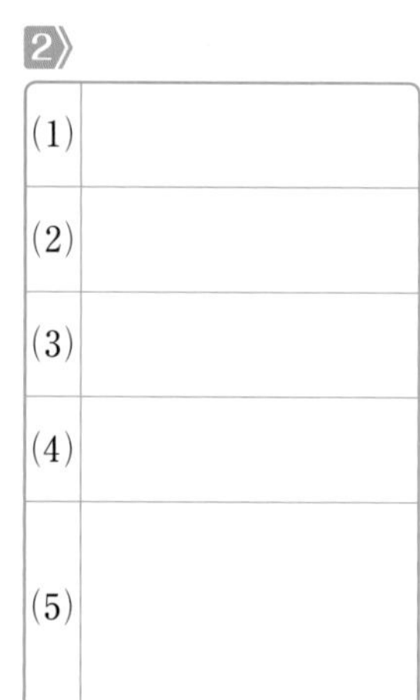

目標　それぞれの天体の動きと，その原因を関連づけて学習しよう。特に，天体の見え方は，よく理解しておこう。

自分の得点まで色をぬろう!
かんばろう!　もう一歩　合格!
0　60　80　100点

3》 右の図は，太陽のまわりを地球が公転するようすと，四季の代表的な星座の位置関係を表したものである。これについて，次の問いに答えなさい。　4点×6（24点）

(1)　日本が冬のときの地球の位置を，㋐～㋓から選びなさい。

(2)　(1)のとき，太陽の方向にある星座を図から選びなさい。

(3)　地球が㋒の位置にあるとき，真夜中に南の空に見える星座を図から選びなさい。

(4)　日本付近で，しし座が一晩中見えるときの地球の位置を，㋐～㋓から選びなさい。

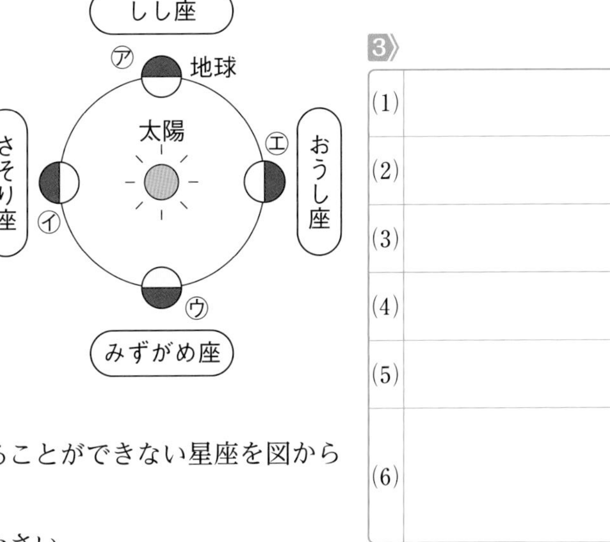

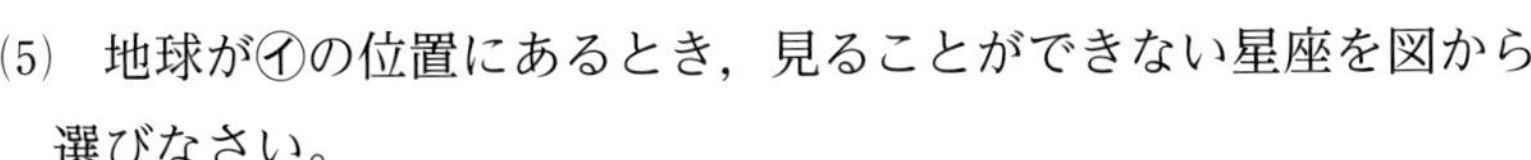

(5)　地球が㋑の位置にあるとき，見ることができない星座を図から選びなさい。

(6)　(5)のように判断した理由を答えなさい。

3》

(1)	
(2)	
(3)	
(4)	
(5)	
(6)	

4》 右の図の㋐～㋔は，ある年の7月から10月にかけて，太陽が沈んだあとの金星を観測し，地球上から見た向きでスケッチしたものである。これについて，次の問いに答えなさい。　3点×7（21点）

㋐　㋑　㋒　㋓　㋔

(1)　太陽が沈んだあとに見られる金星を何というか。

(2)　スケッチした金星は，東，西，南，北のどの方位の空で観測できるか。

(3)　次の①，②にあてはまるスケッチを，それぞれ㋐～㋔から選びなさい。

①　金星が，最も地球に近づいているとき。

レベルUP　②　地球から見た太陽と，地球から見た金星が最も離れて見えるとき。

(4)　金星が地球よりも内側を公転していることは，どのようなことからわかるか。次の**ア**～**オ**から2つ選びなさい。

ア　太陽の向こう側に位置し，見えなくなることがある。

イ　地球から見て，見かけの明るさが変化する。

ウ　地球から真夜中に観測することができない。

エ　金星の表面が厚い大気におおわれている。

オ　地球から見て，大きく満ち欠けする。

(5)　金星のほかに，地球の内側を公転している惑星は何か。

4》

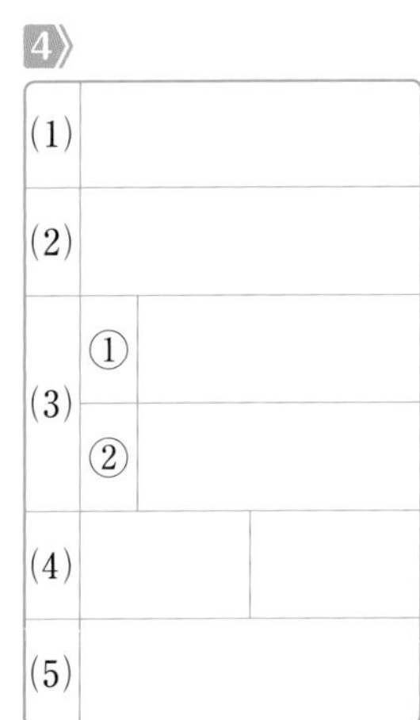

3－4

終わったら後ろの，9，10，11をやろう。

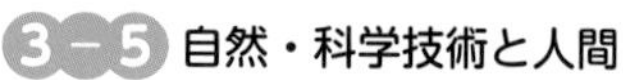

解答 p.31

確認のワーク ステージ1 自然・科学技術と人間

教科書の要点

同じ語句を何度使ってもかまいません。

(　　)にあてはまる語句を，下の語群から選んで答えよう。

1 自然環境と人間

教 p.240〜246

(1) ある地域で，それまで生息していなかった生物が外から持ちこまれ，それが野生化することがある。このような生物を(①★　　　　)という。一方，その地域にもともと生息していた生物を(②★　　　　)という。

(2) 日本ではかつて，排水（はいすい）にふくまれる無機養分や有機物による水質の(③　　　　)が深刻化した。しかし，現在では，生活排水は(④　　　　)で処理されてから放流されている。

(3) 地球温暖化の原因の１つとして，大気中の(⑤　　　　)濃度（のうど）の増加があげられる。地球温暖化が進むと，(⑥　　　　)や生態系の変化など，地球全体に重大な変化が生じる。

(4) 地球を取りまく大気の上層にある(⑦★　　　　)は，人体に悪影響（あくえいきょう）のある(⑧　　　　)を吸収し，弱める。

酸素からつくられる。

2 エネルギー

教 p.247〜252

(1) 現在，火力発電に使用されている石油，石炭，天然ガスや，原子力発電に使用されているウランなどは，資源の量に限りがある。

(2) 太陽光，風力，水力，地熱，バイオマスなど，使い続けてもなくならないエネルギー資源を(①★　　　　)エネルギーという。

(3) ウランなどから出される(②　　　　)を，一度に大量に受けると，人体に悪影響をおよぼす。

3 身のまわりの素材・技術

教 p.253〜263

(1) 科学技術の発展により，プラスチックやカーボンナノチューブ，自己治癒（ちゆ）セラミックスなどの新素材が生まれている。
近年では，(①★　　　　)(AI)の利用も広がっている。

(2) 人間と環境との調和を図り，持続可能な社会をつくるために，「(②　　　　)(SDGs)」という目標が決められた。

(3) 化石燃料の使用を抑制（よくせい）したり，ごみの量を減らしたりするなどの(③　　　　)の取り組みも積極的に行われている。

ワンポイント
人間による乱獲（らんかく）や熱帯雨林の減少が生物の絶滅（ぜつめつ）につながることもある。

プラスα
二酸化炭素濃度の増加の原因として，化石燃料の大量消費，世界規模での森林の減少などがある。

プラスα
オゾンの減少を起こすフロンなどの生産全廃（ぜんぱい）や回収が国際的に行われている。

まるごと暗記
●発電方法
⇨火力発電，水力発電，原子力発電，太陽光発電，地熱発電，風力発電，バイオマス発電など。

ワンポイント
ロボットは，人のからだにつけて力仕事の負担を軽くするなど，さまざまな利用方法が広がっている。

語群
❶在来種（ざいらいしゅ）／二酸化炭素／異常気象／下水処理場／紫外線（しがいせん）／汚染／外来種（がいらいしゅ）／オゾン層
❷再生可能／放射線　❸環境保全／人工知能／持続可能な開発目標

★の用語は，説明できるようになろう！

同じ語句を何度使ってもかまいません。

［　］にあてはまる語句を，下の語群から選んで答えよう。

1 発電のしくみ

教 p.247～248

火力発電　水力発電

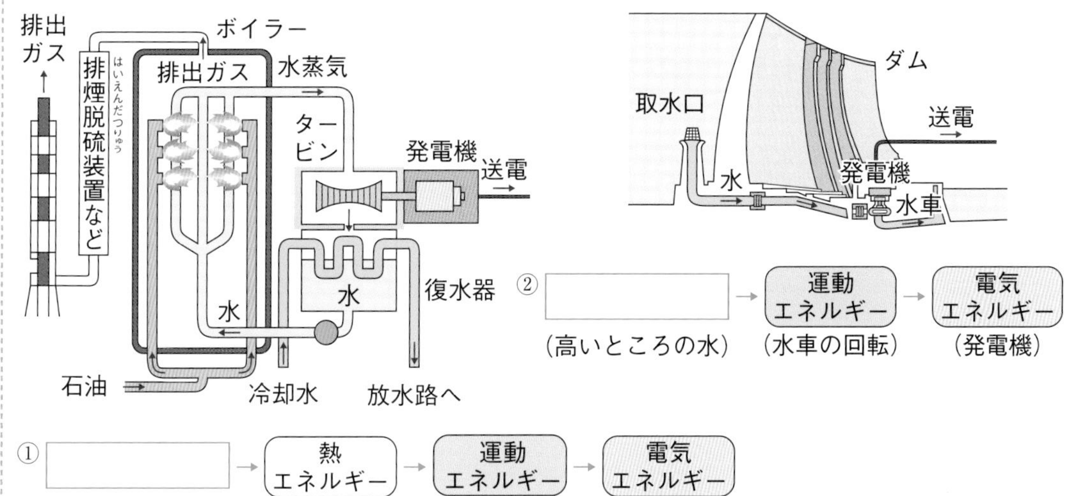

② ［　］ → 運動エネルギー → 電気エネルギー
（高いところの水）（水車の回転）（発電機）

① ［　］ → 熱エネルギー → 運動エネルギー → 電気エネルギー
（石炭・石油 天然ガスなど）（水蒸気）（タービンの回転）（発電機）

原子力発電　太陽光発電

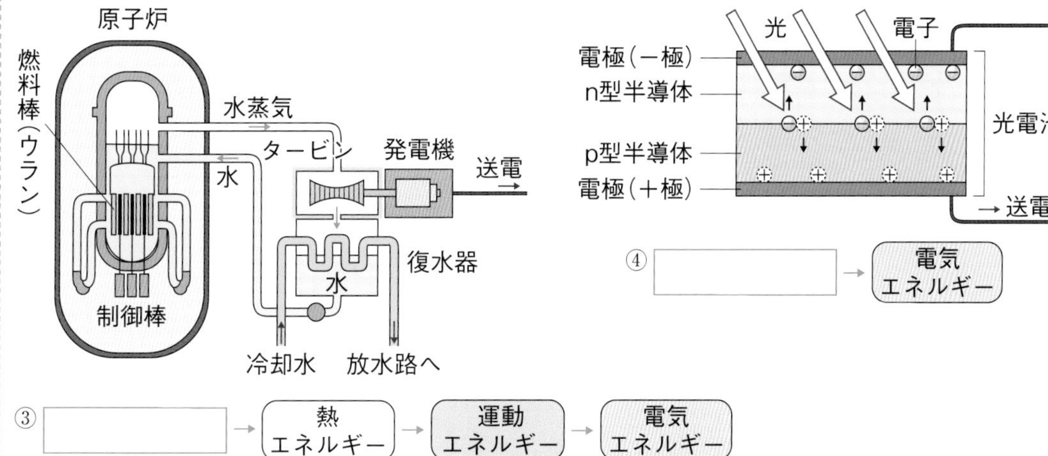

④ ［　］ → 電気エネルギー

③ ［　］ → 熱エネルギー → 運動エネルギー → 電気エネルギー
（ウラン）（水蒸気）（タービンの回転）（発電機）

語群

1 核エネルギー／光エネルギー／化学エネルギー／位置エネルギー

わからない用語は，教科書の要点の★で確認しよう！

3－5

解答 p.31

定着のワーク ステージ2　自然・科学技術と人間

1 生物のつり合い　右の図は，ペット用として輸入され，野生化したミシシッピアカミミガメ(通称ミドリガメ)である。これについて，次の問いに答えなさい。

(1) それまでその地域に生息していなかった種類の生物が持ちこまれ，野生化したものを何というか。

(　　　)

(2) (1)の生物が持ちこまれると，どのような影響があると考えられるか。1つ答えなさい。ヒント

(　　　)

(3) (1)の生物のうち，外国から日本に持ちこまれたものを，下の〔　〕から選びなさい。

(　　　)

〔 ワカメ　シロツメクサ　マメコガネ 〕

(4) (1)に対して，もともとその地域に生息していた生物を何というか。

(　　　)

2 プラスチック　下の表は，5種類のプラスチックの特徴や用途例をまとめたものである。これについて，あとの問いに答えなさい。

種類と識別(しきべつ)マーク	㋐ PET	㋑ PE	㋒ PP	㋓ PS	㋔ PVC
特徴	透明(とうめい)でじょうぶ。薬品に強い。	薬品に強い。	熱に強い。折り曲げに強い。	かたい。	燃えにくい。じょうぶ。
用途例	ペットボトル，卵パックなど	灯油タンク，食品用ラップ，ポリ袋など	食品容器，ストロー，ふろ用品など	発泡(はっぽう)ポリスチレンの容器，食品トレイなど	サンダル，ビニルテープ，電気コードなど

(1) ㋐，㋑の名称を，下の〔　〕からそれぞれ選びなさい。

㋐(　　　)　㋑(　　　)

〔 ポリエチレン　ポリプロピレン　ポリエチレンテレフタラート 〕

(2) プラスチックのほとんどは，何を原料としてつくられているか。ヒント

(　　　)

(3) ㋐〜㋔のうち，水に浮くものをすべて選びなさい。

(　　　)

❶(2)もともとその地域に生息していた生物も影響を受ける。
❷(2)プラスチックは有機物である。

3 発電　日本の発電について，次の問いに答えなさい。

記述 (1) 火力発電の長所を１つ答えなさい。

(　　　　　　　　　　　　　　　　)

 (2) 水力発電の短所を１つ答えなさい。

(　　　　　　　　　　　　　　　　)

(3) 原子力発電で利用する資源は何か。下の〔　〕から選びなさい。(　　　　　)

〔 石油　　石炭　　ウラン　　石油ガス 〕

(4) 原子力発電の短所を，次のア～ウから選びなさい。(　　　)

ア　大気汚染の原因となる窒素(ちっそ)酸化物や硫黄(いおう)酸化物などのガスが生じる。

イ　長期にわたって放射線を出す廃棄物(はいきぶつ)が生じる。

ウ　多くの量の資源で少量のエネルギーしか出せない。

(5) 太陽光発電で使う太陽光のように，使い続けてもなくならないエネルギーを何というか。

 (　　　　　　　　)

4 教 p.260 探究　身のまわりの自然環境の調査

自動車の交通量の異なるいろいろな場所で，ほぼ同じ高さのところでマツの葉を採取した。そして，図１のように，マツの葉をスライドガラスに固定して，顕微鏡で気孔(きこう)を観察した。図２は，ある場所で採取したマツの葉の気孔を顕微鏡で観察した結果である。これについて，次の問いに答えなさい。

図１

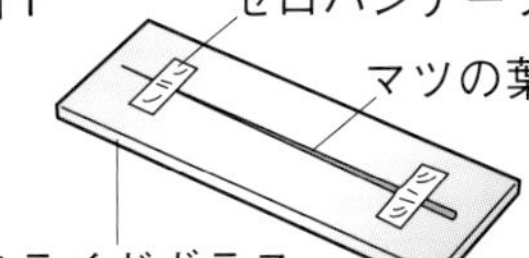

図２

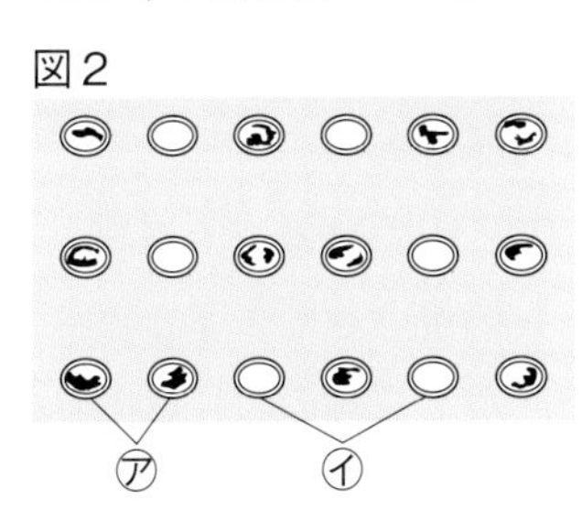

(1) 図２で，汚(よご)れている気孔を，㋐，㋑から選びなさい。(　　　)

(2) 図２で，気孔に汚れがつくのは，気孔にどのようなはたらきがあるためか。次のア～エから選びなさい。(　　　)

ア　空気中に水を出すはたらき。

イ　空気中から水を取り入れるはたらき。

ウ　空気中に気体を出すはたらき。

エ　空気中から気体を取り入れるはたらき。

(3) 図２で，視野にある気孔の総数をAとし，汚れている気孔の数をBとして，$(\frac{B}{A}\times 100)$の式で，気孔の汚れ率を計算した。次のア～ウを，気孔の汚れ率の大きいと予想されるものから順にならべなさい。

(　　　→　　　→　　　)

ア　自動車のほとんど通らない山道にあったマツ

イ　自動車の交通量の多い幹線(かんせん)道路のそばに植えられていたマツ

ウ　自動車の交通量が少ない住宅地の公園にあったマツ

 (4) 観察の結果から，気孔の汚れの原因は何であると考えられるか。ヒント

(　　　　　　　　　　　　　　　　)

3(5)ほかに，風力，水力，地熱，バイオマスなどがある。

4(4)自動車はガソリンなどを燃やして走る。

実力判定テスト ステージ3 自然・科学技術と人間

1 右のグラフは，大気中の二酸化炭素(CO_2)の濃度と地球の年平均気温の変化を表したものである。これについて，次の問いに答えなさい。 5点×4(20点)

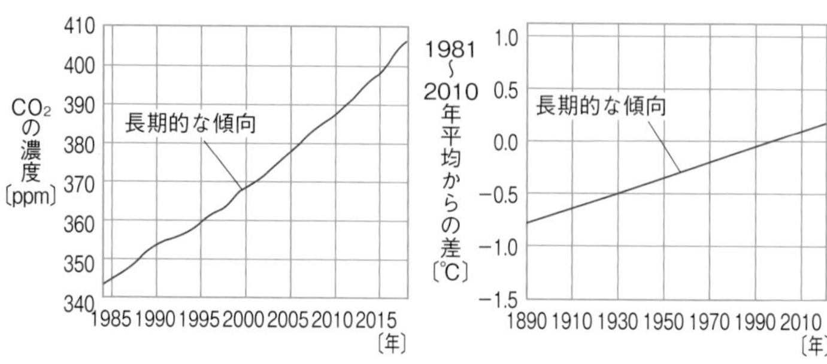

(1) 2015年の大気中の二酸化炭素の濃度は，2000年と比べて，どのように変化しているか。

(2) 大気中の二酸化炭素には，地球から宇宙空間に放出される熱の流れをさまたげ，大気を暖めるはたらきがある。このはたらきを何というか。

(3) 1890年から2010年にかけての地球の年平均気温は，どのように変化しているか。

記述 (4) 2つのグラフから，地球の年平均気温が(3)のようになる原因の1つは，何であると考えられるか。簡単に答えなさい。

(1)		(2)		(3)	
(4)					

2 右の図は，火力発電のしくみを表したものである。これについて，次の問いに答えなさい。 5点×6(30点)

(1) 図の㋐，㋑にあてはまるエネルギー名を答えなさい。

(2) 火力発電は，石炭・石油・天然ガスなどを燃焼させてエネルギーを得ている。これらの地下資源の量には限りがあるか。

(3) 石炭・石油・天然ガスを燃焼させたとき発生する有害なガスを1つ答えなさい。

(4) 日本では，2011年以降，火力発電の発電電力量が増えた。この原因として考えられるのは，何という発電が減ったためか。

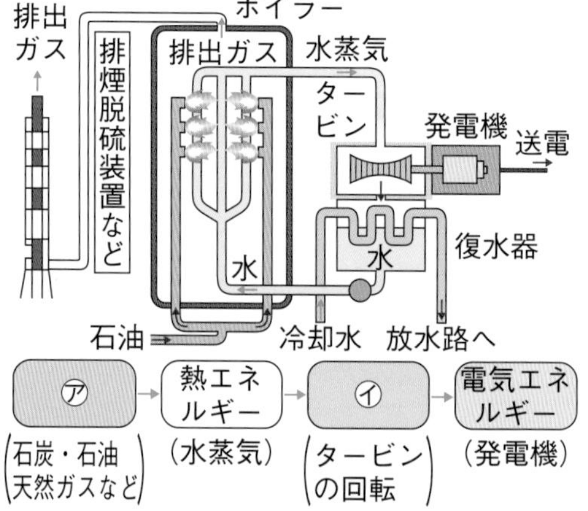

(5) 近年増加傾向にある，植物などの生物体の有機物を利用した発電を何というか。

(1)	㋐		㋑		(2)	
(3)		(4)		(5)		

3 生活の中での科学技術の利用について，次の問いに答えなさい。 3点×5（15点）

(1) 次の①～④は新素材や新しい科学技術の特徴を説明したものである。①～④にあてはまるものを，それぞれ下の〔 〕から選びなさい。

① 人間を手本にして学習や判断を行うプログラム。

② 植物の細胞壁（さいぼうへき）の主成分で，細いひものような物質。これまでのプラスチックに配合することで，さらに軽く，ねばり強くすることができる。

③ 特殊（とくしゅ）な材料をまぜこむことで，亀裂（きれつ）が入ったときに自然に癒着（ゆちゃく）する材料。

④ 軽くて耐久性（たいきゅうせい）が高く，熱や電気を伝える性質も高い。配管のOリングなどに利用されている。

〔 カーボンナノチューブ　セルロースナノファイバー　人工知能　自己治癒セラミックス 〕

(2) 身につけて使うロボットは，工業用ロボットと異なり，からだに負担のある作業を，人のからだに装着するロボットで補うしくみである。このロボットは，どのような場面で利用できると考えられるか。例を1つあげなさい。

(1)	①		②		③		④	
(2)								

4 自然環境の保全と持続可能な社会づくりについて，次の問いに答えなさい。 5点×7（35点）

(1) 化石燃料とはどのような物質か。例を1つあげなさい。

(2) 化石燃料が燃料として使われている発電を，下の〔 〕から選びなさい。

〔 原子力発電　地熱発電　バイオマス発電　火力発電 〕

(3) 化石燃料の大量消費は，オキシダントなどが発生する原因となっている。オキシダントが発生させるスモッグを何というか。

(4) 排煙脱硫装置は，排煙から何を取り除くために開発された装置か。次のア～エから選びなさい。

ア 酸素　イ 二酸化炭素　ウ 窒素酸化物　エ 硫黄酸化物

(5) 自然環境を保全するために，風力や太陽光，地熱などのエネルギー資源の開発や利用が進められている。このようなエネルギー資源にはどのような特徴があるか。簡単に答えなさい。

(6) リサイクル(再生利用)，リデュース(ごみを減らすこと)，リユース(再利用)の3つを合わせて何というか。

(7) 持続可能な社会をつくるために，世界規模で決められた目標を何というか。

(1)		(2)		(3)		(4)	
(5)		(6)		(7)			

3-5

解答 p.32

3－5 自然・科学技術と人間

40分 /100

1 下の図は，発電のしくみを表したものである。これについて，あとの問いに答えなさい。

6点×9（54点）

図1

排出ガス
ボイラー
排煙脱硫装置など
排出ガス
水蒸気
タービン
発電機
送電
水
水
復水器
石油
冷却水
放水路へ

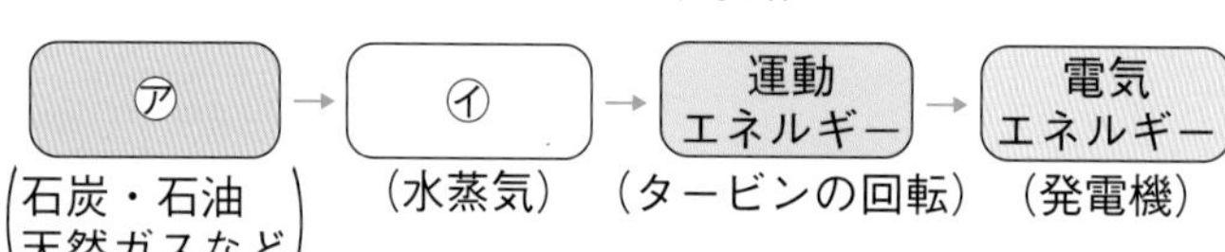

図2

ダム
取水口
送電
水
発電機
水車

㋒ → 運動エネルギー → 電気エネルギー
（高いところの水）（水車の回転）（発電機）

(1) 図1の発電を何というか。

(2) 図1の㋐，㋑にあてはまるエネルギーを，下の〔　〕から選びなさい。

〔 核エネルギー　位置エネルギー
　熱エネルギー　化学エネルギー 〕

(3) 図2の発電を何というか。

(4) 図2の㋒にあてはまるエネルギーを，(2)の〔　〕から選びなさい。

(5) 図1，図2の発電の長所を，それぞれ次の**ア**〜**ウ**から選びなさい。

ア　発電の過程で，有害なガスが出ない。

イ　ごみなど，捨てていたものを資源として活用できる。

ウ　地下資源を燃焼させるだけで，大量の熱を発生させることができる。

(6) 図1，図2の発電の短所を，それぞれ次の**ア**〜**ウ**から選びなさい。

ア　長期にわたって有害な放射線を出す廃棄物が生じる。

イ　地球温暖化の原因の1つである二酸化炭素が生じる。

ウ　建設するとき，もともとあった自然が破壊（はかい）される。

1

(1)		
(2)	㋐	
	㋑	
(3)		
(4)		
(5)	図1	
	図2	
(6)	図1	
	図2	

目標 発電のしくみや，各発電の長所，短所を正確に理解しておこう。また，環境保全の方法についてもよく整理しておこう。

自分の得点まで色をぬろう!

がんばろう!	もう一歩	合格!
0	60	80　100点

2 再生可能エネルギーについて，次の問いに答えなさい。

3点×3（9点）

記述

(1) 再生可能エネルギーとはどのようなエネルギー資源か。

(2) 再生可能エネルギーを利用した発電を，次のア～エからすべて選びなさい。

ア 原子力発電

イ 地熱発電

ウ 風力発電

エ バイオマス発電

(3) 限られたエネルギー資源の中で，環境との調和を図って，地球の豊かな自然を未来に引きついでいく必要がある。そのためにすべての国が協力してつくっていくことが求められている社会を何というか。

2

(1)	
(2)	
(3)	

3 環境保全の取り組みについて，次の問いに答えなさい。

4点×7（28点）

(1) 家庭から出る生活排水は，何という場所で有機物を減らす処理がされているか。

(2) 「排煙脱硫装置」は，排煙から何を取り除く装置か。次の〔　〕から選びなさい。

〔　二酸化炭素　　窒素酸化物　　硫黄酸化物　〕

(3) 窒素酸化物や硫黄酸化物が溶けこんだ雨を何というか。

(4) (3)は何に悪影響をおよぼしているか。例を1つ答えなさい。

(5) 3R活動にあてはまるものを，次のア～オの中から3つ選びなさい。

ア 食事の量を減らす。

イ ごみの量を減らす。

ウ ものを再利用する。

エ 廃棄物などを原材料やエネルギー源として有効利用する。

オ 電気をたくさん使う。

3

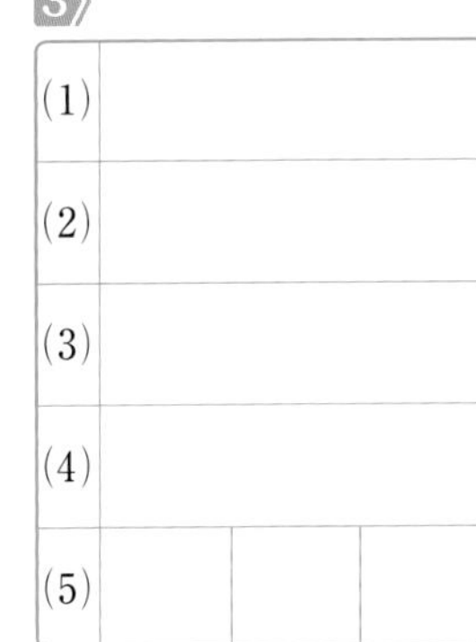

(1)			
(2)			
(3)			
(4)			
(5)			

3-5

4 自然の災害と恵みについて，次の問いに答えなさい。

3点×3（9点）

(1) 日本列島は，世界の中でもどのような自然災害が多いところか。例を1つ答えなさい。

(2) 自然災害に備えて，被害(ひがい)が予想される範囲や避難(ひなん)場所などを示した地図を何というか。

(3) 周囲を海で囲まれた日本は，魚介類(ぎょかいるい)も貴重な天然資源であるが，近年では過剰(かじょう)な漁のために，生物量の減少が問題になっている。持続可能な利用のために，漁獲(ぎょかく)量の調整とともに行われているのは何か。

4

(1)	
(2)	
(3)	

終わったら後ろの，12，13をやろう。

解答 p.33

理科の力をのばそう

計算力UP 注意して計算してみよう！

1 **平均の速さ** Aさんは，100mを20秒で走った。これについて，次の問いに答えなさい。

(1) Aさんの走った平均の速さは何cm/sか。

（　　　　）

(2) Aさんの走った平均の速さは何km/hか。

（　　　　）

> 3－1 第2章
> (1)1秒当たり何cm進んだか計算。
> (2)あらかじめ距離と時間の単位を変えて，1時間当たり何km進んだか計算。

2 **仕事** 図1，図2のようにして，物体を持ち上げたり，引き上げたりした。これについて，あとの問いに答えなさい。ただし，質量100gの物体が受ける重力の大きさを1Nとする。

> 3－1 第3章
> 仕事〔J〕，物体に加えた力〔N〕，物体を移動させた距離〔m〕の関係式を利用して計算。

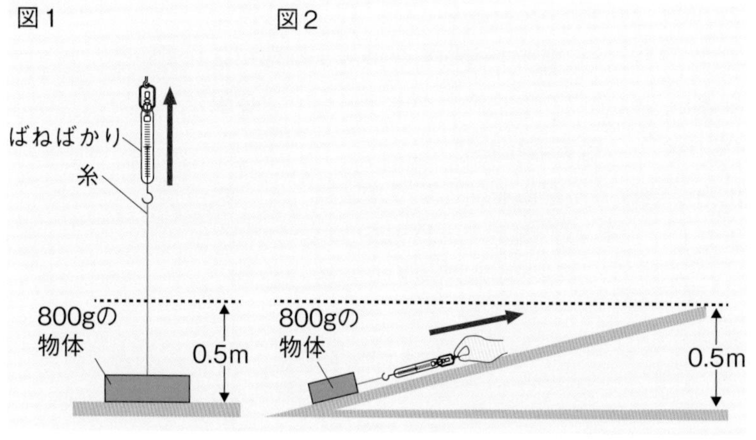

(1) 図1で，800gの物体を0.5m持ち上げたときの仕事は何Jか。

（　　　　）

(2) 図1で，800gの物体を0.5m持ち上げるのに4秒かかったときの仕事率は何Wか。

（　　　　）

(3) 図1で，800gの物体を20cm/sの速さで0.5m持ち上げたときの仕事率は何Wか。

（　　　　）

(4) 図2で，800gの物体を斜面に沿って0.5mの高さまで引き上げた。ばねばかりの目盛りが2.0Nを示していたとき，物体を斜面に沿って動かした距離は何mか。

（　　　　）

(5) 図2の斜面をのばして，800gの物体を斜面に沿って3Wの仕事率で12秒かけて引き上げた。同じ仕事を6Wの仕事率で行うと，何秒かかるか。

（　　　　）

作図力UP よく考えてかいてみよう！

3 **力の矢印** 次の力を矢印で表しなさい。ただし，質量100gの物体が受ける重力の大きさを１Ｎとし，図１の１目盛り分の長さは0.1Ｎとする。

3－1 第1章
作用点，力の向き，力の大きさを矢印で表す。

(1) 図１は，水平な台の上で静止している40gの球を表したものである。このとき，球が受ける２つの力を，作用点を • として，矢印で表しなさい。

(2) 図２の矢印は，水平な床の上で，ローラースケートをはいたＡさんがＢさんを押す力を表したものである。このとき，ＡさんがＢさんから受ける力を矢印で表しなさい。

図１

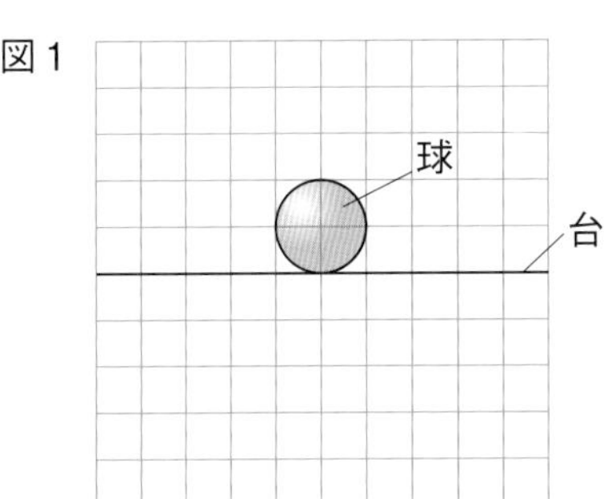

図２

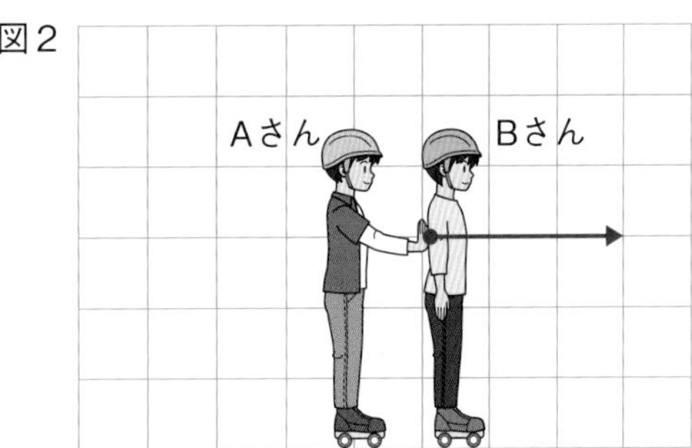

4 **力の合成，分解** 次の力を矢印で表しなさい。

3－1 第1章
平行四辺形を作図してから，求める力を矢印で表す。

(1) 図１は，点Ｏが受ける力Ａと力Ｂを矢印で表したものである。力Ａと力Ｂの合力を矢印で表しなさい。

(2) 図２は，物体Ｘが受ける力Ａと力Ｂを矢印で表したものである。力Ａと力Ｂの合力を矢印で表しなさい。

図１

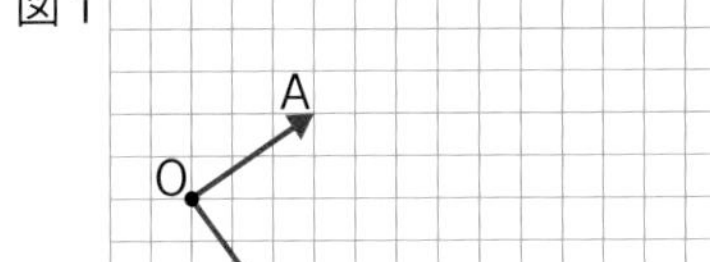

図２

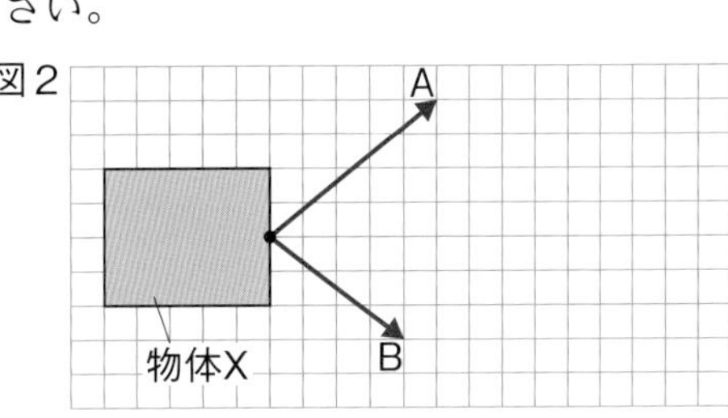

(3) 図３は，点Ｏが受ける力を矢印で表したものである。この力を……の方向に分解し，矢印で表しなさい。

(4) 図４は，斜面上にある物体が受ける重力を矢印で表したものである。物体が受ける重力を，斜面に沿った方向の力と斜面に垂直な方向の力に分解し，矢印で表しなさい。

図３

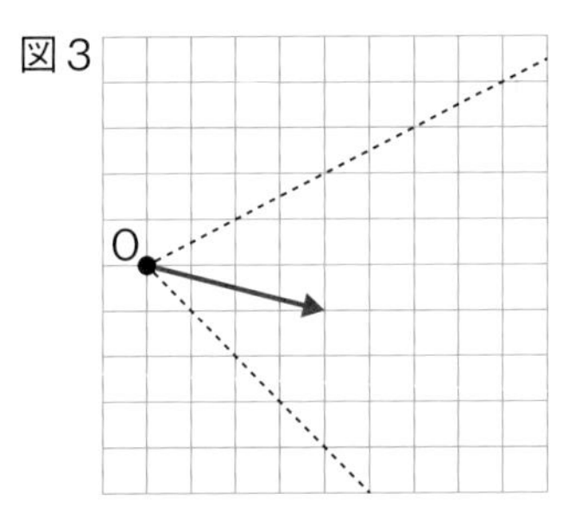

図４

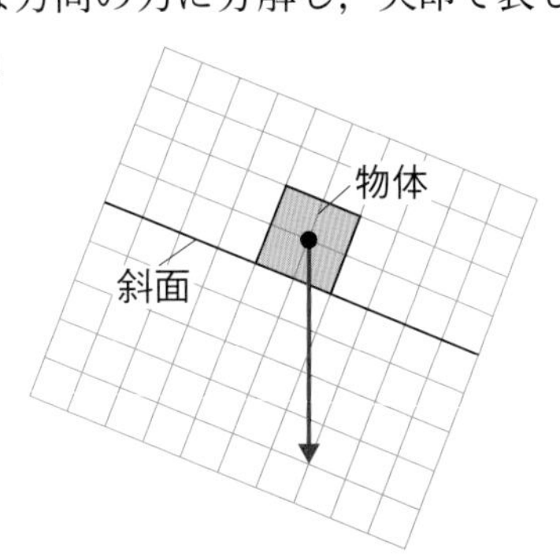

5 **生物量のつり合い** 下の図は，生産者，一次消費者，二次消費者の生物量の関係を表したものである。何かの原因で急に一次消費者の生物量が増えると，生産者と二次消費者の生物量はどのように変化するか。図にかきなさい。ただし，点線は，つり合いのとれた状態の生物量の関係とする。

3－2 第3章
二次消費者の食物は一次消費者で，一次消費者の食物は生産者であることから考える。

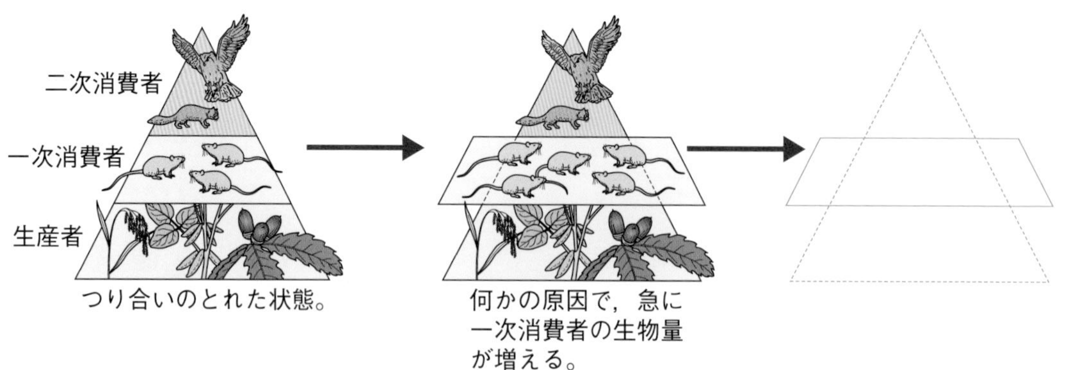

6 **中和** 中和とイオンについて，次の問いに答えなさい。

3－3 第2章
水素イオンと水酸化物イオンが結びつくと水分子になることから考える。

(1) ビーカー㋐，㋑に同じ濃度の塩酸を10cm³ずつ入れた。次に，㋐には水酸化ナトリウム水溶液を2 cm³，㋑には㋐と同じ濃度の水酸化ナトリウム水溶液を4 cm³加えた。図1は，㋐でのようすを模式的に表したものである。図1を参考にして，㋑でのようすを，イオンの種類と数，水分子の数に着目して，図2にかきなさい。

図1　図2

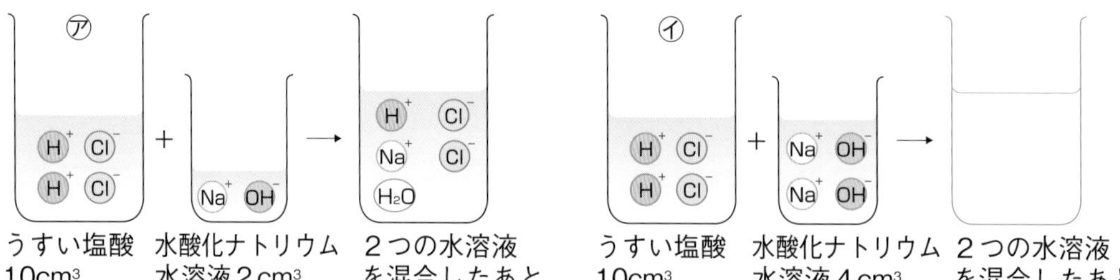

(2) BTB溶液を加えたうすい塩酸20cm³をビーカーに取り，うすい水酸化ナトリウム水溶液を少しずつ加えていった。すると，30cm³を加えたところで水溶液が緑色になった。そのあと，さらに30cm³のうすい水酸化ナトリウム水溶液を少しずつ加えた。図3の----は，この実験でのビーカー内のナトリウムイオンの数を表したものである。このとき，ビーカー内の水酸化物イオンの数を表すグラフを図1，2を参考にして，図3にかきなさい。

図3

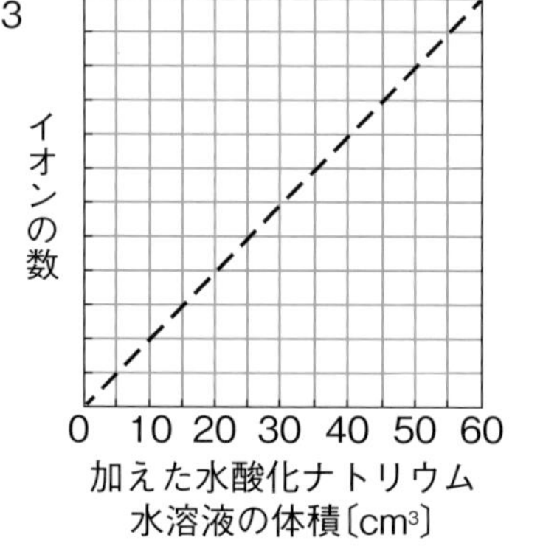

記述力UP　自分の言葉で表現してみよう！

7 **水圧と浮力**　水中の物体にはたらく水圧と浮力について，次の問いに答えなさい。

3－1 第1章
(3)物体にはたらく重力と浮力は逆向きになる。

(1)　水圧とはどのような力か。生じる原因とはたらく向きに着目して答えなさい。

(　　　　)

(2)　浮力とはどのような力か。生じる原因とはたらく向きに着目して答えなさい。

(　　　　)

(3)　水に入れた物体が浮かび上がっていくのはどのようなときか。浮力に着目して答えなさい。

(　　　　)

8 **生殖**　有性生殖と無性生殖では，親から子への遺伝子や形質の受けつがれ方にちがいがある。有性生殖と無性生殖での遺伝子や形質の受けつがれ方の特徴を，それぞれ「遺伝子」，「形質」という言葉を使って答えなさい。

3－2 第1・2章
有性生殖では受精が行われることに着目。

有性生殖(　　　　)

無性生殖(　　　　)

9 **太陽系**　太陽や太陽系の惑星について，次の問いに答えなさい。

3－4 第1章
(3)生物の生存に必要な，水と空気と温度に着目。

(1)　太陽が自転していることは，どのようなことからわかるか。黒点に着目して答えなさい。

(　　　　)

(2)　太陽が球形であることは，どのようなことからわかるか。黒点の位置と形に着目して答えなさい。

(　　　　)

(3)　太陽系の惑星の表面の環境は，太陽からの距離や大気などによって変わる。この点に着目して，地球に生物がすむことができる理由を答えなさい。

(　　　　)

10 **天体の動き** 地球の運動と天体の動きについて，次の問いに答えなさい。

3－4 第2章
理由を問われているので「～から。」や「～ため。」という形で答える。

(1) 日本で北の空の星の動きを観測すると，北極星だけがほとんど動かないように見える。その理由を，地球の地軸に関連づけて，「北極星が」の書き出しに続けて答えなさい。

(　　　　)

(2) 日本でオリオン座の動きを観測すると，時間の経過とともに位置を変えながら，１日後にはほぼ同じ位置に見えることがわかる。このような天体の動きが生じる理由を答えなさい。

(　　　　)

(3) 日本で毎日同じ時刻にオリオン座の位置を観測すると，日がたつにつれて見える位置が移動し，１年後にはほぼ同じ位置に見えることがわかる。このような天体の動きが生じる理由を答えなさい。

(　　　　)

11 **天体の満ち欠け** 地球から見ると，金星は満ち欠けして見える。その理由を，「地球上から見た」という書き出しに続けて答えなさい。

3－4 第3章
金星は太陽の光が当たっている部分がかがやいて見える。

(　　　　)

12 **人間活動と水** 生活用水や工業用水の排水にふくまれる大量の有機物は，水中の酸素不足の原因となり，魚や水生生物の死滅（しめつ）をもたらす。有機物が多いと酸素不足が起こる理由を，「分解者」，「消費」という言葉を使って答えなさい。

3－5
分解者のはたらきによって，酸素が使われる。

(　　　　)

13 **発電** 発電について，次の問いに答えなさい。

3－5
(2)原子力発電は，ウランの原子核の分裂を利用した発電である。

(1) 火力発電の短所を，地下資源の量に着目して答えなさい。

(　　　　)

(2) 原子力発電の長所を，発電の過程に着目して答えなさい。

(　　　　)

定期テスト対策

得点アップ！予想問題

1

この「**予想問題**」で
実力を確かめよう！

2

「**解答と解説**」で
答え合わせをしよう！

3

わからなかった問題は
戻って復習しよう！

この本での
学習ページ

スキマ時間でポイントを確認！
別冊「**スピードチェック**」も使おう

●予想問題の構成

回数	教科書ページ	教科書の内容	この本での学習ページ
第1回	12～47	第1章　力のつり合い 第2章　力と運動	2～17
第2回	48～75	第3章　仕事とエネルギー	18～27
第3回	76～93	第1章　生物の成長・生殖	28～35
第4回	94～131	第2章　遺伝と進化 第3章　生態系	36～51
第5回	132～151	第1章　水溶液とイオン	52～59
第6回	152～185	第2章　酸・アルカリとイオン 第3章　電池とイオン	60～75
第7回	186～239	第1章　太陽系と宇宙の広がり 第2章　太陽や星の見かけの動き 第3章　天体の満ち欠け	76～99
第8回	240～263	自然・科学技術と人間	100～107

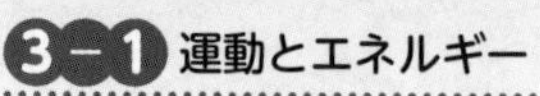

第1回 予想問題 第1章 力のつり合い 第2章 力と運動

1 空気中での重さが2Nの直方体の物体を，右の図のようにして静かに水に沈めると，ばねばかりの値は1.5Nを示した。これについて，次の問いに答えなさい。 5点×7(35点)

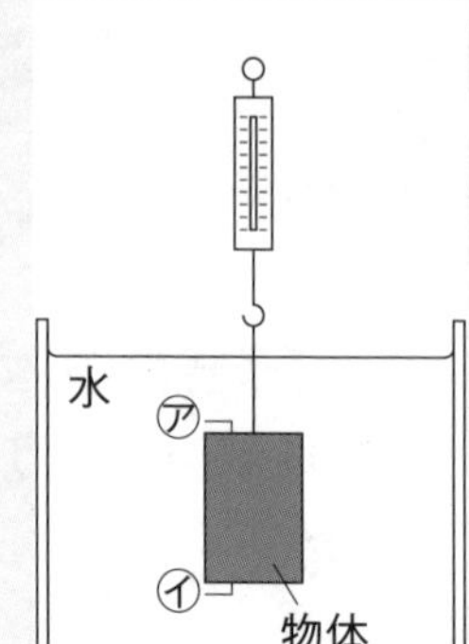

(1) 図の直方体の㋐，㋑のうち，より大きな水圧を受けているのはどちらの面か。

(2) 水圧は何によって生じる圧力か。

(3) 水中にある物体が受ける上向きの力を何というか。

(4) 図の物体が受ける(3)の力の大きさは何Nか。

(5) (3)の力の大きさは，水の深さに関係があるか。

(6) (3)の力の大きさは，水に沈んでいる物体の体積が大きいほどどのようになるか。

(7) 物体が水中に沈むとき，物体にはたらく重力と(3)の力の大きさでは，どちらが大きくなっているか。

(1)		(2)		(3)		(4)	
(5)		(6)		(7)			

2 力について，あとの問いに答えなさい。 5点×4(20点)

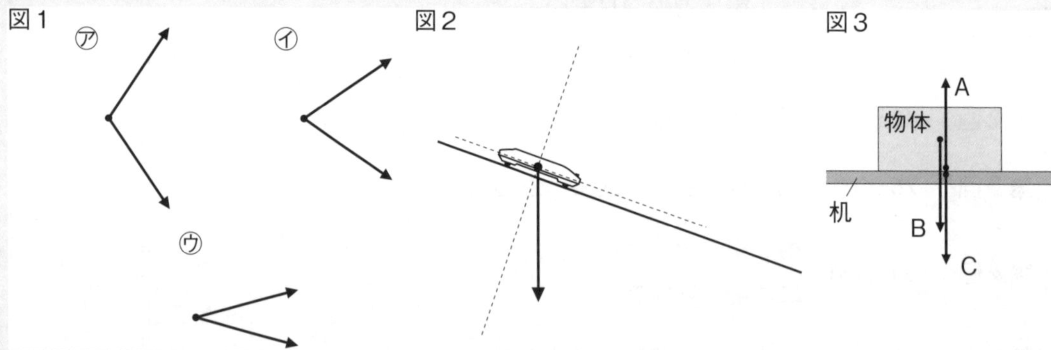

(1) 図1の矢印で表した力はすべて同じ大きさである。それぞれを合成したとき，合力が最も大きくなるのは，㋐〜㋒のどれか。

(2) 図2の矢印は，斜面上にある台車が受ける重力を表している。重力を図2の┈┈の方向に分解し，分力を矢印で表しなさい。

(3) 図3のA〜Cは，机や机の上に置かれた物体が受ける力を表している。

① 作用・反作用の関係にある2力は，どの力とどの力か。A〜Cから選びなさい。

② つり合っている2力は，どの力とどの力か。A〜Cから選びなさい。

(1)		(2)	図2に記入	(3)	①		②	

3 下の図は，同じボールA，Bの運動のようすをデジタルカメラの連写機能を使って撮影し，合成した図である。これについて，あとの問いに答えなさい。ただし，図の小さい1目盛りを1cmとし，写真は1秒間に4回撮影したものとする。

5点×5（25点）

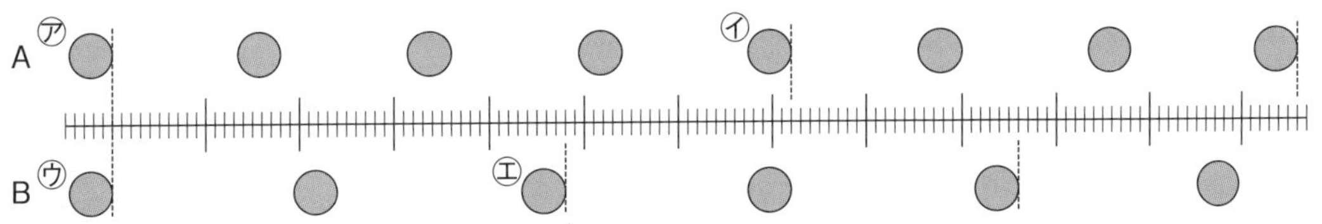

(1) Aのボールは，㋐㋑間を何cm/sの速さで運動しているか。

(2) はじめにボールに加えた力の大きさは，AとBではどちらが大きいか。

(3) AとBのボールには，運動中，運動の向きに力がはたらいているか。

(4) AとBのボールのように，一定の速さで，一直線上を進む運動を何というか。

(5) ボールが(4)の運動をするのは，何という法則が成り立っているからか。

(1)		(2)		(3)		(4)		(5)	

4 図1のように，斜面とそれに続く水平面でできている台の上で，記録タイマーに通した記録テープを台車につけて走らせた。図2は，そのときの記録テープを6打点ごとに切って順にならべてはったもので，記録タイマーは1秒間に60打点するものである。これについて，あとの問いに答えなさい。

5点×4（20点）

図1

記録テープ　台車　記録タイマー　斜面の角度

図2

〔cm〕 0　5　10　15　㋐ ㋑ ㋒ ㋓ ㋔ ㋕ ㋖ ㋗ ㋘

(1) 図2の6打点ごとに切った記録テープは，それぞれ何秒間の移動距離を表すか。

(2) 台車が水平面を運動しているときの記録テープはどれか。図の㋐〜㋘からすべて選びなさい。

(3) ㋑の記録テープの長さは6.0cmであった。この記録テープを記録したときの台車の平均の速さは何cm/sか。

(4) 斜面の角度を小さくして，同じ長さの斜面を下らせると，水平面の部分を走る台車の速さは，角度を変える前と比べてどうなるか。

(1)		(2)		(3)		(4)	

解答▶p.36

第2回 予想問題

第3章　仕事とエネルギー

40分　/100

1 図1，図2のように，滑車や摩擦のない斜面を使って，質量6kgの物体を75cm持ち上げる仕事をした。これについて，次の問いに答えなさい。ただし，滑車とひもの重さは考えないものとし，100gの物体が受ける重力の大きさを1Nとする。　4点×7（28点）

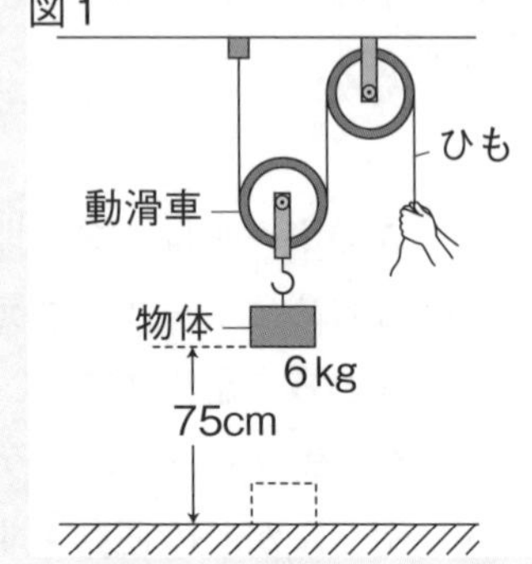

(1) 物体が受ける重力は何Nか。

(2) 図1で，ひもを引いた力は何Nか。

(3) 図1で，ひもを引いた長さは何cmか。

(4) 図1でした仕事は何Jか。

(5) 図2で，斜面に沿って物体を引き上げた距離は125cmであった。ひもを引いた力は何Nか。

(6) 図2で，斜面に沿って物体を引き上げるのに，9秒かかった。このときの仕事率は何Wか。

(7) 実験で使った物体を直接手で75cm持ち上げるときの仕事はどのようになるか。次のア～ウから選びなさい。

ア　図1より大きくなる。

イ　図1より小さくなる。

ウ　図1と同じになる。

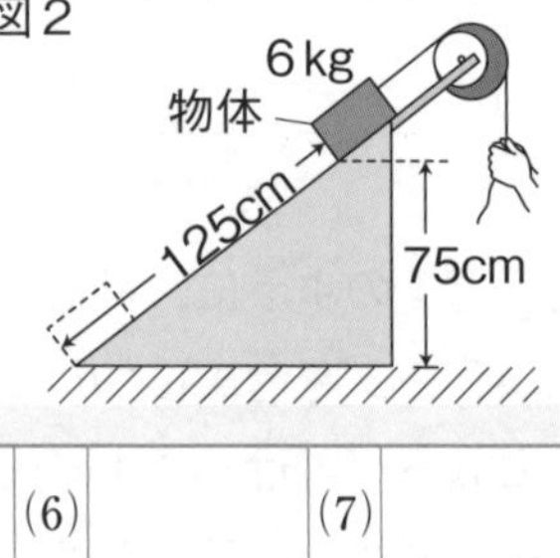

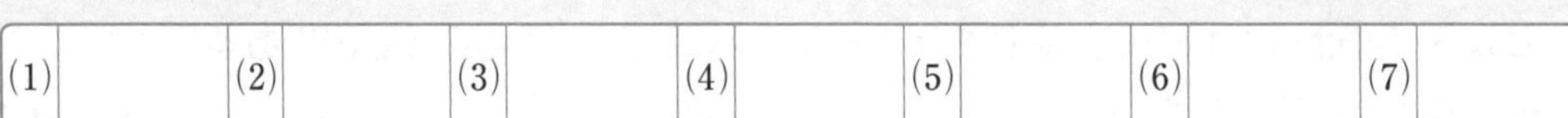

(1)		(2)		(3)		(4)		(5)		(6)		(7)	

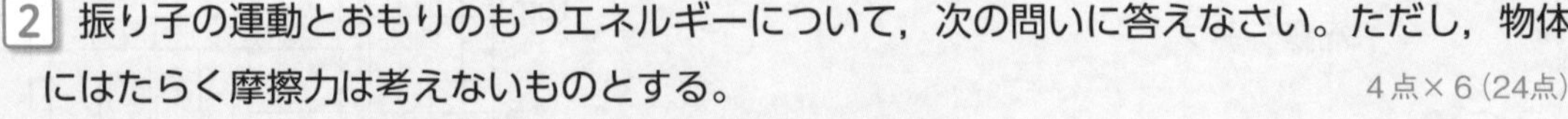

2 振り子の運動とおもりのもつエネルギーについて，次の問いに答えなさい。ただし，物体にはたらく摩擦力は考えないものとする。　4点×6（24点）

(1) おもりが㋐から㋑に移動するときに減るエネルギーは何か。

(2) おもりが㋑から㋒に移動するときに減るエネルギーは何か。

(3) おもりのもつ運動エネルギーが最大になる点を，㋐～㋒から選びなさい。

(4) おもりのもつ位置エネルギーが最小になる点を，㋐～㋒から選びなさい。

(5) 運動エネルギーと位置エネルギーの和を何というか。

(6) 物体のもつ(5)が一定に保たれることを何というか。

支点
糸
㋐
㋒
おもり
基準面
㋑

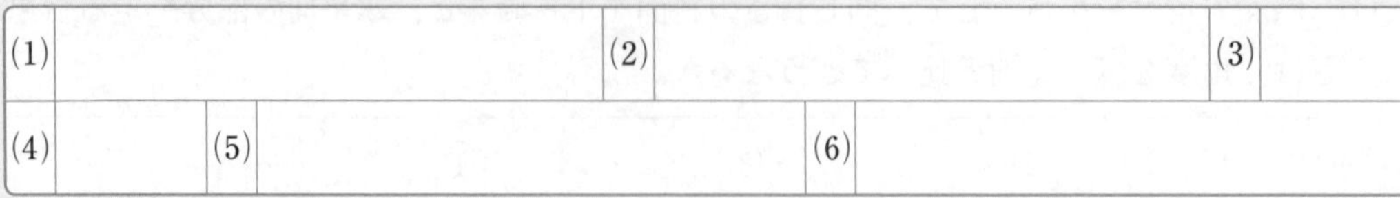

(1)		(2)		(3)	
(4)		(5)		(6)	

3 図1のように，10gと20gの球を，斜面上のいろいろな高さから転がして，水平面上の木片に衝突させた。図2は，それぞれの球について，球の高さと木片の移動距離との関係をグラフに表したものである。これについて，あとの問いに答えなさい。 4点×6（24点）

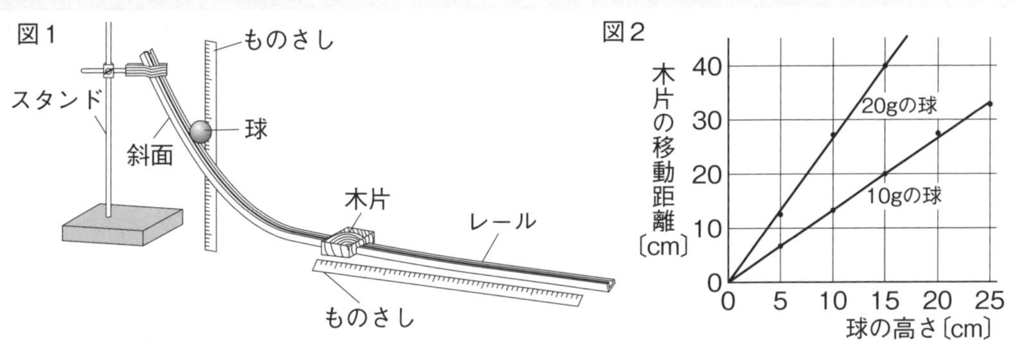

(1) 10gの球を15cmの高さから転がしたときの木片の移動距離は何cmか。

(2) 20gの球を15cmの高さから転がしたときの木片の移動距離は何cmか。

(3) 質量が同じ球を，高さ20cmと高さ10cmから転がした。木片の移動距離は，どちらの高さから転がしたときの方が大きいか。

(4) 20gと10gの球を，同じ高さから転がした。木片の移動距離は，どちらの球を転がしたときの方が大きいか。

(5) この実験からわかることについて，次の(　)にあてはまる言葉を答えなさい。

> 位置エネルギーの大きさは，物体が(①)位置にあるほど，また，物体の(②)が大きいほど大きくなる。

(1)		(2)		(3)		(4)		(5) ①		②	

4 右の図は，ガスバーナーの炎でフラスコ内の水を加熱し，ふき出す水蒸気ではね車を回して，糸でつるしたおもりを引き上げているようすである。これについて，次の問いに答えなさい。 6点×4（24点）

(1) 熱せられた水が移動して熱を運ぶことを何というか。

(2) (1)に対し，金属では物体の中を熱が移動して伝わる。このような熱の伝わり方を何というか。

(3) 熱せられた水が水蒸気となってふき出し，はね車を回すとき，熱エネルギーが何エネルギーに移り変わるか。

(4) はね車でおもりが引き上げられているとき，何エネルギーが何エネルギーに移り変わっているか。

はね車
水
糸
おもり

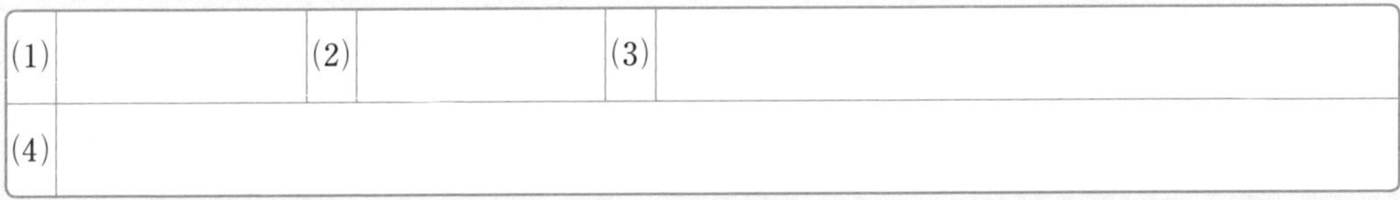

(1)		(2)		(3)	
(4)					

第3回 予想問題 第1章 生物の成長・生殖

1 図1のように，発根したタマネギの根に等間隔に印をつけ，根の伸びるようすを観察した。図2は，根の成長のさかんな部分を顕微鏡で観察し，スケッチしたものである。これについて，次の問いに答えなさい。

4点×5（20点）

(1) 図1で，最もよく伸びた部分を，㋐〜㋓から選びなさい。

(2) 図2の細胞に見られる㋔を何というか。

(3) (2)を観察しやすくするために用いる染色液として適切なものを，次のア〜ウから選びなさい。

ア ヨウ素液　　イ 酢酸カーミン液

ウ フェノールフタレイン溶液

(4) 図2のようなさまざまな細胞のようすは，細胞の何という変化を表しているか。

(5) 根が全体として伸びていくためには，1つひとつの細胞が大きくなることのほかに何が必要か。

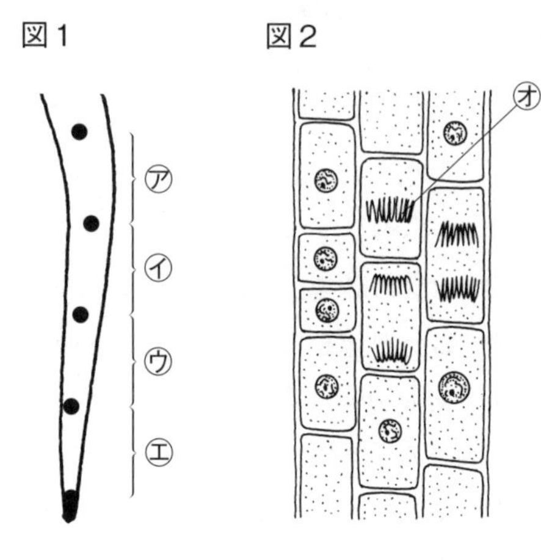

(1)		(2)		(3)		(4)	
(5)							

2 右の図は，ある生物の細胞を顕微鏡で観察したものを模式的に表したものである。これについて，次の問いに答えなさい。

4点×6（24点）

(1) 図の細胞は，動物と植物のどちらのものか。

(2) 図の㋐は何か。

(3) 細胞が2つに分かれる前に，染色体の数は何倍になるか。

(4) 根などのからだをつくる細胞が2つに分かれることを何というか。

(5) 図のA〜Fを，細胞が分かれる順になるように，Aを最初として，正しくならべなさい。

(6) 分かれたあとの細胞の染色体の数は，もとの細胞の染色体の数の何倍になるか。

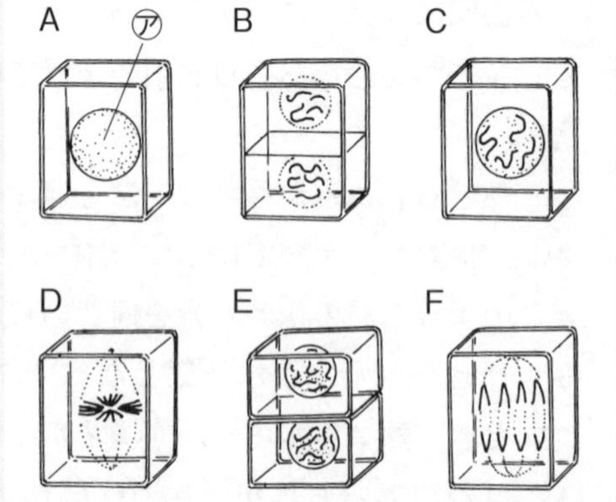

(1)		(2)		(3)		(4)	
(5)	A→　→　→　→　→			(6)			

3 右の図は，カエルの受精卵が成長していくようすを観察し，スケッチしたものである。これについて，次の問いに答えなさい。　4点×8(32点)

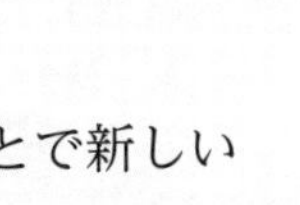

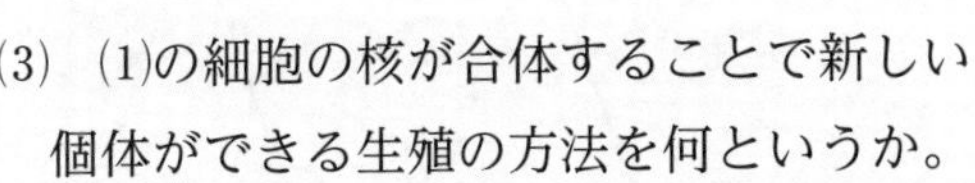

(1) 卵や精子のような，生殖のための細胞を何というか。

(2) (1)の細胞の核が合体することを何というか。

(3) (1)の細胞の核が合体することで新しい個体ができる生殖の方法を何というか。

(4) (3)に対して，からだの一部から新しい個体(子)ができたり，体細胞分裂によって新しい個体ができたりする生殖の方法を何というか。

(5) 個体のもつ形や性質を何というか。

(6) 図の㋐〜㋔は，成長していく順序が決まっている。正しい順序にならべ変えたとき，㋔の次にくるのはどれか。

(7) 受精卵からからだがつくられていく過程を何というか。

(8) 受精卵が細胞分裂を始めてから，自分で食物をとり始めるまでの間を何というか。

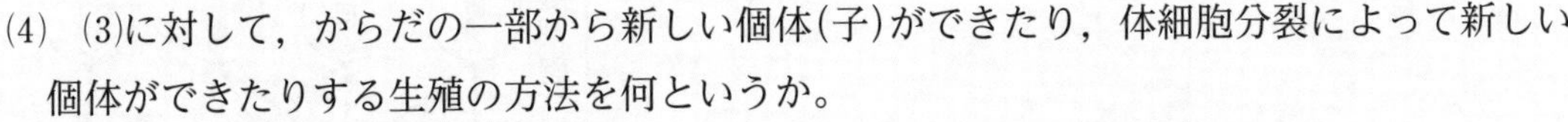

(1)		(2)		(3)		(4)	
(5)		(6)		(7)		(8)	

4 右の図は，被子植物の花のつくりを表したものである。これについて，次の問いに答えなさい。　4点×6(24点)

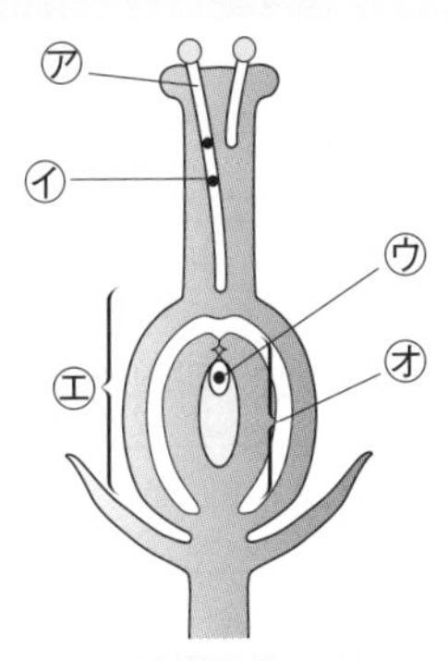

(1) 花粉から伸びる㋐の管を何というか。

(2) (1)の管が花粉から伸びるようすを顕微鏡で観察するとき，どのようにすればよいか。次の**ア**〜**エ**から選びなさい。

ア　花粉を40℃の湯で温めたあと，スライドガラスに落とす。

イ　花粉を氷水で冷やしたあと，スライドガラスに落とす。

ウ　スライドガラスにうすい塩化ナトリウム水溶液を落とし，その上に花粉を落とす。

エ　スライドガラスにショ糖水溶液を落とし，その上に花粉を落とす。

(3) ㋐の中を通って移動する㋑を何というか。

(4) めしべの中にある㋒を何というか。

(5) ㋑と㋒の核が合体すると，何ができるか。

(6) ㋑と㋒の核が合体したあと，成長して種子になる部分を，㋐〜㋔から選びなさい。

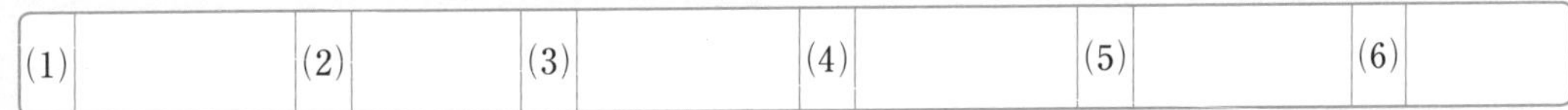

(1)		(2)		(3)		(4)		(5)		(6)	

解答 p.37

第4回 予想問題　第2章 遺伝と進化　第3章 生態系

/100

1 右の図は，エンドウの種子の丸粒をつくる遺伝子をR，しわ粒をつくる遺伝子をrとして，遺伝子が親から子へどのように伝わるかを表したものである。これについて，次の問いに答えなさい。　3点×5(15点)

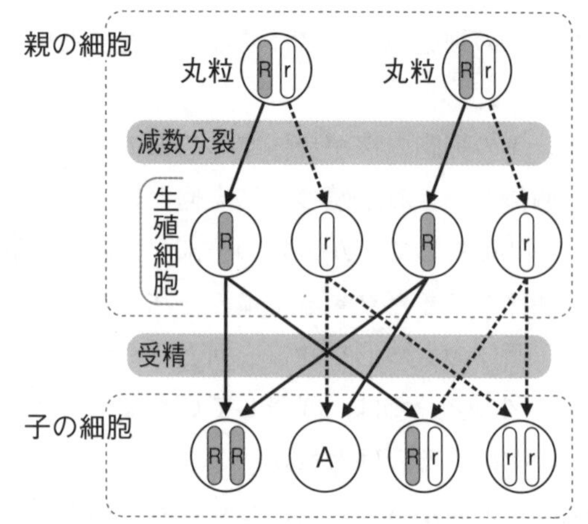

(1) 分離の法則とはどのようなことをいうか。

(2) 図のAにあてはまる遺伝子の組み合わせを，右下の㋐〜㋒から選びなさい。

(3) 図のAで現れる形質は，丸粒としわ粒のどちらか。

(4) 子の代で，丸粒としわ粒の種子は，どのような数の比(丸粒：しわ粒)でできるか。最も簡単な整数の比で答えなさい。

(5) 対立形質をもつ純系の親どうしをかけ合わせたとき，子に現れる形質を何というか。

㋐ R R　　㋑ R r　　㋒ r r

(1)							
(2)		(3)		(4)		(5)	

2 遺伝子の本体について，次の問いに答えなさい。　4点×3(12点)

(1) 遺伝子の本体である物質を何というか。アルファベット3文字で答えなさい。

(2) (1)を，ある生物からほかの生物に人工的に移す技術を何というか。

(3) (2)が利用されているものの例を，1つ答えなさい。

(1)		(2)		(3)	

3 進化について，次の問いに答えなさい。　3点×3(9点)

(1) 進化とはどういうことか。「形質」という言葉を使って答えなさい。

(2) イルカのひれやコウモリのつばさのように，現在のはたらきや形が異なっていても，もとは同じであると考えられる器官を何というか。

(3) シダ植物と裸子植物では，どちらが先に地球上に現れたか。

(1)		(2)		(3)	

4 下の図は，林で生活する生物である。これについて，あとの問いに答えなさい。

4点×6（24点）

㋐ モズ　㋑ チョウの幼虫　㋒ 植物　㋓ タカ

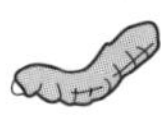

(1)　ある地域に生息するすべての生物と，生物以外の環境の要素をまとめて何というか。

(2)　モズは何を食べるか。図の㋐〜㋓から選びなさい。

(3)　モズは何に食べられるか。図の㋐〜㋓から選びなさい。

(4)　植物は何に食べられるか。図の㋐〜㋓から選びなさい。

(5)　林など，同じ地域にすむ生物どうしの間には，「食べる・食べられる」という関係がある。このようなつながりを何というか。

(6)　㋐〜㋓のうち，一次消費者はどれか。

(1)		(2)		(3)		(4)		(5)		(6)	

5 右の図は，自然界での物質の循環を表したものである。これについて，次の問いに答えなさい。

4点×10（40点）

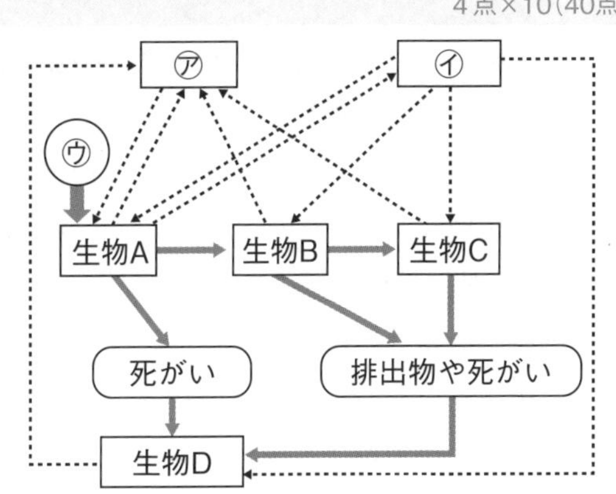

(1)　図の㋐，㋑の気体名をそれぞれ答えなさい。

(2)　生物Aが利用している㋒のエネルギーは何か。

(3)　生物A〜Dの中で，無機物から有機物をつくり出すことのできるのはどれか。

(4)　生物A〜Dは，それぞれ消費者，生産者，分解者のどれにあてはまるか。

(5)　ある地域での生物Aの生物量をa，生物Bの生物量をb，生物Cの生物量をcとすると，a，b，cはどのような関係になるか。次のア〜ウから選びなさい。

ア　$a > b > c$　　イ　$a < b < c$　　ウ　$a = b = c$

(6)　ある地域で，何らかの原因で生物Bの生物量が急に減ると，生物Aの生物量は一時的にどのようになると考えられるか。

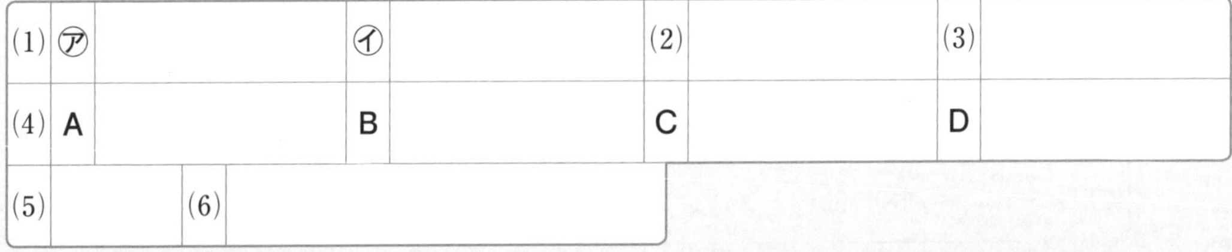

(1)	㋐		㋑		(2)		(3)	
(4)	A		B		C		D	
(5)		(6)						

解答 p.38

第5回 予想問題 第1章　水溶液とイオン

40分　/100

1 原子の構造とイオンについて，次の文の(　)にあてはまる言葉を答えなさい。

4点×6(24点)

原子は，原子の中心にあって＋の電気をもつ(①)と，そのまわりにあって－の電気をもつ(②)でできている。(①)は，＋の電気をもつ(③)と電気をもたない(④)が集まってできている。

1個の(③)がもっている＋の電気の量と，1個の(②)がもっている－の電気の量は等しい。また，原子の中の(③)の数と(②)の数が等しいので，原子全体としては，(③)と(②)がたがいの電気を打ち消し合い，電気を帯びていない状態になっている。

原子が(②)を放出すると，原子全体は＋の電気を帯びた(⑤)イオンになる。一方，原子が(②)を受け取ると，原子全体は－の電気を帯びた(⑥)イオンになる。

①		②		③	
④		⑤		⑥	

2 右の図のように，塩化銅水溶液に電流を流すと，一方の電極には赤色の物質が付着し，もう一方からは気体が発生した。これについて，次の問いに答えなさい。 4点×9(36点)

(1) 水に溶けたときに電流が流れる物質を何というか。

(2) 塩化銅は，水溶液中でイオンになっている。物質が水に溶けて陽イオンと陰イオンに分かれることを何というか。

(3) 赤色の物質が付着したのは，陽極か，陰極か。

(4) 電極に付着した物質は何か。

(5) (4)は，水溶液中でイオンになっていたとき，＋と－のどちらの電気を帯びていたか。

(6) 電極から発生した気体は何か。

(7) (6)の気体の原子は，水溶液中でイオンになっていたとき，＋と－のどちらの電気を帯びていたか。

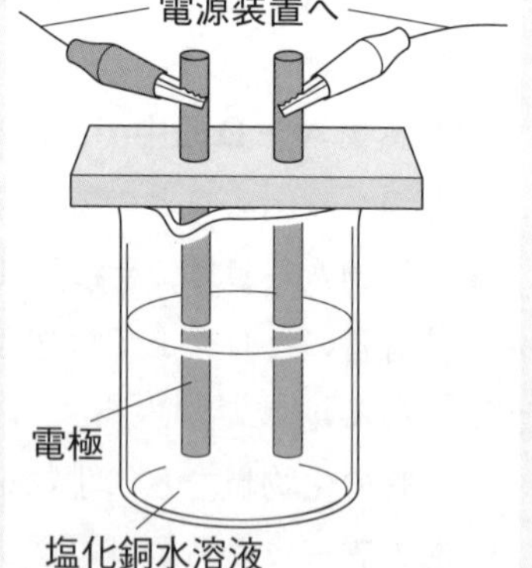

(8) 気体が発生した電極付近の液を取り，赤インクをたらした。インクの色はどのようになるか。

(9) 塩化銅の電気分解を化学反応式で表しなさい。

(1)		(2)		(3)	
(4)		(5)		(6)	
(7)		(8)		(9)	

3 右の図は，塩酸または塩化鉄水溶液中のイオンのようすを模式的に表したものである。これについて，次の問いに答えなさい。　4点×6（24点）

(1)　塩酸を表しているのは，図1，図2のどちらか。

(2)　図1で，㋐が表すイオンをイオン名で答えなさい。

(3)　図2で，㋑が表すイオンをイオン名で答えなさい。

(4)　図2の㋑が表すイオンは，その物質の原子と比べて電子の数がどのようになっているか。

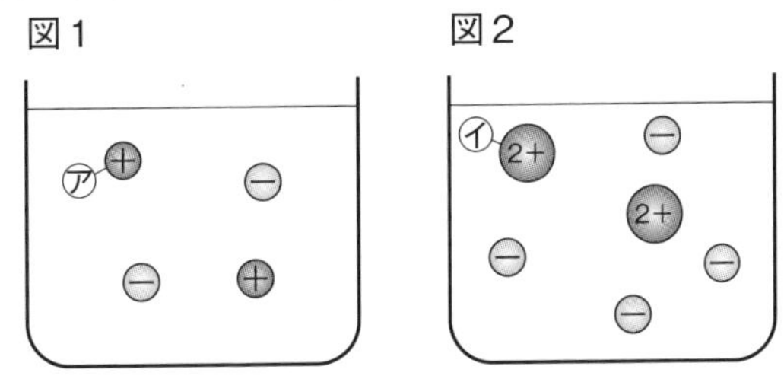

＋は陽イオン，－は陰イオンを表す。

(5)　①塩化水素と②塩化鉄が水溶液中でイオンに分かれるようすを，それぞれイオンの化学式を用いて表しなさい。

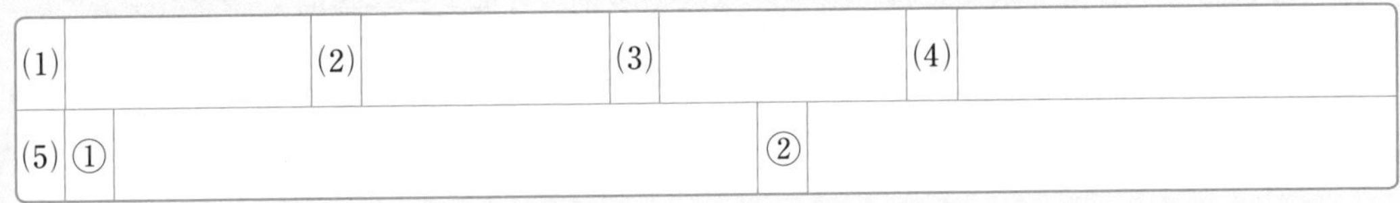

(1)		(2)		(3)		(4)	
(5)	①		②				

4 右の図は，塩化ナトリウムを水に溶かしたときのようすを模式的に表したものである。これについて，次の問いに答えなさい。　2点×8（16点）

(1)　図の㋐，㋑のイオンは何か。それぞれのイオン名を答えなさい。

(2)　図の㋐のイオンを，イオンの化学式で表しなさい。

(3)　陰イオンは，㋐，㋑のどちらか。

(4)　固体の塩化ナトリウムに電流は流れるか。

(5)　塩化ナトリウムの水溶液に電流は流れるか。

(6)　塩化ナトリウムが水溶液中でイオンに分かれるようすを，イオンの化学式を用いて表しなさい。

(7)　砂糖水に電流が流れない理由を，次のア～ウから選びなさい。

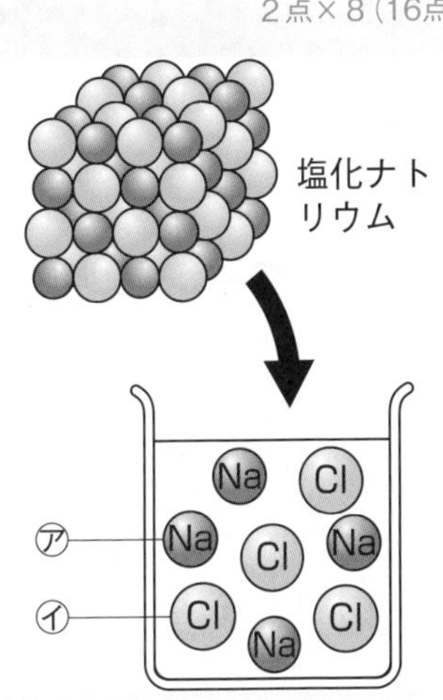

ア　砂糖は，水溶液中で＋の電気を帯びたイオンになるから。

イ　砂糖は，水溶液中で－の電気を帯びたイオンになるから。

ウ　砂糖は，水溶液中でイオンにならないから。

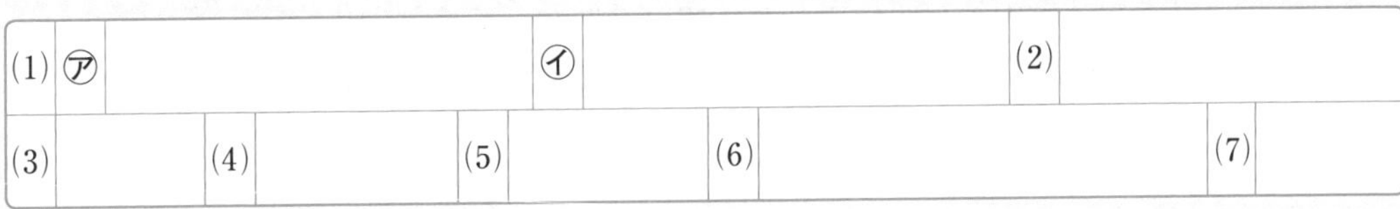

(1)	㋐		㋑		(2)				
(3)		(4)		(5)		(6)		(7)	

解答 p.39

第6回 予想問題 第2章 酸・アルカリとイオン 第3章 電池とイオン

40分 /100

1 酸性とアルカリ性の水溶液について，次の問いに答えなさい。 3点×10(30点)

(1) 塩酸に緑色のBTB溶液を加えると，水溶液は何色に変化するか。

(2) 塩酸にマグネシウムリボンを入れると，何という気体が発生するか。

(3) 塩酸をつけたときに色が変化するのは，赤色リトマス紙，青色リトマス紙のどちらか。

(4) 塩酸は何という気体が溶けた水溶液か。

(5) (4)のように，その水溶液が酸性を示す物質を何というか。

(6) 水酸化ナトリウム水溶液にフェノールフタレイン溶液を入れると，水溶液は何色に変化するか。

(7) 水酸化ナトリウム水溶液をつけたときに色が変化するのは，赤色リトマス紙，青色リトマス紙のどちらか。

(8) 水酸化ナトリウムのように，その水溶液がアルカリ性を示す物質を何というか。

(9) 水溶液がアルカリ性のとき，pHの数値は7より大きくなるか，小さくなるか。

(10) 水酸化ナトリウムが水溶液中で電離しているようすを，イオンの化学式を用いて表しなさい。

(1)		(2)		(3)		(4)	
(5)		(6)		(7)		(8)	
(9)		(10)					

2 右の図のような装置に電圧をかけ，リトマス紙の色の変化を調べた。これについて，次の問いに答えなさい。 3点×6(18点)

(1) 色が変化したのは，㋐〜㋓のどの部分か。

(2) (1)で，リトマス紙の色を変化させたイオンは何か。イオンの化学式で答えなさい。

(3) アルカリ性の水溶液に共通してふくまれるイオンは何か。イオンの名称を答えなさい。

(4) 水酸化ナトリウム水溶液のかわりに，塩酸をしみこませたろ紙を使い，同様の実験を行った。色が変化したのは，㋐〜㋓のどの部分か。

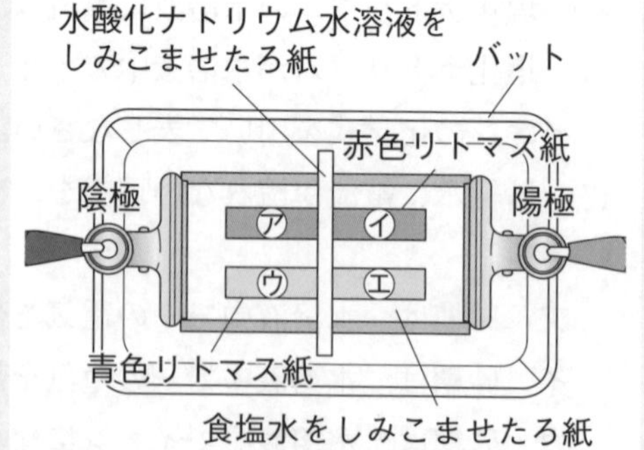

(5) (4)で，リトマス紙の色を変化させたイオンは何か。イオンの化学式で答えなさい。

(6) 酸性の水溶液に共通してふくまれるイオンは何か。イオンの名称を答えなさい。

(1)		(2)		(3)		(4)		(5)		(6)	

3 右の図のように，ビーカーに入れた塩酸にBTB溶液を数滴加えた。次に，㋐の器具で水酸化ナトリウム水溶液を加えていったところ，水溶液の色は緑色に変化した。これについて，次の問いに答えなさい。

4点×8（32点）

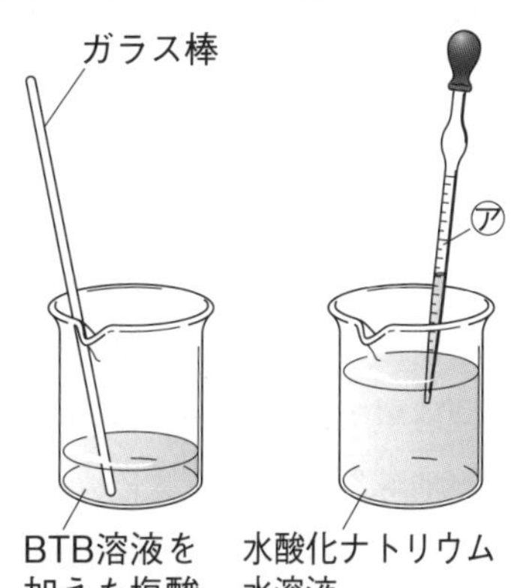

(1) ㋐の器具の名称を答えなさい。

(2) 水溶液が緑色になったとき，水溶液は何性になっているか。

(3) 水酸化ナトリウム水溶液を加えていくと，水溶液が緑色になるのは，水溶液中で何という化学変化が起こっているからか。

(4) (3)の化学変化を，イオンの化学式で表しなさい。

(5) 緑色になった水溶液を１滴取って，水を蒸発させてから顕微鏡で見ると，ある物質の結晶が観察できた。この物質を化学式で答えなさい。

(6) 酸の陰イオンとアルカリの陽イオンが結びついてできる(5)のような化合物を何というか。

(7) 緑色に変化した水溶液に，さらに水酸化ナトリウム水溶液を加えていった。水溶液の色は何色に変化するか。

(8) (7)のとき，水溶液中にないイオンは何か。次のア〜エから選びなさい。

ア H^+　イ Cl^-　ウ Na^+　エ OH^-

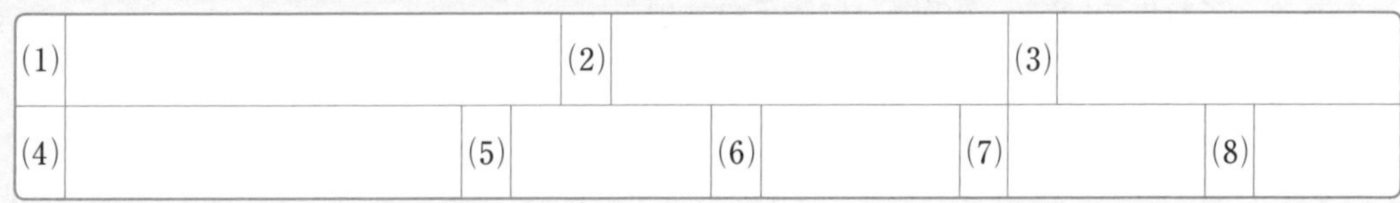

(1)		(2)		(3)					
(4)		(5)		(6)		(7)		(8)	

4 右の図は，２種類の水溶液に２種類の金属の電極を入れたときのようすをモデルで表したものである。これについて，次の問いに答えなさい。

4点×5（20点）

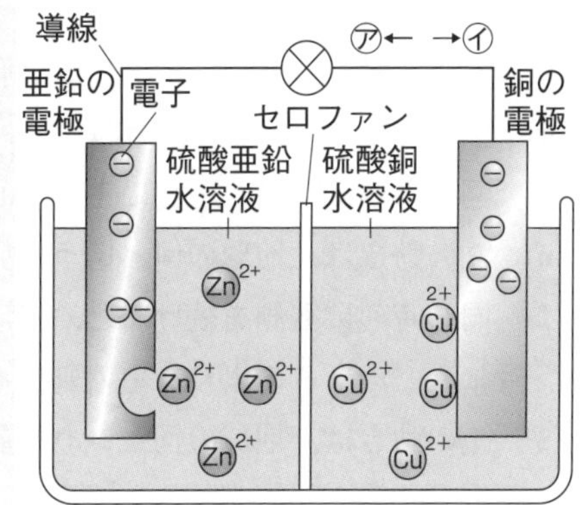

(1) 化学変化によって電流を取り出すことができる装置を何というか。

(2) 電子を放出しているのは，亜鉛と銅のどちらか。

(3) (2)で，電子を放出した金属の原子は，何というイオンになって水溶液に溶け出すか。

(4) (2)で放出された電子が導線中を移動する向きは，図の㋐，㋑のどちらか。

(5) ＋極になるのは，亜鉛の電極と銅の電極のどちらか。

(1)		(2)		(3)		(4)		(5)	

解答 p.39

第7回 予想問題

第1章 太陽系と宇宙の広がり
第2章 太陽や星の見かけの動き
第3章 天体の満ち欠け

/100

1 右の表は，太陽系の惑星の赤道半径，質量，太陽からの平均距離，公転周期を，地球と比較したものである。これについて，次の問いに答えなさい。 3点×4（12点）

(1) 公転周期は，太陽からの平均距離が大きくなるほど，どのようになっているか。

(2) 太陽系の惑星は地球型惑星と木星型惑星に分けられる。地球型惑星と木星型惑星で，密度が大きいのはどちらか。

(3) 地球型惑星で，太陽からの平均距離が最も大きい惑星は何か。

(4) 地球のすぐ内側を公転している惑星は何か。

惑星の名称	赤道半径（地球＝1）	質量（地球＝1）	太陽からの平均距離*	公転周期〔年〕
水星	0.38	0.06	0.39	0.24
金星	0.95	0.82	0.72	0.62
地球	1.00	1.00	1.00	1.00
火星	0.53	0.11	1.52	1.88
木星	11.21	317.83	5.20	11.86
土星	9.45	95.16	9.55	29.46
天王星	4.01	14.54	19.22	84.02
海王星	3.88	17.15	30.11	164.77

（* 太陽地球間の距離＝1 とする。）

(1)		(2)		(3)		(4)	

2 右の図は，日本のある地点で，それぞれ異なる方位の星の動きを撮影した写真のスケッチである。これについて，次の問いに答えなさい。 4点×9（36点）

(1) 図のㆆ，㊁は，それぞれどの方位の空の星の動きを表したものか。

(2) 図の㋐で，星は何という恒星付近を中心に回転して見えるか。

(3) 図の㋐で，それぞれの星は，45°回転していた。この図は何時間の星の動きを表しているか。

(4) 図の㋑で，星の動く向きは，A→B，B→Aのどちらか。

(5) 図のように，星が1日に1回転して見える動きを何というか。

(6) (5)の動きは，地球の何という運動によって起こるか。

(7) 同じ時刻に観測を続けると，星座の位置は少しずつ西へずれていき，1年後にもとの位置にもどる。このような星の動きを何というか。

(8) (7)の動きは，地球の何という運動によって起こるか。

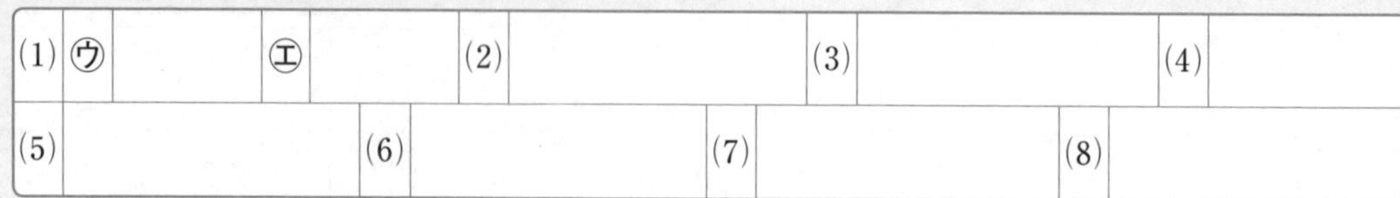

3 右の図は，太陽，地球，星座の位置関係を表したものである。これについて，次の問いに答えなさい。

4点×6（24点）

(1) 地球の自転の向きは，図のA，Bのどちらか。

(2) 地球の公転の向きは，図のC，Dのどちらか。

(3) 図で，真夜中にしし座が南の空に見られるときの地球の位置は，㋐〜㋓のどれか。

(4) 図で，太陽の方向にさそり座があるときの地球の位置は，㋐〜㋓のどれか。

(5) 日本で南中高度が最も高くなるときの地球の位置は，㋐〜㋓のどれか。

(6) 日本で昼の長さが最も短くなるとき，真夜中に南の空に見える星座は何か。図の星座から選びなさい。

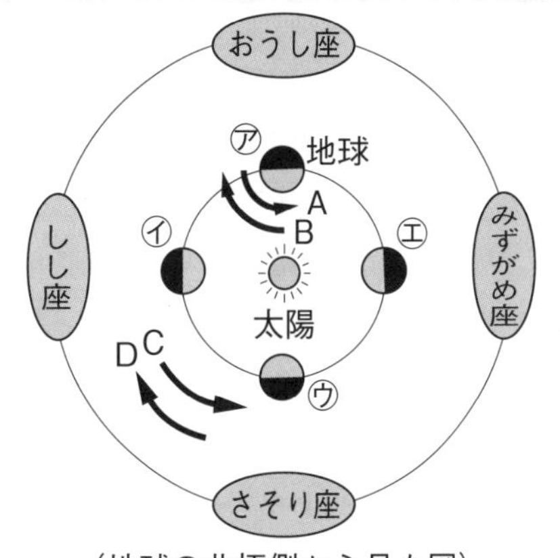

（地球の北極側から見た図）

(1)		(2)		(3)		(4)		(5)		(6)	

4 図1は，太陽のまわりをまわる金星と地球の位置関係や，地球と月の位置関係を表したものである。図2は，地球上から見た金星の見え方を表している。これについて，次の問いに答えなさい。

4点×7（28点）

(1) 図1で，金星が㋒の位置にあるとき，地球からはどのような形に見えるか。図2のA〜Dから選びなさい。

(2) (1)の金星は，東，西，南，北のどの方位の空で見られるか。

(3) (1)の金星は，次のア〜エのどのころに見られるか。

ア 明け方　　イ 正午ごろ

ウ 日の入り後　　エ 真夜中ごろ

(4) 図1の㋐〜㋔のうち，最も小さく見える金星の位置を選びなさい。

(5) 図1の㋐〜㋔のうち，日の入り後に見える金星の位置を選びなさい。

(6) (5)の金星を，特に何というか。

(7) 太陽・地球・月が図1のようにならび，月が地球の影に入る状態を何というか。

図1

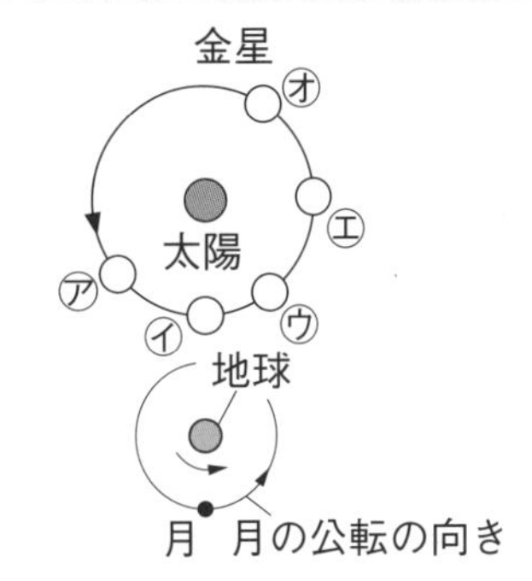

図2

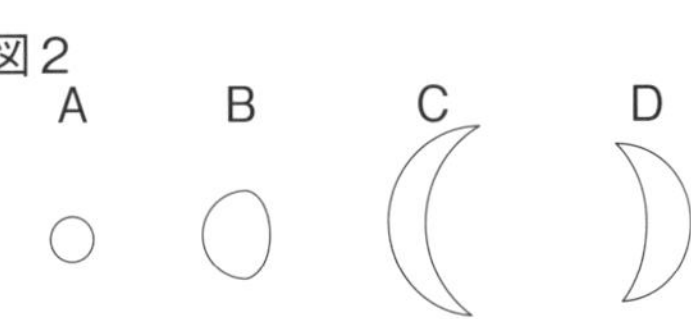

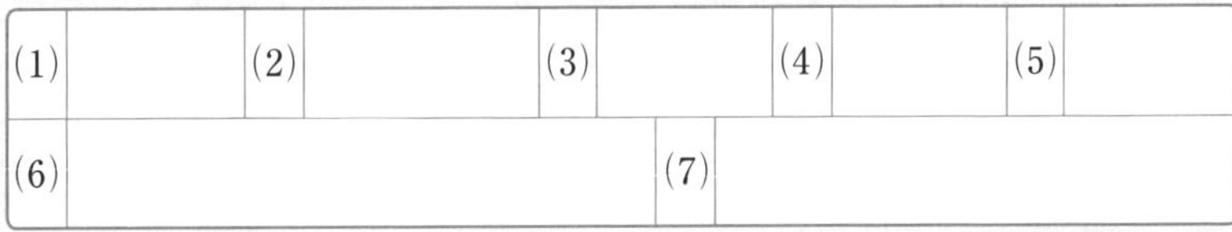

(1)		(2)		(3)		(4)		(5)	
(6)		(7)							

解答▶p.40

第8回 予想問題　自然・科学技術と人間

20分　/100

1 自然環境について，次の問いに答えなさい。　9点×4（36点）

(1) マツの葉の気孔の汚れぐあいから，何の汚れぐあいを知ることができるか。

(2) 排水は，微生物などのはたらきでしだいにきれいになる。しかし，排水の量が多くなると微生物などによって酸素が大量に消費され，水中が酸素不足になる。水中が酸素不足になると，水中で生活する魚などはどうなるか。

(3) 大気中の二酸化炭素濃度の増加などによって，地球の年平均気温が少しずつ上がっていることを何というか。

(4) 建物の倒壊（とうかい）や，土砂くずれ，津波（つなみ）などの災害を引き起こすことがある大地の変化は何か。

(1)		(2)		(3)		(4)	

2 右の図は，日本の年間発電電力量のエネルギー資源別の割合を表したものである。これについて，次の問いに答えなさい。　10点×4（40点）

(1) 発電のときに二酸化炭素を排出するものを，図の㋐～㋕からすべて選びなさい。

(2) 再生可能エネルギーを，図の㋐～㋕からすべて選びなさい。

(3) 再生可能エネルギーとは，どのようなエネルギー資源のことか。

(4) 放射線が発生することなどから，万全の管理が必要であるものを，図の㋐～㋕から選びなさい。

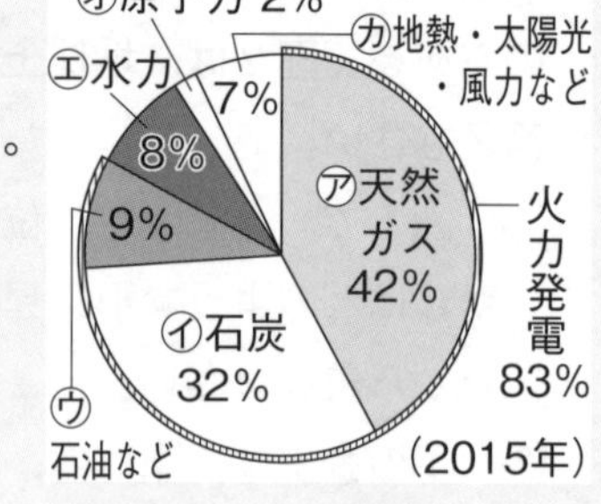

(1)		(2)		(3)		(4)	

3 身のまわりの素材と科学技術について，次の問いに答えなさい。　8点×3（24点）

(1) ポリエチレンテレフタラートやポリプロピレンなどの，石油を原料としてつくられた物質をまとめて何というか。

(2) 植物の細胞壁の主成分で，非常に細いひものような物質を何というか。次のア～ウから選びなさい。

ア　自己治癒セラミックス
イ　カーボンナノチューブ
ウ　セルロースナノファイバー

(3) 人間を模して学習や判断を行うプログラムである人工知能は，何とよばれているか。アルファベット2文字で答えなさい。

(1)		(2)		(3)	

教科書ワーク 理科 特別ふろく

無料アプリ

どこでもワーク

こちらにアクセスして，ご利用ください。
https://portal.bunri.jp/app.html

重要事項を3択問題で確認！

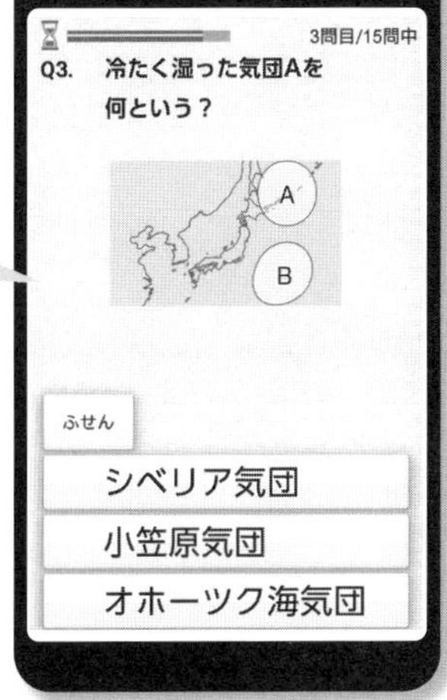

3問目/15問中
A3.
・オホーツク海気団は，冷たく湿った気団である。
・小笠原気団とともに，初夏に日本付近にできる停滞前線の原因となる。

ふせん　次の問題

× シベリア気団
× 小笠原気団
○ オホーツク海気団

ポイント解説つき

間違えた問題だけを何度も確認できる！

無料ダウンロード

ホームページテスト

無料でダウンロードできます。表紙カバーに掲載のアクセスコードを入力してご利用ください。
https://www.bunri.co.jp/infosrv/top.html

問題▶

理科　1年　第1回
中学教科書ワーク ホームページテスト
第1回 花のつくりとはたらき
時間：20分
/100点

1 図の顕微鏡を使って，生物を観察した。これについて，次の問いに答えなさい。

(1) 図のa，bの部分を何というか。
(2) 次のア～エの操作を，顕微鏡の正しい使い方の手順に並べなさい。
ア　真横から見ながら，調節ねじを回し，プレパラートと対物レンズをできるだけ近づける。
イ　接眼レンズをのぞき，bを調節して視野が明るく見えるようにする。
…レパラートをステージにのせる。
…レンズをのぞき，調節ねじを…プレパラートと対物レンズを遠ざけながら，ピントを合わせる。
…ンズを低倍率のものから高倍率のものに変えた。このとき，視野の範囲と明るさはそ…うなるか。簡単に書きなさい。

テスト対策や復習に使おう！

2 アブラナとマツの花のつくりをルーペで観察した。図は，アブラナの花のつくりを表したものである。これについて，次の問いに答えなさい。

(1) 手に持ったアブラナの花をルーペで観察した。ルーペの使い方として正しいものを，次のア～エから2つ選び，記号で答えなさい。
ア　ルーペは目からはなして持つ。
イ　ルーペは目に近づけて持つ。
ウ　花を前後に動かしてピントを合わせる。
エ　ルーペを前後に動かしてピントを合わせる。
(2) 花粉がつくられるのは，図のア～カのどの部分か。
(3) 図のアに花粉がつくことを何というか。
(4) (3)が行われると，図のウ，エはそれぞれ何になるか。
(5) 図のウ～カのうち，マツの花にはないつくりはどれか。すべて選び，記号で答えなさい。
(6) アブラナの花のようなつくりをもつ植物のなかまを被子植物をいう。これに対し，マツのような花のつくりをもつ植物のなかまを何というか。

同じ紙面に解答があって，採点しやすい！

▼解答

1 図の顕微鏡を使って，生物を観察した。これについて，次の問いに答えなさい。

(1) 図のa，bの部分を何というか。
(2) 次のア～エの操作を，顕微鏡の正しい使い方の手順に並べなさい。
ア　真横から見ながら，調節ねじを回し，プレパラートと対物レンズをできるだけ近づける。
イ　接眼レンズをのぞき，bを調節して視野が明るく見えるようにする。
ウ　プレパラートをステージにのせる。
エ　接眼レンズをのぞき，調節ねじを回し，プレパラートと対物レンズを遠ざけながら，ピントを合わせる。
(3) 対物レンズを低倍率のものから高倍率のものに変えた。このとき，視野の範囲と明るさはそれぞれどうなるか。簡単に書きなさい。

1 (9点×4)

(1)	a	レボルバー
	b	反射鏡
(2)		イ→ウ→ア→エ
(3)		範囲はせまくなり，明るさは暗くなる。

(1)aを回して，対物レンズを変える。視野が暗いときは，bの角度を変えて明るさを調節する。　(2)ピントを合わせるとき，プレパラートと対物レンズを近づけないのは，対物レンズをプレパラートにぶつけないためである。

2 アブラナとマツの花のつくりをルーペで観察した。図は，アブラナの花のつくりを表したものである。これについて，次の問いに答えなさい。

2 (8点×8)

(1) 手に持ったアブラナの花をルー

注意　●サービスやアプリの利用は無料ですが，別途各通信会社からの通信料がかかります。
●アプリの利用には iPhone の方は Apple ID，Android の方は Google アカウントが必要です。対応 OS や対応機種については，各ストアでご確認ください。
●お客様のネット環境および携帯端末により，ご利用いただけない場合，当社は責任を負いかねます。ご理解，ご了承いただきますよう，お願いいたします。

中学教科書ワーク

解答と解説

この「解答と解説」は，取りはずして使えます。

学校図書版

理科3年

3-1 運動とエネルギー

第1章 力のつり合い

p.2～3 ステージ1

●教科書の要点

❶ ①水圧 ②深い ③浮力
④水圧 ⑤体積

❷ ①力の合成 ②合力 ③和
④差 ⑤対角線 ⑥力の分解
⑦分力 ⑧となり合う2辺

❸ ①作用 ②反作用 ③反対 ④等しい

●教科書の図

1 ①水圧 ②水圧 ③浮力

2 ①a＋b ②a－b ③対角線

3 ①対角線 ②となり合う2辺

p.4～5 ステージ2

❶ (1)イ，エ (2)F
(3)水の深さが深いほど，ゴム膜にはたらく力が大きいこと。
(4)ゴム膜には，あらゆる向きに力がはたらいていること。
(5)水圧 (6)水の重さ
(7)㋒

❷ (1)イ (2)ウ (3)上向き

❸ (1)㋐ (2)浮力 (3)水の深さ
(4)体積 (5)(物体の)重さ

❹ (1)平行四辺形 (2)対角線 (3)ウ

解説

❶ (1)～(3)水の深さが同じところでは，ゴム膜のへこみ方が同じになる。また，深さが深いところほど，ゴム膜のへこみ方が大きくなる。このことから，ゴム膜にはたらく力は，水の深さが深いほど大きくなることがわかる。

(4)水の深さが同じところでは，ゴム膜の向きをどの向きに変えても，ゴム膜は同じようにへこむ。このことから，ゴム膜にはたらく力は，あらゆる向きにはたらいていることがわかる。実際には，水中にある物体のあらゆる向きの面に対して垂直にはたらいている。

(5)(6)水中にある物体には，水の重さによる圧力である水圧がはたらいている。水圧は，水の深さが深いほど大きくなり，物体の体積や重さには関係がない。

(7)水圧は，水面から最も深い㋒で最も大きくなっているため，㋒から出る水が最も勢いよく飛び出す。

❷ (1)A面よりもC面の方が深いところにある。したがって，A面にはたらく水圧よりも，C面にはたらく水圧の方が大きい。

(2)B面とD面は同じ深さのところにある。したがって，B面にはたらく水圧とD面にはたらく水圧は等しい。

(3)下の図のように，水中にある物体の側面にはたらく水圧は，たがいに等しく反対向きのため，打ち消し合う。一方，物体の上面にはたらく下向きの水圧よりも，下面にはたらく上向きの水圧の方が大きい。その結果，水中の物体は上向きの力を受けることになる。

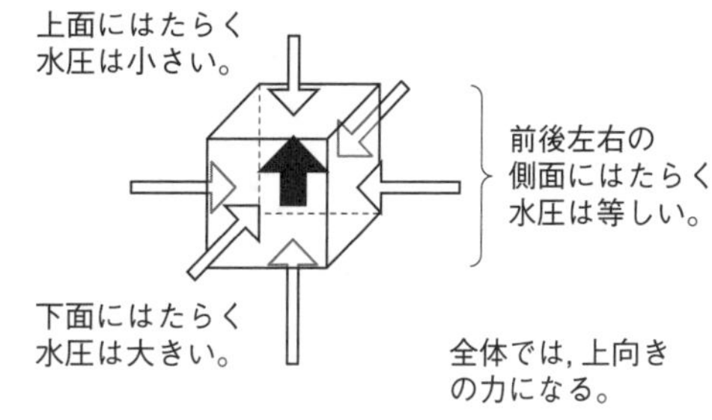

❸ (1)(2)表より，おもりが10個のときも20個のときも，ばねばかりが示す値は㋐の方が大きくなっ

ていることがわかる。これは，水中にある物体が，水から浮力という上向きの力を受けるからである。

⑶㋒と㋓では，水の深さだけが異なっている。また，ばねばかりの示す値は，㋒と㋓で等しくなっている。これらのことから，容器全体を水に沈めたとき，水の深さは浮力に関係していないことがわかる。

⑷㋑と㋒では，水に沈んでいる容器の体積だけが異なっている。また，ばねばかりの示す値は，㋑よりも㋒の方が小さくなっている。⑶より，水の深さは浮力に関係していないことがわかっているので，水に沈んでいる容器の体積が大きいほど，浮力が大きくなることがわかる。

⑸おもりが10個のときと20個のときでは，容器の重さだけが異なっている。また，ばねばかりの示す値を見てみると，㋐と㋑の差，㋐と㋒の差，㋐と㋓の差はおもりが10個のときと20個のときで等しくなっている。これらのことから，物体の重さは浮力に関係していないことがわかる。

❹ 輪ゴムが受ける２力A，Bは，同じはたらきをする力Cにおきかえられる。このように，２力を１つの力におきかえることを力の合成といい，おきかえた力を合力という。物体が一直線上にない２力を受けているとき，その合力は，それぞれの力の矢印をとなり合う２辺とする平行四辺形の対角線で表すことができる。

p.6~7 ステージ2

❶ ⑴右図

⑵㋐８N
㋑２N
㋒５N

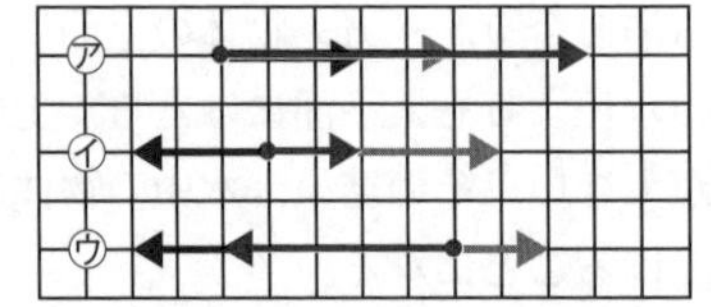

⑶①

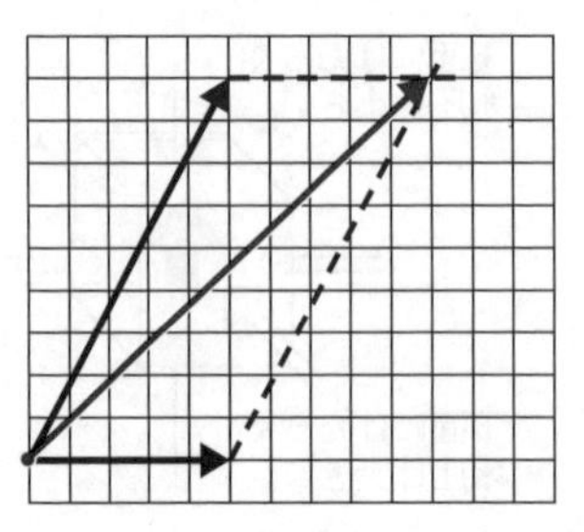

②

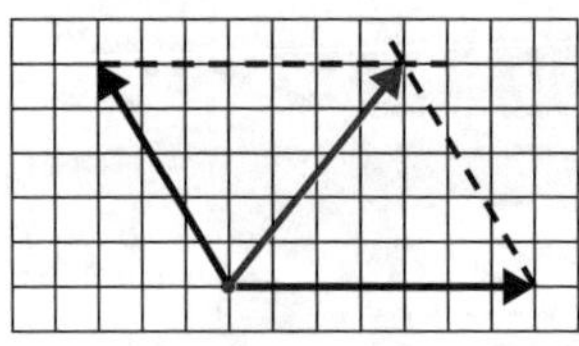

③

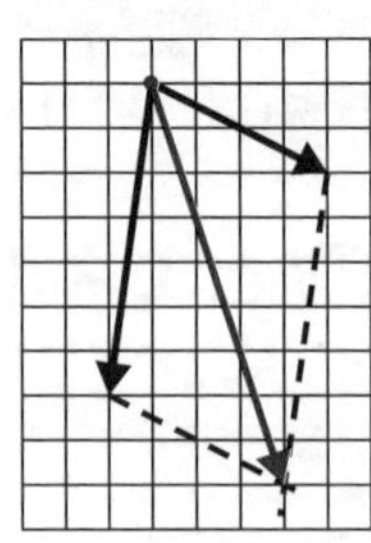

❷ ①

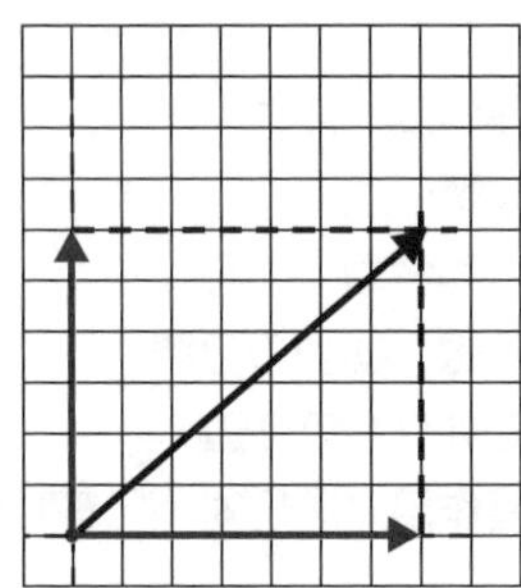

②

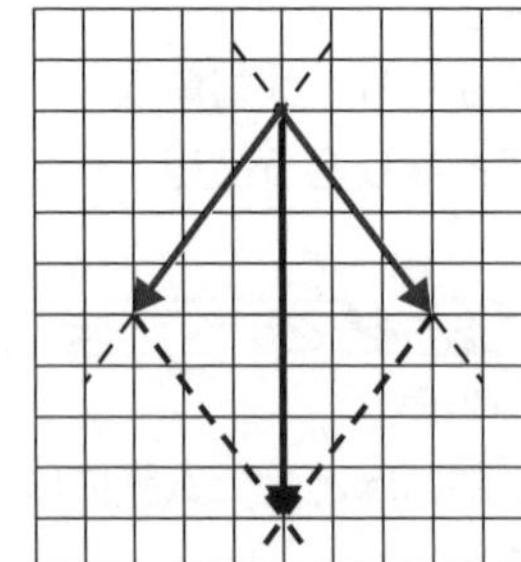

③

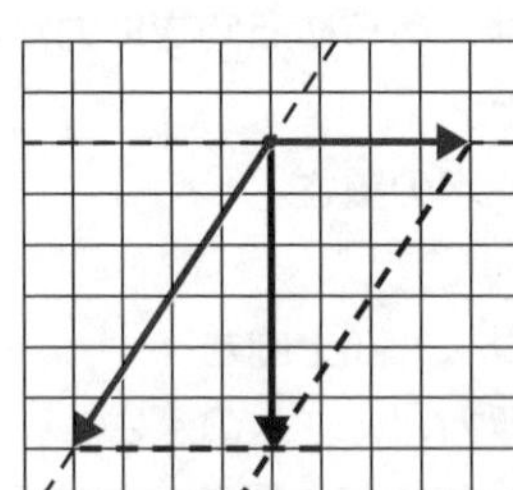

❸ ⑴

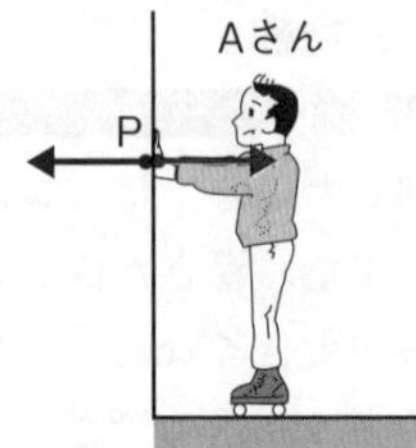

(2)反作用
(3)力の向きが反対で，大きさが等しい。
(4)Bさんが C さんを押し返す力。
(5)作用・反作用の法則

4 (1)D　(2)ウ　(3)A，B，C

解説

1 (1)(2)㋐２力が同じ向きの場合，合力の大きさは２力の和になる。よって，右向きの３＋５＝８〔N〕の力である。
㋑２力が一直線上にあって反対向きの場合，合力の大きさは２力の差になる。よって，右向きの５－３＝２〔N〕の力である。
㋒合力は，左向きの７－２＝５〔N〕の力である。
(3)まず，２つの矢印をとなり合う２辺とする平行四辺形をかき，次にその対角線を矢印で表す。

2 分解する方向を決め，もとの力を表す矢印を対角線とする平行四辺形をかく。このとき，平行四辺形のとなり合う２辺が分力を表す矢印となる。

3 (1)〜(3)Aさんが壁を押すと，同時にAさんは壁に押し返されて右へ動く。Aさんが壁を押す力を作用というとき，Aさんが壁に押し返される力を反作用という。作用と反作用は一直線上にあり，向きが反対で，大きさが等しい。
(4)(5)CさんがBさんを押す(作用)とき，同時にBさんがCさんを押し返す力(反作用)がはたらく。このように，２つの物体の間ではたらく作用と反作用は，向きが反対で，大きさが等しい。このことを，作用・反作用の法則という。

4 (1)力Aと力Bの矢印をとなり合う２辺とする平行四辺形を考えたとき，その対角線となる力(力D)が２力の合力となる。

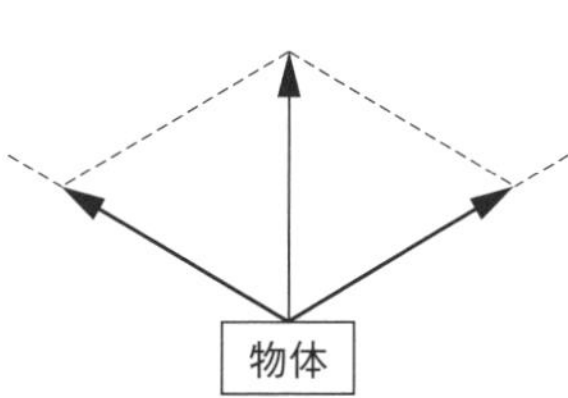

(2)(3)この物体は静止しているので，物体にはたらく３力(力A，力B，力C)はつり合っている。つまり，力Aと力Bは力D(力Aと力Bの合力)におきかえられるので，この物体にはたらく力Dと力Cがつり合っているといえる。

p.8〜9 ステージ3

1 (1)つり合っている。(たがいに打ち消し合っている。)
(2)0.6 N
(3)水中にある物体の上面と下面にはたらく水圧の差。
(4)小さくなる。　(5)変わらない。
(6)物体にはたらく浮力が重力よりも小さいとき。

2 (1)

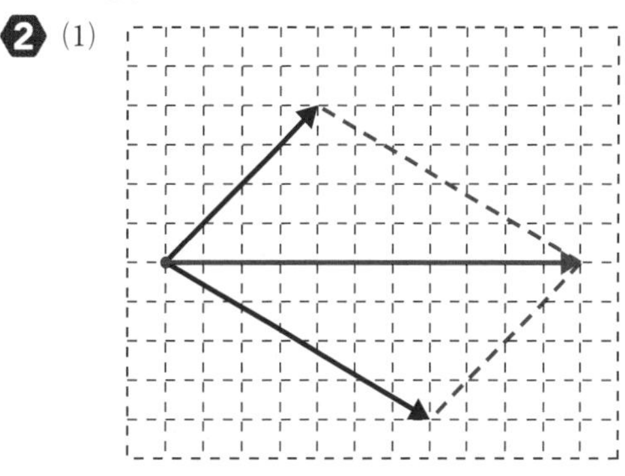

(2)11 N　(3)Bさん　(4)5 N

3 (1)㋐

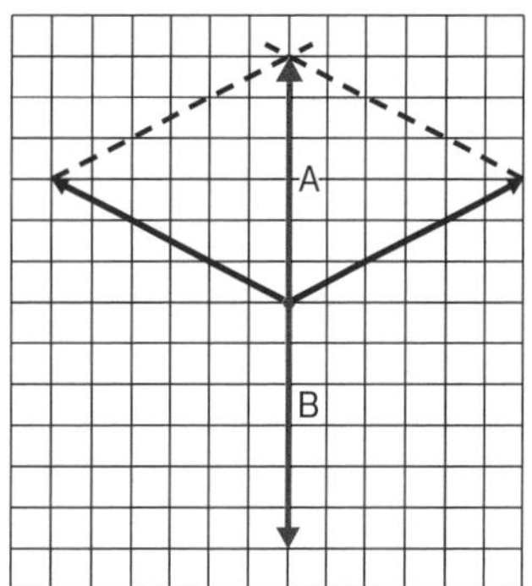

㋑

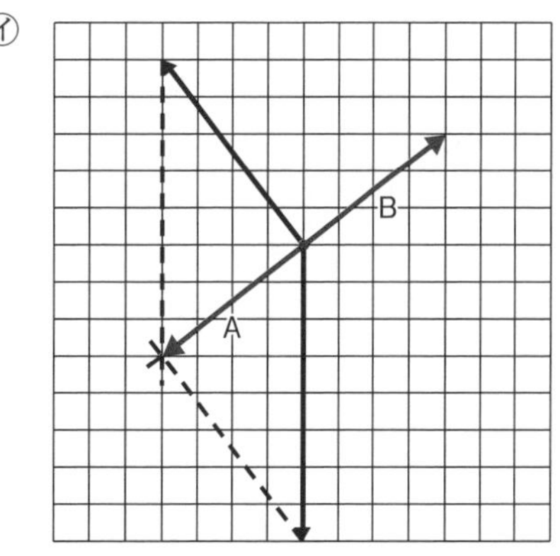

(2)6 N

4 (1)A…ア　B…イ
(2)①作用　②反作用
(3)いえない。
(4)㋐，㋒　(5)㋐，㋑

解説

❶ (1)(3)物体が水中にあるとき，物体の側面が受ける水圧は，同じ大きさで逆向きなので打ち消し合う(つり合っている)。一方，物体の上面が受ける水圧よりも，下面が受ける水圧の方が大きい。その結果，物体は上向きの力を受ける。これが浮力である。

(2)物体が空気中にあるときのばねばかりの示す値と，物体を水中に沈めたときのばねばかりの示す値の差が浮力の大きさなので，

2.2－1.6＝0.6〔N〕

(4)浮力の大きさは，物体の水に沈んでいる部分の体積が大きいほど大きくなる。物体の一部を空気中に出すと，水に沈んでいる部分の体積が小さくなるため，物体にはたらく浮力も小さくなる。

(5)物体がすべて水中にあるとき，水の深さが変化しても浮力の大きさは変わらない。

(6)水中の物体には，上向きの浮力と下向きの重力の両方がはたらいている。物体にはたらく浮力が重力よりも小さいとき，物体は水に沈む。一方，物体にはたらく浮力が重力よりも大きいとき，物体は水に浮(う)かんでいく。

❷ (1)一直線上にない２力の合力は，それぞれの力の矢印をとなり合う２辺とする平行四辺形の対角線として表すことができる。２つの矢印をとなり合う２辺とする平行四辺形をかき，次にその対角線を矢印でかくと，矢印の長さが力の大きさを表す。

(4)一直線上にあって反対向きの２力の合力の大きさは，２力の差になる。よって，

15－10＝5〔N〕

❸ (1)２つの矢印をとなり合う２辺とする平行四辺形をかくと，その対角線が合力Aを表す。次に，合力Aと同じ作用点から，同じ長さで向きが反対の矢印をかくと，合力Aとつり合う力Bを作図することができる。

❹ (1)(2)BさんがAさんを押すと，Aさんは左へ動く。同時に，AさんがBさんを押し返す力がはたらくため，Bさんは右へ動く。BさんがAさんを押す力を作用としたとき，AさんがBさんを押し返す力を反作用という。

(3)BさんがAさんに加えた力と，BさんがAさんから受ける力は同じ物体にはたらいている力ではないので，つり合っているとはいえない。

(4)(5)作用・反作用の２力と，つり合っている２力は，どちらも一直線上にあり，同じ大きさで反対向きの力である。ただし，作用・反作用の２力は別の物体にはたらき，つり合っている２力は同じ物体にはたらく。ここで，㋐は机が物体を押し返す力，㋑は物体が受ける重力，㋒は物体が机を押す力を表している。よって，机から物体にはたらく㋐と，物体から机にはたらく㋒が作用と反作用の関係にある。また，物体にはたらく㋐と㋑がつり合っている２力である。

第２章　力と運動

p.10～11　ステージ1

●教科書の要点

❶ ①距離　②時間　③平均の速さ
④瞬間の速さ

❷ ①同じ　②大きく　③重力　④自由落下
⑤増加　⑥減少　⑦等速直線運動
⑧比例　⑨慣性　⑩慣性の法則

●教科書の図

1 ①0.1　②移動距離　③長い　④速さ

2 ①重力　②大きく　③増加
④等速直線　⑤一定　⑥比例

p.12～13　ステージ2

❶ (1)38cm/s　(2)45km/h　(3)12.5m/s
(4)平均の速さ　(5)瞬間の速さ

❷ (1)使わずに捨てる。　(2)A…ア　B…ア
(3)B　(4)長くなる。
(5)㋐10cm/s　㋑35cm/s
㋒55cm/s　㋓72cm/s

❸ (1)ウ　(2)重力
(3)

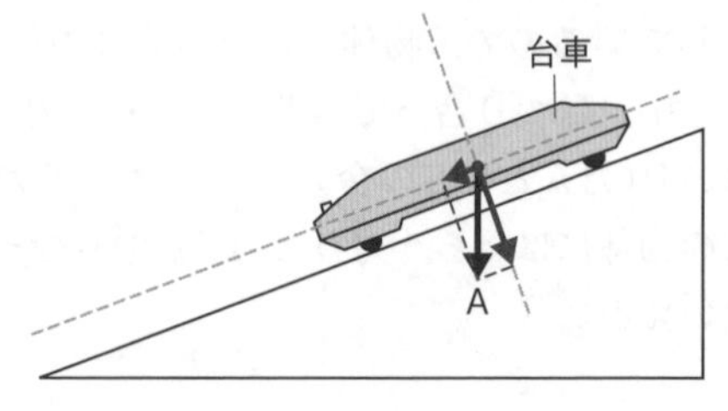

(4)イ

❹ (1)イ　(2)一定　(3)ア　(4)自由落下

解説

1 (1)物体の速さは,

$\frac{3.8〔cm〕}{0.1〔s〕}=38〔cm/s〕$

(2) $\frac{135〔km〕}{3〔h〕}=45〔km/h〕$

(3) **注意** 時間を秒に，kmをmに直してから計算しよう。

$\frac{135000〔m〕}{10800〔s〕}=12.5〔m/s〕$

(4)(5)途中の速さの変化を無視して，一定の速さで移動し続けたと考えて求めた速さを平均の速さといい，ごく短い時間の移動距離をもとに求めた速さを瞬間の速さという。

2 (1)打点が重なり合う部分は捨てて，打点を区別できる点から使うようにする。

(2)(3)台車の速さが一定であるとき，記録テープの打点の間隔は一定になる。また，台車の速さが大きいほど，打点の間隔は長くなる。

(4)記録テープの長さは，0.1秒間に台車が動いた距離を表す。台車の速さが大きくなるほど，記録テープは長くなる。

(5)平均の速さは，移動距離を移動にかかった時間で割って求める。

㋐ $\frac{1〔cm〕}{0.1〔s〕}=10〔cm/s〕$

㋑ $\frac{3.5〔cm〕}{0.1〔s〕}=35〔cm/s〕$

㋒ $\frac{5.5〔cm〕}{0.1〔s〕}=55〔cm/s〕$

㋓ $\frac{7.2〔cm〕}{0.1〔s〕}=72〔cm/s〕$

3 (1)～(3)台車が受ける重力は，斜面に垂直な方向と斜面に沿った方向に分解して考える。斜面に垂直な方向の分力は，台車が斜面から受ける垂直抗力とつり合っている。斜面に沿った方向の分力は，ばねばかりで台車を引く力とつり合っている。斜面の角度が一定であれば，重力の斜面に沿った方向の分力は斜面上のどこでも同じなので，ばねばかりも同じ値を示す。

(4)台車は，重力の斜面に沿った方向の分力によって斜面をすべり落ちる。

4 (1)(4)斜面の角度を90°にすると，球は鉛直下向きの重力だけを受けることになり，真下に落下する。この運動を自由落下という。

(2)(3)自由落下では，球は運動の向きに重力を受け続ける。球が受ける重力の大きさは一定なので，球の速さは一定の割合で増加する。

p.14～15 ステージ2

1 (1)ア (2)60cm/s (3)㋑ (4)㋑
(5)大きくなる。 (6)㋑

2 (1)ウ (2)運動と反対向きの力

3 (1)㋐垂直抗力 ㋑重力
(2)0 (3)比例(の関係) (4)150cm
(5)一定になっている。 (6)等速直線運動

4 (1)等速直線運動 (2)静止

解説

1 (1)斜面の角度が一定のとき，台車が受ける重力の斜面に沿った方向の分力が一定なので，台車が受ける斜面に平行な下向きの力も一定である。そのため，台車の速さは一定の割合で増加する。

(2)記録テープの長さは，0.1秒間に台車が進んだ距離を表している。Aのテープは6cmなので，台車の平均の速さは,

$\frac{6〔cm〕}{0.1〔s〕}=60〔cm/s〕$

(3)～(6)斜面の角度が大きくなると，重力の斜面に沿った方向の分力が大きくなるため，台車が受ける斜面に平行な下向きの力も大きくなる。そのため，斜面の角度が大きくなるほど，台車の速さの増し方が大きくなる。

2 物体が運動とは反対向きの力を受け続けると，運動の速さはだんだん減少する。斜面を上っている球は，運動とは反対の方向である，重力の斜面に沿った方向の分力を受けている。

3 (1)(2)ドライアイスは重力を受けていて，同時に垂直抗力も受けている。2つの力はつり合っているので，合力は0である。

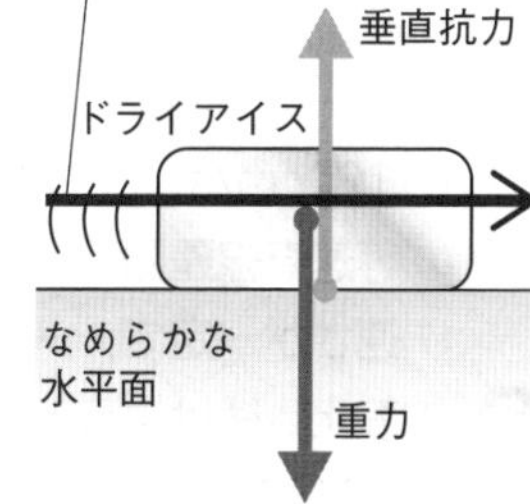

(3)(4)時間とドライアイスの移動距離を表すグラフが原点を通る直線になっていることから，これらは比例の関係にあることがわかる。

0.5秒間で75cm移動しているので，１秒間では２倍の150cm移動する。

⑸⑹移動距離が時間に比例していることから，速さが一定であることがわかる。このように，速さが一定で，一直線上を進む運動を，等速直線運動という。

❹ 運動している物体は，等速直線運動を続けようとし，静止している物体は静止を続けようとする性質がある。これを慣性という。物体が力を受けていないときや，受けている力の合力が０であるとき，物体は等速直線運動や静止を続ける。これを，慣性の法則という。

p.16~17 ステージ3

❶ ⑴0.1秒　⑵25cm/s　⑶ア

⑷記録テープの長さがだんだん長くなっているから。

⑸ア　⑹ア

⑺斜面の角度を大きくする。

⑻台車が受ける，斜面に平行で下向きの力が大きくなるから。

❷ ⑴右図

⑵0.9秒

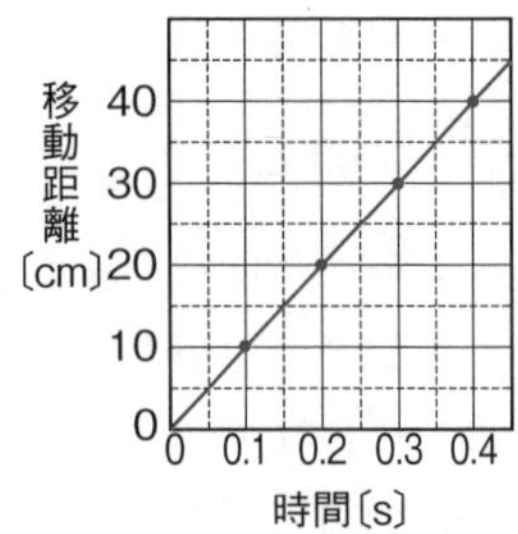

⑶

速さ〔cm/s〕 200 150 100 50 0

0 0.1 0.2 0.3 0.4

時間〔s〕

⑷100cm/s　⑸大きくなる。

⑹等速直線運動

⑺速さが一定で，一直線上を進む運動。

❸ ⑴静止し続けようとする。　⑵㋐

⑶(等速直線)運動を続けようとする。

⑷㋑　⑸慣性

解説

❶ ⑵台車は0.1秒間に2.5cm移動しているので，平均の速さは，

$$\frac{2.5〔\text{cm}〕}{0.1〔\text{s}〕}=25〔\text{cm/s}〕$$

⑶⑷記録テープの長さは，0.1秒間の移動距離なので，台車の速さを表す。時間がたつにつれて記録テープが長くなっていることから，台車の速さが大きくなっていることがわかる。

⑸斜面に平行で下向きの力は，重力の斜面に沿った方向の分力である。台車が受ける重力と斜面の角度は一定なので，台車が受ける斜面に平行で下向きの力の大きさも一定である。

⑹～⑻台車が運動の向きに一定の大きさの力を受け続けると，台車の速さは一定の割合で増加する。斜面の角度が大きくなると，重力の斜面に沿った方向の分力が大きくなり，台車が運動の向きに受ける力も大きくなる。その結果，台車の速さの増し方が大きくなる。

❷ ⑴⑵図２のグラフは原点を通る直線になるので，ドライアイスの移動距離は，時間に比例することがわかる。0.1秒で10cm移動しているので，90cm移動するのにかかる時間は0.9秒である。

⑶⑷表より，ドライアイスは0.1秒間に10cm移動していて，その速さは一定であることがわかる。このときの平均の速さは，

$$\frac{10〔\text{cm}〕}{0.1〔\text{s}〕}=100〔\text{cm/s}〕$$

⑸ドライアイスを図１より強く押すと，最初のドライアイスの速さが図１より大きくなり，そのあとは一定の速さで運動する。

⑹⑺この実験のドライアイスのように，速さが一定で，一直線上を進む運動を等速直線運動という。

❸ ⑴⑵静止している物体は，静止を続けようとする性質がある。そのため，バスが発車するとき，乗客のからだは進行方向と逆の方向に傾く。

⑶⑷運動している物体は，等速直線運動を続けようとする性質がある。そのため，バスが停車するとき，乗客のからだは進行方向に傾く。

⑸物体が静止の状態や等速直線運動を続けようとする性質を，慣性という。

第3章　仕事とエネルギー

p.18〜19　ステージ1

●教科書の要点

1 ①力の大きさ　②小さく
③仕事の原理　④仕事率

2 ①エネルギー　②位置エネルギー
③運動エネルギー　④ジュール
⑤位置エネルギー　⑥運動エネルギー
⑦力学的エネルギー
⑧エネルギーの保存
⑨伝導　⑩対流　⑪放射

●教科書の図

1 ①10　②0.2　③2
④5　⑤0.4　⑥2

2 ①大きい　②高い　③速い
④質量　⑤位置　⑥運動
⑦運動　⑧位置　⑨力学的

p.20〜21　ステージ2

1 (1)台車…10N　滑車…1N
(2)11N　(3)20cm　(4)2.2J　(5)向き
(6)11N　(7)20cm　(8)2.2J　(9)5.5N
(10)40cm　(11)2.2J
(12)①小さく　②長く　③変わらない
④仕事の原理

2 (1)Aさん　(2)30W

3 (1)位置エネルギー　(2)深くなる。
(3)大きくなる。　(4)比例(の関係)
(5)深くなる。　(6)大きくなる。

解説

1 (4)(8)11〔N〕×0.2〔m〕=2.2〔J〕
(9)〜(11)動滑車を使うと，引き上げる力の大きさは半分になる。しかし，ひもを引く長さは2倍になる。よって，仕事の大きさは，
5.5〔N〕×0.4〔m〕=2.2〔J〕
(12)滑車を使っても使わなくても，仕事の大きさは変わらない。これを仕事の原理という。

2 Aさんの仕事は，
40〔N〕×1.5〔m〕=60〔J〕
これを2秒で引き上げているので，仕事率は，
$\frac{60〔J〕}{2〔s〕}=30〔W〕$
Bさんの仕事は，
40〔N〕×3〔m〕=120〔J〕
8秒で引き上げているので，仕事率は，
$\frac{120〔J〕}{8〔s〕}=15〔W〕$
Cさんの仕事は，
80〔N〕×3〔m〕=240〔J〕
10秒で引き上げているので，仕事率は，
$\frac{240〔J〕}{10〔s〕}=24〔W〕$

3 (2)(3)おもりの高さが高いほど，おもりがもつ位置エネルギーが大きくなり，えんぴつはより深く打ちこまれる。
(5)(6)おもりの質量が大きいほど，おもりがもつ位置エネルギーが大きくなり，えんぴつはより深く打ちこまれる。

p.22〜23　ステージ2

1 (1)運動エネルギー　(2)ジュール(J)
(3)長くなる。　(4)大きくなる。
(5)長くなる。　(6)大きくなる。

2 (1)ウ　(2)ア，オ
(3)運動エネルギー
(4)力学的エネルギーの保存

3 (1)①化学エネルギー　②弾性エネルギー
③音のエネルギー　④光エネルギー
(2)核エネルギー

4 (1)4J　(2)ア
(3)エネルギーの変換効率

5 ①対流　②放射

解説

1 (3)(4)球の速さが大きくなるほど，球がもつ運動エネルギーが大きくなり，おもりの移動距離が長くなる。
(5)(6)球の質量が大きくなるほど，球がもつ運動エネルギーが大きくなり，おもりの移動距離が長くなる。

2 (1)〜(3)振り子の運動によるエネルギーの移り変わりは，次の図のように表すことができる。アからウに移動するにしたがって，おもりのもつ位置エネルギーが運動エネルギーに移り変わり，おもりの速さが大きくなる。また，ウからオに移動するにしたがって，おもりのもつ運動エネルギーが

位置エネルギーに移り変わり，おもりの速さが小さくなる。

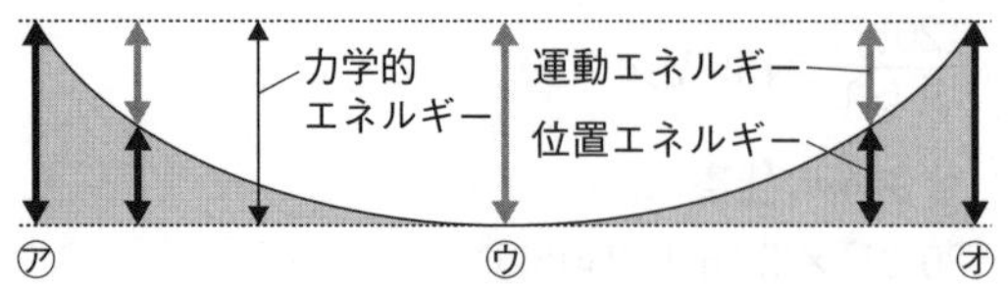

❸ (1)①プロパンガスのもつ化学エネルギーを熱エネルギーに変換して，調理をする。
②弓の弾性エネルギーを運動エネルギーに変換して，矢を飛ばす。
③太鼓がもつ音のエネルギーが空気の振動として伝わる。
④太陽などの光エネルギーを光電池で電気エネルギーに変換する。
(2)原子核は核エネルギーをもつ。核エネルギーが放出されると，膨大(ぼうだい)な熱や放射線が出る。

❹ (1)4〔N〕×1〔m〕=4〔J〕
(3)エネルギーを変換するときには，目的外のエネルギーが発生する。目的外のエネルギーをできるだけ小さくした状態を，エネルギーの変換効率が高いという。

❺ ①気体や液体は，温度が高くなると密度が小さくなって，上の方に移動する。温度の低い気体や液体は下の方に移動する。このような熱の伝わり方を，対流という。
②熱を出している物体から別の物体に，赤外線などによって，空間をへだてて直接伝わるような熱の伝わり方を，放射という。

p.24〜25 ステージ3

❶ (1)2.5 J　(2)いえない。
(3)4 J　(4)0 J

❷ (1)4 N　(2)1.28 J
(3)1.6 N　(4)0.32 W

❸ (1)ウ　(2)高い位置　(3)同じになっている。
(4)力学的エネルギーは保存されるから。

❹ (1)㋐電気　㋑位置
(2)熱エネルギー　(3)小さくしたとき。
(4)エネルギーの保存

解説

❶ (1)Aさんがした仕事は，
5〔N〕×0.5〔m〕=2.5〔J〕
(2)物体を持ったまま静止しているとき，物体は力を加えた向きに動いていない。
(3)Bさんがした仕事は，
5〔N〕×0.8〔m〕=4〔J〕
(4)Cさんは力を加えているが，物体は力を加えた向きに動いていないので，Cさんがした仕事は，
10〔N〕×0〔m〕=0〔J〕

❷ (2)4Nの重力を受ける物体を32cmの高さまで引き上げているので，仕事は，
4〔N〕×0.32〔m〕=1.28〔J〕
(3)斜面に沿って80cm引いて1.28Jの仕事をしているので，ばねばかりが示す値は，

$$\frac{1.28〔J〕}{0.8〔m〕}=1.6〔N〕$$

(4)1.28Jの仕事を4秒で行っているので，仕事率は，

$$\frac{1.28〔J〕}{4〔s〕}=0.32〔W〕$$

❸ (1)㋑の高さを基準面としているので，㋑で小球がもつ位置エネルギーは0である。このとき，㋐で小球がもつ位置エネルギーは，㋑ではすべて運動エネルギーに移り変わっている。
(2)はじめに小球がもつ位置エネルギーの大きさが，㋑で小球がもつ運動エネルギーの大きさに等しくなる。よって，より高い位置で小球をはなすと，㋑での運動エネルギーが大きくなる。
(3)(4) 注意 摩擦や空気の抵抗などによって失うエネルギーを考えなければ，力学的エネルギーは保存されることから考える。

❹ (1)図の実験では，エネルギーが次のように変換されている。
①電球が出す光エネルギーが，光電池によって電気エネルギーに変わる。
②電気エネルギーが，モーターによって運動エネルギーに変わる。
③運動エネルギーが，モーターにつるしたおもりを引き上げ，位置エネルギーに変わる。
(2)(3)電球が電気エネルギーを光エネルギーに変換するとき，エネルギーの一部が熱エネルギーなどとして，利用されずに放出されてしまう。利用できないエネルギーの発生を少なくした状態を，変換効率が高いという。
(4)エネルギーの変換で，目的外のエネルギーとし

て失われるエネルギーもふくめると，エネルギーの総量は一定に保たれている。

p.26～27 《 単元末総合問題

 (1)

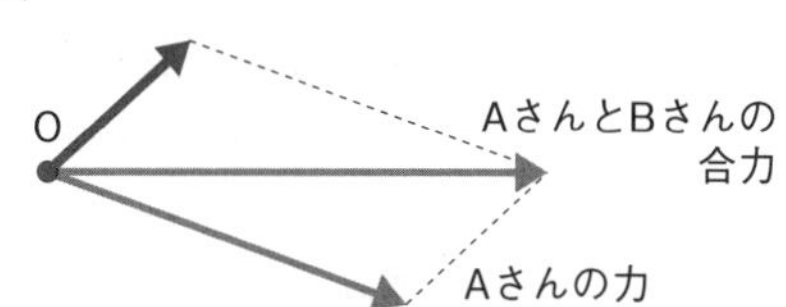

(2)800 J　(3)40 W

2》 (1)0.1秒　(2)60cm/s　(3)イ
(4)大きくなる。
(5)斜面に平行で下向きの力

3》 (1)A　(2)B　(3)㊁
(4)一定に保たれる。

4》 (1)①化学エネルギー　②電気エネルギー
(2)①小さく　②大きい
(3)対流（熱対流）　(4)放射（熱放射）

》解 説《

1》 (1)分力を作図するときは，次の手順でかく。
①AさんとBさんの合力を表す矢印を対角線とし，Aさんの力の矢印を1辺とする平行四辺形をかく。
②Oを作用点とし，①で作図した平行四辺形の1辺となる矢印をかく。
(2)400〔N〕× 2〔m〕= 800〔J〕
(3) $\frac{800〔J〕}{20〔s〕}$ = 40〔W〕

2》 (1)1秒間に50打点するので，5打点する時間は0.1秒である。
(2)㋑㋒間の時間は0.1秒で，テープの長さは，
9.6 − 3.6 = 6〔cm〕
よって，㋑㋒間での平均の速さは，
$\frac{6〔cm〕}{0.1〔s〕}$ = 60〔cm/s〕
(3)台車には，斜面に平行な下向きの力がはたらき続ける。物体の運動と同じ向きに一定の力がはたらき続けると，物体の速さは一定の割合で増加していく。
(4)(5)斜面の角度が大きくなると，台車が受ける斜面に平行な下向きの力が大きくなる。したがって，台車の速さの増し方が大きくなる。

3》 (1)小球のもつ位置エネルギーは，小球の位置が高いほど大きくなる。小球が最も高い位置にあるのは，Aである。
(2)(3)Aで小球のもつ運動エネルギーは，0である。小球の位置が低くなるにつれて，位置エネルギーが運動エネルギーに移り変わり，Bのある水平面で小球のもつ運動エネルギーは最大になる。その後，小球の位置が高くなるにつれて，運動エネルギーは位置エネルギーに移り変わっていく。
(4)物体がもつ位置エネルギーと運動エネルギーの和を，力学的エネルギーという。摩擦力などがはたらかない場合，力学的エネルギーは一定に保たれる。

4》 (1)①ガスコンロは，ガスがもつ化学エネルギーを熱エネルギーに変換している。
②IHヒーターは，電気エネルギーを熱エネルギーに変換して利用している。
(2)(3)温められた水などが上昇したり下降したりすることで熱を運ぶことを，対流（熱対流）という。
(4)空間をへだてて熱が伝わるような熱の伝わり方を，放射（熱放射）という。

3－2 生物どうしのつながり

第１章　生物の成長・生殖

p.28〜29　ステージ1

●教科書の要点

❶ ①細胞分裂　②染色体
③体細胞分裂　④根

❷ ①生殖　②無性生殖　③形質
④生殖細胞　⑤受精　⑥有性生殖
⑦発生　⑧胚　⑨精細胞　⑩卵細胞
⑪有性生殖　⑫胚　⑬発生

●教科書の図

1 ①核　②染色体　③中央　④2
⑤しきり　⑥細胞

2 ①花粉管　②精細胞　③卵細胞
④受精卵　⑤胚

p.30〜31　ステージ2

❶ (1)ウ
(2)酢酸カーミン液(酢酸オルセイン液)
(3)エ　(4)エ　(5)オ　(6)ア
(7)①ク　②キ
(8)細胞分裂　(9)体細胞分裂

❷ (1)染色体
(2)①B　②E　③C　④D　⑤A　⑥F

❸ (1)茎　(2)無性生殖　(3)イ，ウ
(4)体細胞分裂　(5)形質
(6)すべての子の形質が親と同じになる。

解説

❶ (1)根の先端に近いところほど，よく成長する。
(2)酢酸カーミン液や酢酸オルセイン液を用いると，核を観察しやすくなる。
(3)(4)根の先端より(エ)の細胞は小さく，ひものようなつくりが見られる。これは，細胞がさかんに分かれているからである。
(5)根の先端から根もとにいくにつれて，細胞は大きく，縦に長くなっている。
(6)植物では，根の先端付近や茎の先端付近で細胞がさかんに分かれる。
(7)からだの成長は２段階になっている。まず，細胞が分かれて数が増える(キ)。次に，それぞれの細胞が大きくなる(ク)。これをくり返すことで，植物は成長していく。
(8)(9)１つの細胞が２つに分かれることを細胞分裂という。からだをつくる細胞が分裂することを，特に体細胞分裂という。

❷ 細胞分裂が始まると，核のかわりに染色体が見られるようになる(B)。染色体は細胞の中央付近に集まった(C)あと分かれて，細胞の両端に移動していく(D)。そのあと，細胞の中央にしきりが現れ(E)，やがて２個の細胞になる(F)。

❸ (1)ジャガイモのいもは茎の一部である。
(2)〜(4)ジャガイモやサツマイモのいも，イチゴの茎などのように，からだの一部から新しい個体をふやすことができる植物がある。このような生殖を無性生殖という。アメーバなどの単細胞生物の体細胞分裂も，無性生殖である。
(5)(6)個体のもつ形や性質を形質という。受精によらない無性生殖では，子の形質は親と同じになる。

p.32〜33　ステージ2

❶ (1)精子　(2)受精　(3)受精卵
(4)増える。　(5)オ　(6)胚
(7)発生

❷ (1)アやく　イ柱頭
(2)ウ卵細胞　エ胚珠
(3)花粉が柱頭につくこと。
(4)果実

❸ (1)イ
(2)乾いてきたとき。
(3)ウ　(4)花粉管　(5)伸びている。
(6)精細胞　(7)卵細胞
(8)精細胞の核と卵細胞の核が合体すること。
(9)胚　(10)発生

解説

❶ (1)〜(3)卵の核と精子の核が合体することを受精という。受精すると受精卵ができる。
(4)細胞分裂が行われるので，細胞の数は増えていく。
(6)(7)受精卵が細胞分裂を始めてから，おたまじゃくしになる前までを胚といい，受精卵から成体になるまでの，からだがつくられていく過程を発生という。

❷ (3)おしべのやくから出た花粉がめしべの柱頭につくことを受粉という。受粉すると，花粉から胚

珠に向かって花粉管が伸びる。
(4)受粉が起こると，やがて胚珠全体は種子に，子房全体は果実になる。

❸ (1)(2)柱頭や花柱にはショ糖がふくまれていて，花粉が変化するときのエネルギーとなっている。この環境と同じような条件にするため，ショ糖水溶液を用いる。また，時間がたって試料が乾いてきたときは，水を加える。
(4)～(8)受粉した花粉からは，花粉管が胚珠に向かって伸びる。精細胞は花粉管の中を移動して，胚珠の中の卵細胞に達する。すると，精細胞の核と卵細胞の核が合体して受精が起こる。
(9)(10)受精卵が細胞分裂をくり返して胚になり，やがて胚珠全体が種子になる。受精卵から植物のからだがつくられていく過程を発生という。

p.34～35 ステージ3

❶ (1)㋐　(2)㋑
(3)体細胞分裂で細胞の数が増え，増えた細胞のそれぞれが大きくなるから。

❷ (1)それぞれの細胞をはなれやすくするため。
(2)核　(3)染色体　(4)イ
(5)(㋔→)㋕→㋓→㋑→㋒→㋐
(6)細胞がくびれる。

❸ (1)精子，卵
(2)(㋐→)㋓→㋒→㋔→㋑→㋕
(3)受精卵が細胞分裂を始めてから自分で食物をとり始めるまでの間。
(4)受精卵からからだがつくられていく過程。

❹ (1)花粉管　(2)㋑精細胞　㋒卵細胞
(3)胚　(4)果実　(5)有性生殖
(6)ウ　(7)体細胞分裂

解説

❶ (1)細胞分裂がさかんな部分の細胞では，小さい細胞や，分裂中の細胞が見られる。
(3)細胞分裂によって細胞の数が増え，増えた細胞の1つひとつが大きくなることによって，根が成長していく。

❷ (1)顕微鏡で観察する前に，塩酸に入れて温めておくと，それぞれの細胞がはなれやすくなり，観察しやすくなる。
(3)(4)細胞分裂が行われるとき，核の中で染色体が複製され，数が2倍になっている。数が2倍になっていた染色体は，分裂によって2等分されて，新たな2つの核のもとになる。
(5)(6)核の形が消え，染色体が見えるようになる(㋕)。次に，染色体が細胞の中央付近に集まった(㋓)あと，分離して細胞の両端へ移動する(㋑)。やがて，中央にしきりが現れ(㋒)，2つの細胞になる(㋐)。動物の細胞では，細胞がくびれることで2つの細胞に分かれる。

❸ (1)卵の核と精子の核が合体することを，受精という。受精すると受精卵ができる。
(3)(4)受精卵が細胞分裂をくり返し，からだのつくりが完成していく。この過程を発生といい，自分で食物をとり始めるまでの個体を胚とよぶ。

❹ (1)～(4)受粉すると，花粉から花粉管が伸びる。花粉管の中の精細胞と，胚珠の中の卵細胞が受精すると受精卵ができる。受精卵は細胞分裂をくり返して胚になり，やがて，胚珠は種子に，子房は果実になる。
(6)有性生殖では，すべての子の形質が親と同じになるとはかぎらない。

第2章　遺伝と進化

p.36～37 ステージ1

●教科書の要点

❶ ①遺伝　②遺伝子　③染色体　④染色体
⑤減数分裂　⑥対立形質　⑦顕性　⑧潜性
⑨分離の法則　⑩純系　⑪DNA

❷ ①進化　②魚類　③相同器官

●教科書の図

1 ①染色体　②減数分裂　③卵　④精子
⑤受精

2 ①Rr　②Rr　③rr

p.38～39 ステージ2

❶ (1)遺伝　(2)遺伝子
(3)染色体
(4)生殖細胞
(5)減数分裂
(6)半分になる。
(7)右図

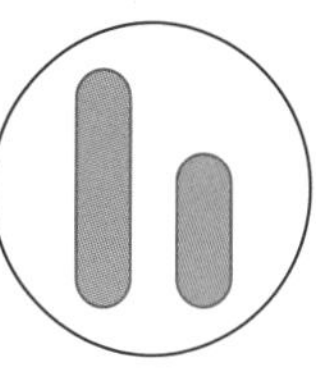

❷ (1)㋐卵　㋑精子　(2)受精
(3)㋐23本　㋑23本

(4)46本　(5)体細胞分裂

❸ (1)メンデル　(2)対立形質
(3)一方の形質しか現れない。
(4)顕性の形質　(5)潜性の形質
(6)自家受粉　(7)エ
(8)A…㋐　B…㋑
(9)純系
(10)分離の法則
(11)右図

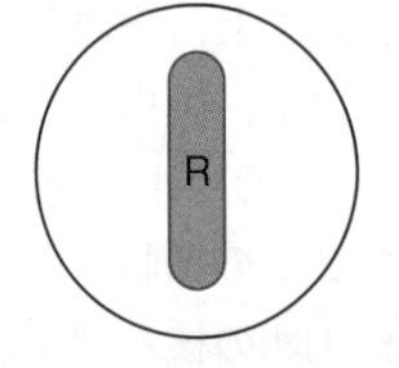

解 説

❶ (4)～(6)精子や卵などの生殖細胞がつくられるとき，染色体の数が親の細胞の半分になる，減数分裂が起こる。

(7)減数分裂では，親の細胞で対をなす染色体が分かれて，それぞれ別べつの生殖細胞に入る。

❷ (3)減数分裂によって，生殖細胞の染色体の数は，親の細胞の染色体の数の半分になっている。

(4)染色体の数が半分になった2つの生殖細胞が受精して1つの細胞になるので，受精卵の染色体の数は親と同じになる。

❸ (2)(3)エンドウの種子には，丸粒としわ粒の形質があり，1つの種子にはどちらかの形質しか現れない。このように，対になっている形質どうしを対立形質という。

(4)(5)対立形質をもつ親どうしをかけ合わせたとき，その子に現れる形質を顕性の形質，子に現れない形質を潜性の形質という。

(7)個体Aと個体Bをかけ合わせてできた子を自家受粉させてできた種子(孫)には，顕性の形質と潜性の形質が，3：1の数の比で現れる。

(8)(9)丸粒の遺伝子をR，しわ粒の遺伝子をrと表すと，個体AはRR，個体Bはrrと表される。このように，同じ組み合わせの遺伝子をもつ生物を，純系という。

(10)(11)生殖細胞ができるとき，親のもつ1対の遺伝子が分かれて別べつの生殖細胞に入る。個体Aの遺伝子RRはRとRに分かれてそれぞれの生殖細胞に入る。

p.40～41　ステージ2

❶ (1)

親の遺伝子の組み合わせ　RR
親の遺伝子の組み合わせ　rr

卵細胞＼精細胞	R	R
r	Rr	Rr
r	Rr	Rr

子の遺伝子の組み合わせ（子）

(2)ア

❷ (1)

子の遺伝子の組み合わせ　Rr
子の遺伝子の組み合わせ　Rr

卵細胞＼精細胞	R	r
R	RR	Rr
r	Rr	rr

孫の遺伝子の組み合わせ（孫）

(2)RR，Rr　(3)ウ

❸ (1)㋐染色体　㋑DNA
(2)遺伝子組換え技術
(3)医薬品の製造，農作物の改良
などから1つ

❹ (1)進化　(2)①㋒　②㋔
(3)シソチョウ　(4)は虫類　(5)相同器官

解 説

❶ RRの遺伝子の組み合わせをもつ親の生殖細胞は，すべてRの遺伝子をもつ。また，rrの遺伝子の組み合わせをもつ親の生殖細胞は，すべてrの遺伝子をもつ。Rとrの受精によって生じる子の遺伝子の組み合わせは，すべてRrとなる。このとき，子には顕性の形質であるRの形質が現れ，すべて丸粒の種子となる。

❷ Rrの遺伝子の組み合わせをもつ子の生殖細胞には，Rの遺伝子をもつものと，rの遺伝子をもつものがある。RとRの受精によって生じる孫の遺伝子の組み合わせはRR，Rとr，rとRの受精によって生じる孫の遺伝子の組み合わせはRr，rとrの受精によって生じる孫の遺伝子の組み合わ

せはrrとなる。このとき，RRとRrの遺伝子の組み合わせをもつ孫には顕性の形質であるRの形質が現れ，丸粒の種子となる。また，rrの組み合わせをもつ孫には潜性の形質であるrの形質が現れ，しわ粒の種子となる。(1)の図より，孫の遺伝子の組み合わせは，

RR：Rr：rr＝１：２：１の比で現れるので，

丸粒：しわ粒＝３：１となる。

注意 rRはRrと同じ組み合わせなので，Rrとして考える。

3 (1)遺伝子の本体はDNA（デオキシリボ核酸）という物質で，染色体の中にふくまれている。

(2)(3)DNAをある生物からほかの生物に人工的に移す遺伝子組換え技術は，医薬品の製造や農作物の改良など，さまざまなところで用いられるようになってきている。ゲノム編集も遺伝子組換え技術のひとつである。

4 (2)脊椎動物のなかまは，魚類，両生類，は虫類，哺乳類，鳥類の順に増えてきた。まず，水中生活をする魚類が出現し，魚類の一部から陸上生活のできる特徴をもった両生類が進化したと考えられる。そして，両生類の一部から，陸上の乾燥に耐えられるしくみをもったは虫類や哺乳類に進化したと考えられる。また，は虫類から，空を飛ぶのに適したからだのつくりをもつ鳥類が進化したと考えられる。

(3)(4)シソチョウは，口に歯があり，つばさ（前あし）には爪(つめ)のある指をもつ，尾が長いなど，は虫類に似た特徴をもつ初期の鳥類である。

(5)トラの前あし，イルカのひれ，コウモリのつばさなどは，形やはたらきはちがっているが，骨格の各部分を比べるとよく似ている。このように，もとは同じ器官であったが，その形やはたらきが長い時間をかけてさまざまに変化したと考えられる器官を，相同器官という。

p.42～43 ステージ3

1 (1)染色体の数が，親の細胞の半分になるような細胞分裂。

(2)ウ　(3)A…㋐　B…㋒　(4)ア

2 (1)黄色　(2)潜性の形質　(3)Aa

(4)３：１

3 (1)rr　(2)エ　(3)３：１　(4)１：１

4 (1)魚類　(2)水中から陸上

(3)①イ　②ウ

(4)現在の形やはたらきはちがっていても，もとは同じであると考えられる器官。

(5)シダ植物

解説

1 (1)生殖細胞がつくられるとき，親の細胞で対をなす染色体が分かれて別べつの生殖細胞に入る減数分裂が起こる。減数分裂の結果，生殖細胞の染色体の数は，親の細胞の半分になる。

(2)染色体の数が半分になった２つの生殖細胞が受精すると，できた子の細胞の染色体の数は親の細胞の染色体の数と同じになる。

(4)無性生殖では，親のからだの一部から子ができるときに体細胞分裂が起こる。体細胞分裂では，染色体が複製されて２倍になってから２つに分裂する。そのため，親と子の細胞がもつ染色体の数や遺伝子は同じになる。

2 (1)(2)対立形質の純系どうしをかけ合わせたとき，子に現れる形質（黄色）を顕性の形質，子に現れない形質（緑色）を潜性の形質という。

(3)AAの遺伝子の組み合わせをもつ親の生殖細胞はすべてA，aaの遺伝子の組み合わせをもつ親の生殖細胞はすべてaである。よって，できた子の遺伝子の組み合わせはすべてAaとなる。

(4)Aaの遺伝子の組み合わせをもつ親の生殖細胞には，Aとaがある。この親の自家受粉でできる子の遺伝子の組み合わせは，次のようになる。

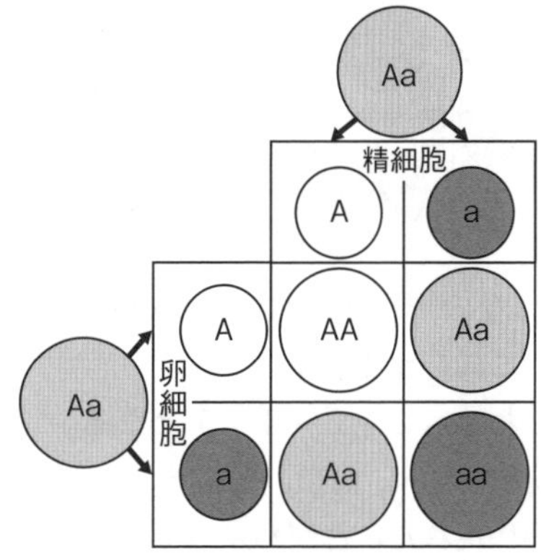

このとき，AAとAaの遺伝子の組み合わせをもつ種子は，顕性の形質である黄色の子葉をもつ。一方，aaの遺伝子の組み合わせをもつ種子は，潜性の形質である緑色の子葉をもつ。したがって，黄色の子葉と緑色の子葉の数の比は，

黄色：緑色＝３：１となる。

❸ (1)〜(3)Rrの遺伝子の組み合わせをもつ子どうしをかけ合わせたときの孫の遺伝子の組み合わせは，次のようになる。

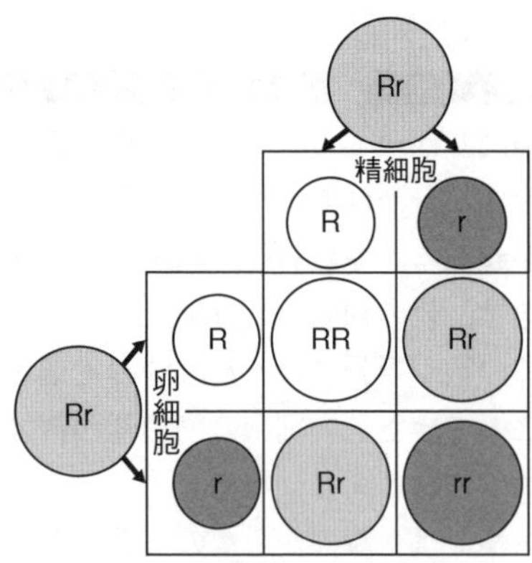

図より，孫の遺伝子の組み合わせは，
RR：Rr：rr＝１：２：１の数の比で現れることがわかる。このとき，RRとRrには顕性の形質である丸粒の形質が現れ，rrには潜性の形質であるしわ粒の形質が現れる。これを比で表すと，
丸粒：しわ粒＝３：１となる。

(4)Rrとrrの遺伝子の組み合わせをもつ親をかけ合わせたとき，子の遺伝子の組み合わせは次のようになる。

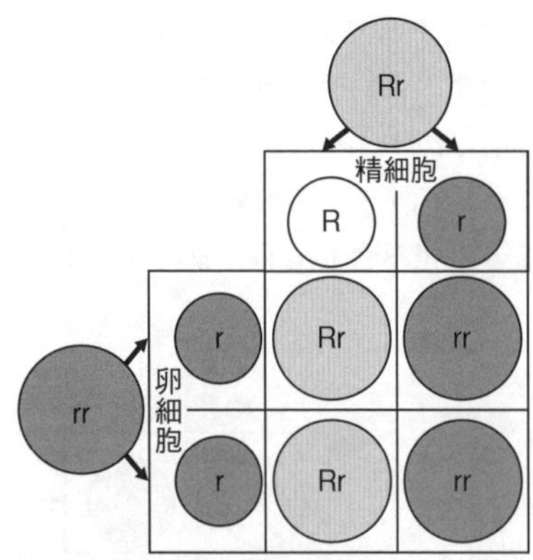

Rrには丸粒の形質が現れ，rrには潜性の形質が現れる。これを比で表すと，
丸粒：しわ粒＝２：２＝１：１となる。

❹ (1)(2)脊椎動物は，魚類，両生類，は虫類，哺乳類，鳥類の順に現れたことがわかっている。このことから，生活場所は水中から陸上へ広がっていったと考えられる。

(3)オーストラリアハイギョは，魚類だが肺があるほか，ひれはあしのようになっていて，両生類に似たつくりをもっている。カモノハシは，哺乳類だが，卵生で，骨格がは虫類に似ている。

(4)形やはたらきはちがっているが，基本的なつくりはよく似ている。このことから，もとは同じ器官であったが，その形やはたらきが長い時間をかけて変化したと考えられる。このような器官を，相同器官という。

(5)植物の進化では，最初にコケ植物やシダ植物が現れ，シダ植物の一部が裸子植物に，裸子植物の一部が被子植物に進化したと考えられている。

第３章　生態系

p.44〜45　ステージ1

●教科書の要点

❶ ①環境　②生態系　③食物連鎖　④食物網　⑤二酸化炭素　⑥生産者　⑦消費者　⑧一次消費者　⑨二次消費者　⑩細菌類　⑪分解者　⑫無機物　⑬炭素

❷ ①生産者　②三次消費者　③生産者　④二次消費者

●教科書の図

1 ①光合成　②呼吸　③草食動物　④肉食動物　⑤分解者　⑥有機物

2 ①㋐　②㋒　③㋑　④㋐　⑤㋑

p.46〜47　ステージ2

❶ (1)生態系　(2)食物連鎖　(3)生産者　(4)消費者

❷ (1)生物がいない状態にするため。　(2)㋑　(3)消費した。

❸ (1)酸素　(2)㋐光合成　㋑呼吸　(3)光エネルギー　(4)無機物　(5)イ，エ

❹ (1)A…キツネ　B…ウサギ　C…植物　(2)生物A…増える。　生物C…減る。　(3)生物A…減る。　生物B…減る。

解説

❶ (1)森林，草原，海など，生物と環境の要素をまとまりとしてとらえたものを生態系という。

(3)植物は，太陽の光エネルギーを利用して有機物を生産していて，生産者とよばれる。

(4)動物は，生産者がつくった有機物を直接的，間接的に消費していて，消費者とよばれる。

❷ (1)加熱して生物がいなくなった土と，採取したままの土を用いて実験し，結果を比較することで，デンプンの消費が生物のはたらきによることを確認することができる。

(2)(3)㋐では，上ずみ液にいた生物がデンプンを消費したため，デンプンがなくなり，ヨウ素液による反応が見られない。一方，㋑では，土の中の生物がいなくなったため，デンプンが消費されず，ヨウ素液によって青紫色に変化する。

❸ (1)(2)すべての生物が行っていて，Aを取りこんで二酸化炭素を排出していることから，㋑は呼吸であること，気体Aが酸素であることがわかる。また，植物だけが行っていて，二酸化炭素を吸収して酸素を排出していることから，㋐は光合成であることがわかる。

(3)植物は，太陽の光エネルギーを利用して，二酸化炭素と水などからデンプンなどの有機物を生産している。

(4)主に生物の死がいなどから養分を得ている生物を分解者という。分解者のはたらきで，有機物が無機物に分解される。

(5)菌類や細菌類などの土中の微生物や，ダンゴムシやミミズなどの土中の小動物が分解者に区分される。

❹ (1)それぞれの段階の生物量を食物連鎖の順に重ねると，全体の形はピラミッドのようになる。

(2)生物Bの数が急に増えると，生物Bに食べられる生物Cはこれまで以上に食べられてしまい，数が減る。また，生物Bを食べる生物Aは，食物が豊富になるため，数が増える。

(3)生物Cの数が急に減ると，生物Cを食べる生物Bは，食物が不足するために数が減る。また，生物Bを食べる生物Aも，食物が不足するために数が減る。

p.48〜49 ステージ3

❶ (1)ヨウ素液

(2)㋐変化しない。　㋑青紫色になる。

(3)デンプンを消費(分解)するはたらき。

(4)菌類，細菌類

❷ (1)㋓　(2)㋐，㋑，㋒

(3)ほかの生物を食べる。　(4)食物網

❸ (1)二酸化炭素　(2)㋑

(3)

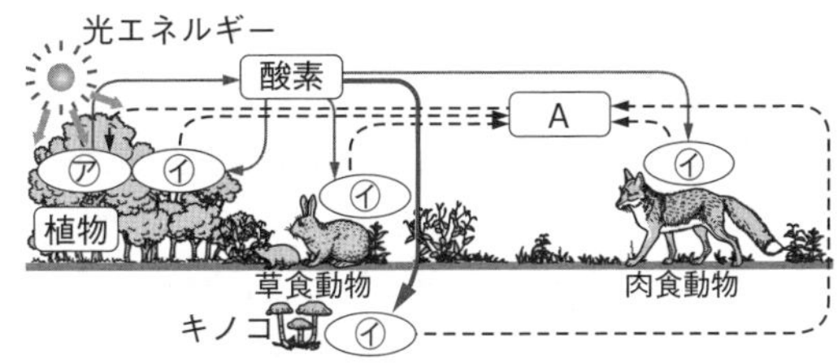

(4)分解者

❹ (1)A

(2)タカはほかの生物よりも生物量が小さいから。

(3)Aの生物量は減り，Cの生物量は増える。

(4)増える。

(5)生物量のつり合いがとれた状態になる。

解説

❶ ㋐の液中では，微生物がデンプンを消費する。一方，㋑の液中では，微生物が加熱によっていなくなっているので，デンプンは消費されずに残る。このため，㋑の液だけがヨウ素液と反応して青紫色になる。㋐と㋑で，微生物がいるかどうかという条件だけを変えているので，デンプンの消費が液中の微生物のはたらきであることがわかる。

❷ (1)生物量は，生産者が最も多く，一次消費者，二次消費者と少なくなっていく。

(2)自分で有機物をつくり出せるのは，植物だけである。

(3)一次消費者は生産者がつくった有機物を直接食べている。また，二次消費者は一次消費者を食べることで間接的に生産者のつくった有機物を消費している。

❸ (1)(2)Aはすべての生物が排出していて，植物が吸収しているので，二酸化炭素である。よって，㋐は光合成，㋑は呼吸である。また，青い矢印で表されているのは酸素の循環である。

(3)図で，不足しているのは，酸素がキノコに取りこまれる矢印である。すべての生物が呼吸をしている。

(4)菌類や細菌類などのように，主に生物の死がいなどから養分を得ていて，有機物を最終的に無機物にまで分解する生物を分解者という。

❹ (1)(2)生物量は，生産者が最も多く，一次消費者，

二次消費者と少なくなっていく。よって，Aがタカ，Bがネズミ，Cが植物の生物量を表している。
(3)Bの生物量が減ると，Aは食物が不足するので生物量が減る。また，Bの生物量が減ると，CはBに食べられる量が少なくなるので生物量が増える。
(4)(5)Aの生物量が減ると，BはAに食べられる量が少なくなる。また，Cの生物量が増えると，Bは食物が豊富になる。これらの結果，Bの生物量が増える。このように，自然界では一時的にある生物の生物量が変化しても，長い時間をかけて再びつり合いのとれた状態になる。

p.50~51 単元末総合問題

1 (1)㋒
(2)酢酸カーミン液(酢酸オルセイン液)
(3)染色体
(4)a→c→f→d→b→e
(5)大きくなること。

2 (1)減数分裂　(2)分離の法則
(3)㋓　(4)ウ

3 (1)顕性の形質　(2)①r　②Rr
(3)ア　(4)1：1

4 (1)「食べる・食べられる」という関係のつながり。
(2)㋐タカ　㋒バッタ
(3)ウ　(4)エ

解説

1 (1)根の先端付近では，細胞分裂がさかんに行われる。
(2)酢酸カーミン液や酢酸オルセイン液などの染色液を使用すると，核や染色体が染色されて，観察しやすくなる。
(4) 注意 細胞分裂の順を確認しておく。
(5)生物は，細胞分裂で細胞の数が増え，さらに増えた1つひとつの細胞が大きくなることによって成長する。

2 (1)(2)生殖細胞ができるとき，減数分裂が起こる。減数分裂では，親の細胞で対をなす染色体が分かれて別べつの生殖細胞に入るので，生殖細胞の染色体の数は，親の細胞の半分になる。
(3)減数分裂でできた2つの生殖細胞が受精して受精卵になることで，子の染色体の数は親と同じになる。
(4)雄の生殖細胞の遺伝子はすべてA，雌の生殖細胞の遺伝子はすべてaとなるので，これらが受精してできた子の遺伝子の組み合わせはすべてAaとなる。

3 (1)子に現れる形質を顕性の形質，子に現れない形質を潜性の形質という。
(2)子の遺伝子の組み合わせはすべてRrとなり，子の生殖細胞の遺伝子はRとrになることから考える。
(3)孫は，RR，Rr，Rr，rrの遺伝子の組み合わせになる。このとき，RR，Rrの遺伝子の組み合わせをもつ種子は丸粒になり，rrの遺伝子の組み合わせをもつ種子はしわ粒になる。よって，丸粒としわ粒は，3：1の数の比で現れるので，しわ粒の種子は，
6000〔個〕÷4＝1500〔個〕
(4)右の図のように，丸粒としわ粒の数の比は，1：1になる。

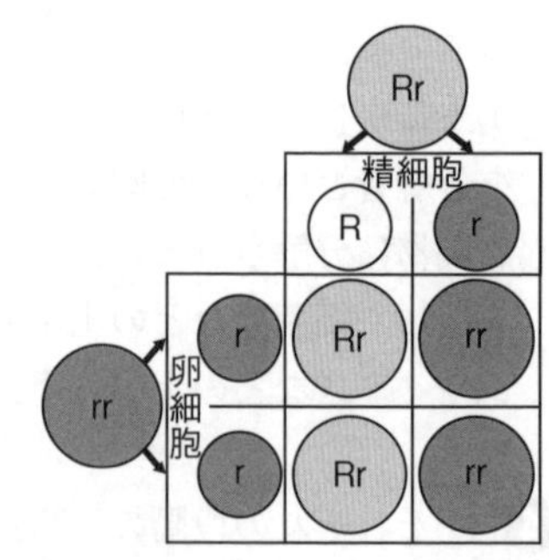

4 (4)㋒に食べられる量が少なくなる㋓の生物量が増える。

3－3 化学変化とイオン

第1章　水溶液とイオン

p.52～53　ステージ1

●**教科書の要点**

1 ①電解質　②非電解質　③原子核
④電子　⑤陽子　⑥中性子
⑦陽イオン　⑧陰イオン
⑨銅　⑩塩素

2 ①H^+　②塩化物イオン　③Cl^-
④電離　⑤H^+　⑥Cl^-　⑦Cu^{2+}
⑧Fe^{2+}　⑨水素　⑩塩素

●**教科書の図**

1 ①流れる　②電解質
③流れない　④非電解質

2 ①原子核　②電子　③＋　④－
⑤$H^+ + Cl^-$　⑥ナトリウムイオン
⑦$Na^+ + Cl^-$

p.54～55　ステージ2

1 (1)蒸留水　(2)イ，エ，オ　(3)流れない。
(4)電解質　(5)非電解質　(6)エ
(7)①電子　②溶質　③化学変化

2 (1)A…陽子　B…中性子　C…原子核
(2)ウ　(3)＋
(4)同じになっているから。
(5)同位体　(6)㋑

3 (1)ウ　(2)金属光沢が現れる。
(3)銅　(4)プールの消毒剤のようなにおい
(5)塩素　(6)消える。　(7)陰イオン

解説

1 (1)前に調べた水溶液が電極についていると，正しい結果を得られない。そのつど蒸留水で電極を洗ってから，次の水溶液に使用する。
(2)蒸留水や砂糖水，エタノール水溶液には，電流が流れない。
(3)～(5)塩化ナトリウムは，固体のままでは電流が流れないが，水溶液にすると電流が流れる。このように，水に溶けたときに電流が流れる物質を電解質という。水に溶けたときに電流が流れない物質は，非電解質という。
(7)①電流が流れるということは，電子が移動しているということである。
②塩化ナトリウム水溶液の溶質は塩化ナトリウム，溶媒は水である。

2 (1)～(4)右の図のように，原子の中心には＋の電気をもつ原子核がある。原子核は，＋の電気をもつ陽子と，電気をもたない中性子からなる。原子核のまわりには－の電気をもつ電子があり，陽子の数と電子の数が等しいので，原子全体としては電気を帯びていない。

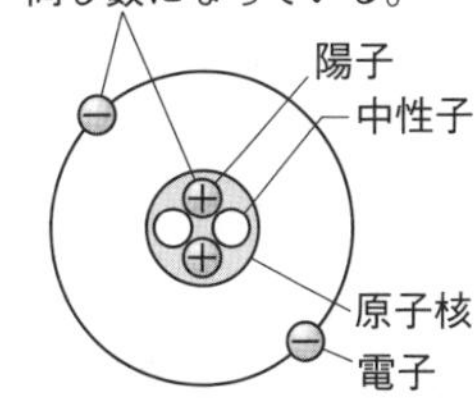

(6)下の図のように，原子が電子を放出すると，電子の数よりも陽子の数の方が多くなり，原子全体は＋の電気を帯びて陽イオンになる。逆に，原子が電子を受け取ると，陽子の数よりも電子の数の方が多くなり，原子全体は－の電気を帯びて陰イオンになる。

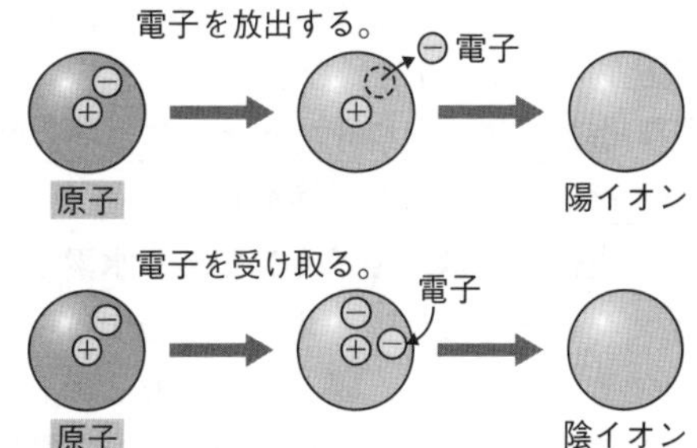

3 (1)～(3)こすると金属光沢が現れることから，金属であることがわかる。この物質は，赤色の銅である。
(4)～(6)プールの消毒剤のにおいがすることから塩素であることがわかる。塩素には漂白作用があるため，陽極付近の水溶液に赤インクをたらすと，赤インクの色が消える。
(7)＋の電気と－の電気はたがいに引き合うことから，塩素は，水溶液中では－の電気を帯びた陰イオンになっていて，陽極に引かれて現れたと考えられる。

p.56～57　ステージ2

1 (1)㋐水素イオン　㋑銅イオン
㋒塩化物イオン
(2)㋐，㋑
(3)㋐H^+　㋑Cu^{2+}　㋒Cl^-

2 (1)㋐塩化水素　㋑塩化ナトリウム
㋒塩化銅
(2)㋐水素(イオンと)塩化物(イオン)
㋑ナトリウム(イオンと)塩化物(イオン)
㋒銅(イオンと)塩化物(イオン)
(3)㋐$HCl \longrightarrow H^{+}+Cl^{-}$
㋑$NaCl \longrightarrow Na^{+}+Cl^{-}$
㋒$CuCl_2 \longrightarrow Cu^{2+}+2Cl^{-}$

3 (1)㋑　(2)H^{+}　(3)Cl^{-}
(4)①陰極　②水素　③陽極　④塩素
(5)$2HCl \longrightarrow H_2+Cl_2$

4 (1)陽イオン　(2)陰極　(3)ウ
(4)$CuCl_2 \longrightarrow Cu+Cl_2$

解説

1 ㋐水素原子は，電子を１個放出して，陽イオンの水素イオン(H^{+})になる。
㋑銅原子は，電子を２個放出して，陽イオンの銅イオン(Cu^{2+})になる。
㋒塩素原子は，電子を１個受け取って，陰イオンの塩化物イオン(Cl^{-})になる。
注意 塩素原子は，塩化物イオンになる。塩素イオンとはいわないことに注意する。

2 (2)㋐塩化水素は，陽イオンである水素イオンと陰イオンである塩化物イオンに電離する。
㋑塩化ナトリウムは，陽イオンであるナトリウムイオンと陰イオンである塩化物イオンに電離する。
㋒塩化銅は，陽イオンである銅イオンと陰イオンである塩化物イオンに電離する。
(3)㋒塩化銅($CuCl_2$)が電離するとき，銅原子が電子を２個放出して銅イオン(Cu^{2+})になる。また，塩素原子２個が電子を１個ずつ受け取って，塩化物イオン(Cl^{-})が２個できる。

3 (1)電源装置の＋極につないだ電極を陽極，電源装置の－極につないだ電極を陰極という。
(2)(3)塩酸には塩化水素(HCl)が溶けている。塩化水素は，水素イオン(H^{+})と塩化物イオン(Cl^{-})に電離する。
(4)同じ種類の電気はしりぞけ合い，異なる種類の電気は引き合う。このため，電極㋐(陰極)には陽イオンである水素イオンが引きつけられ，水素が発生する。また，電極㋑(陽極)には陰イオンである塩化物イオンが引きつけられ，塩素が発生する。

4 (1)(2)銅は電子を２個放出して銅イオンになる。水溶液中の銅イオンは陽イオンなので，陰極に引きつけられ，銅となって付着する。
(3)塩素には，赤インクの色を消す性質がある。アは水素の性質，イは二酸化炭素の性質である。
(4) **注意** 化学反応式と電離の式のちがいに注意する。
塩化銅水溶液の電気分解の化学反応式と塩化銅の電離の式は次の通り。
$CuCl_2 \longrightarrow Cu+Cl_2$…化学反応式
$CuCl_2 \longrightarrow Cu^{2+}+2Cl^{-}$…電離の式

p.58〜59　ステージ3

1 (1)水に溶けたときに電流が流れる物質。
(2)㋐，㋓，㋔　(3)㋐，㋓，㋔
(4)気体が発生する。
(5)電極を蒸留水で洗う。

2 (1)銅　(2)塩素　(3)陰イオン
(4)薬さじでこすると金属光沢が現れる。
(5)㋐塩素が発生する。　㋑銅が付着する。

3 (1)等しくなっている。　(2)電子
(3)塩化物イオン
(4)$NaCl \longrightarrow Na^{+}+Cl^{-}$
(5)銅イオン
(6)$CuCl_2 \longrightarrow Cu^{2+}+2Cl^{-}$
(7)ア　(8)しない。

4 (1)$FeCl_2 \longrightarrow Fe^{2+}+2Cl^{-}$
(2)塩素　(3)ある。　(4)鉄　(5)陽イオン
(6)$FeCl_2 \longrightarrow Fe+Cl_2$

解説

1 (1)(2)塩化ナトリウム，水酸化ナトリウム，塩化水素のように，水に溶けると電離して，水溶液に電流が流れる物質を電解質という。砂糖やエタノールのように，水に溶けたときに電離せず，水溶液に電流が流れない物質を非電解質という。
(4)塩化ナトリウム，水酸化ナトリウム，塩化水素の水溶液では，電極付近で気体が発生する。砂糖とエタノールの水溶液では，変化が見られない。
(5)電極を洗って，前に調べた水溶液の影響が出ないようにする。

2 (1)電極㋐は，電源装置の－極につないでいるので，陰極である。塩化銅水溶液の電気分解では，陰極に銅が付着する。
(2)電極㋑は，電源装置の＋極につないでいるので，

陽極である。塩化銅水溶液の電気分解では，陽極で塩素が発生する。

(5)電源装置の＋極と－極をつなぎ変えると，電極㋐が陽極，電極㋑が陰極になる。銅は陰極(電極㋑)に付着し，塩素は陽極(電極㋐)で発生する。

3 (1)陽子１個がもつ＋の電気の量と，電子１個がもつ－の電気の量は等しい。また，原子の中の陽子と電子の数は等しい。その結果，原子全体として＋と－の電気の量は等しく，電気を帯びていない状態になっている。

(3)(4)塩化ナトリウムは，水に溶けると陽イオンのナトリウムイオン(Na^+)と陰イオンの塩化物イオン(Cl^-)に電離する。

(5)～(7)塩化銅($CuCl_2$)は，水に溶けると銅イオン(Cu^{2+})と塩化物イオン(Cl^-)に電離する。このとき，銅イオン１個に対し，塩化物イオンは２個できる。

(8)非電解質は，水に溶けたときに電離せず，電流が流れない。

4 (1)塩化鉄($FeCl_2$)は，水に溶けると陽イオンの鉄イオン(Fe^{2+})と陰イオンの塩化物イオン(Cl^-)に電離する。

(2)(3)陽極には，陰イオンである塩化物イオンが引きつけられ，においのある塩素が発生する。

(4)(5)陰極には，陽イオンである鉄イオンが引きつけられ，鉄が付着する。

第２章　酸・アルカリとイオン

p.60～61　ステージ1

●教科書の要点

1 ①酸　②アルカリ　③pH
④酸性　⑤中性　⑥アルカリ性
⑦赤色　⑧黄色　⑨水素　⑩青色
⑪青色　⑫赤色　⑬水素　⑭水酸化物

2 ①中和　②水　③酸性　④アルカリ性
⑤塩　⑥溶けやすい　⑦溶けにくい

●教科書の図

1 ①赤色　②青色　③赤色　④青色
⑤黄色　⑥緑色　⑦赤色

2 ①酸性　②中性　③アルカリ性

p.62～63　ステージ2

1 (1)水酸化ナトリウム水溶液
(2)アルカリ性　(3)塩酸
(4)酸性　(5)塩化ナトリウム水溶液
(6)青色　(7)黄色
(8)水酸化ナトリウム水溶液
(9)塩酸　(10)ア
(11)水素　(12)塩酸

2 (1)$HCl \longrightarrow H^+ + Cl^-$
(2)㋒　(3)＋　(4)水素イオン
(5)水素イオン　(6)酸　(7)硫酸

3 (1)$NaOH \longrightarrow Na^+ + OH^-$
(2)㋑　(3)－　(4)水酸化物イオン
(5)水酸化物イオン　(6)アルカリ
(7)水酸化カリウム水溶液

解説

1 塩酸は酸性の水溶液である。酸性の水溶液は，青色リトマス紙を赤色に変化させる。また，緑色のBTB溶液を黄色に変化させる。酸性の水溶液にマグネシウムを入れると，水素が発生する。

水酸化ナトリウム水溶液はアルカリ性の水溶液である。アルカリ性の水溶液は，赤色リトマス紙を青色に変化させる。また，緑色のBTB溶液を青色に，フェノールフタレイン溶液を赤色に変化させる。

塩化ナトリウム水溶液は中性の水溶液である。中性の水溶液は，赤色リトマス紙の色も，青色リトマス紙の色も変化させない。

(12)pHが７のときは中性，７より小さいときは酸性，７より大きいときはアルカリ性である。

2 (1)塩化水素(HCl)は，水素イオン(H^+)と塩化物イオン(Cl^-)に電離する。

(2)(3)電圧をかけると，青色リトマス紙の陰極側が赤色に変化する。異なる種類の電気は引き合うことから，酸性を示す物質は＋の電気を帯びていて，陰極側に引きつけられたと考えられる。

(4)(5)塩酸中で＋の電気を帯びているのは，陽イオンである水素イオンである。したがって，水素イオンが陰極に引きつけられて，青色リトマス紙を赤色に変化させたと考えられる。

(6)塩化水素のように，電離して水素イオンを生じる化合物を酸という。酸の水溶液は酸性を示す。

(7)硫酸も電離して水素イオンを生じるため，水溶液は酸性を示す。

❸ (1)水酸化ナトリウム(NaOH)は，ナトリウムイオン(Na^{+})と水酸化物イオン(OH^{-})に電離する。

(2)(3)電圧をかけると，赤色リトマス紙の陽極側が青色に変化する。異なる種類の電気は引き合うことから，アルカリ性を示す物質は－の電気を帯びていて，陽極側に引きつけられたと考えられる。

(4)(5)水酸化ナトリウム水溶液中で－の電気を帯びているのは，陰イオンである水酸化物イオンである。したがって，水酸化物イオンが陽極に引きつけられて，赤色リトマス紙を青色に変化させたと考えられる。

(6)水酸化ナトリウムのように，電離して水酸化物イオンを生じる化合物をアルカリという。アルカリの水溶液はアルカリ性を示す。

(7)水酸化カリウムも電離して水酸化物イオンを生じるため，水溶液はアルカリ性を示す。

p.64~65 ステージ2

❶ (1)酸　(2)アルカリ性　(3)水素イオン
(4)水酸化物イオン
(5)① $2H^{+}+SO_4^{2-}$
② $H^{+}+NO_3^{-}$
③ $K^{+}+OH^{-}$

❷ (1)黄色　(2)中性
(3)青色　(4)㋒

❸ (1)㋐水酸化物イオン　㋑水素イオン
㋒水分子
(2)中和　(3)$H^{+}+OH^{-} \longrightarrow H_2O$
(4)NaCl　(5)塩　(6)起こらない。
(7)イ　(8)硫酸バリウム

解説

❶ ㋐のように，酸性の水溶液には共通して水素イオンがふくまれている。また，㋑のように，アルカリ性の水溶液には共通して水酸化物イオンがふくまれている。

❷ (1)~(3)BTB溶液を用いると，水溶液の性質を調べることができる。中性の水溶液では緑色になり，酸性が強いほど濃い黄色に，アルカリ性が強いほど濃い青色になる。塩酸は酸性を示すので，BTB溶液を加えると黄色になる。塩酸に水酸化ナトリウム水溶液を混ぜ合わせて中性にすると，緑色になる。さらに水酸化ナトリウム水溶液を加えると，水溶液はアルカリ性になるため，青色になる。

(4)塩酸と水酸化ナトリウム水溶液を混ぜ合わせて中性にしたとき，水溶液の水を蒸発させると，塩化ナトリウムの結晶が残る。

❸ (1)㋐は水酸化ナトリウム水溶液中の陰イオンなので，水酸化物イオンである。㋑は塩酸中の陽イオンなので，水素イオンである。㋒は，水素イオンと水酸化物イオンが結びついてできた水分子である。

(2)~(5)水素イオンと水酸化物イオンが結びついて水ができる化学変化を中和という。中和が起こるとき，酸の陰イオンとアルカリの陽イオンが結びついた塩もできている。

(6)中性の水溶液には水素イオンがないため，水酸化ナトリウム水溶液を加えても中和が起こらない。

(7)(8)硫酸バリウムという塩ができる。硫酸バリウムは水に溶けにくいので，沈殿となる。この中和を化学反応式で表すと次のようになる。

$H_2SO_4+Ba(OH)_2 \longrightarrow BaSO_4+2H_2O$

p.66~67 ステージ3

❶ (1)酸性
(2)フェノールフタレイン溶液
(3)赤色リトマス紙を青色に変化させる。
(4)アルカリ性　(5)㋐
(6)㋐塩酸　㋒塩化ナトリウム水溶液

❷ (1)エ　(2)水素イオン　(3)水酸化物イオン
(4)電離して水酸化物イオンを生じる化合物。

❸ (1)酸性　(2)ア，イ，ウ　(3)起こった。
(4)中性　(5)イ，ウ　(6)起こった。
(7)イ，ウ　(8)塩　(9)アルカリ性
(10)㋒　(11)起こらなかった。
(12)ア，エ

解説

❶ (1)緑色のBTB溶液が黄色に変化したことから，㋐は酸性の水溶液である。よって，㋐は塩酸である。

(2)(3)アルカリ性の水溶液にフェノールフタレイン溶液を加えると赤色になる。また，アルカリ性の水溶液は赤色リトマス紙を青色に変える。㋑はアルカリ性の水溶液なので，水酸化ナトリウム水溶液である。

(5)酸性の水溶液にマグネシウムを入れると，水素が発生する。

2 (1)(2)酸性を示す水素イオン(H^+)は陽イオンなので，陰極に引きつけられる。このため，青色リトマス紙の陰極側が赤色になる。

(3)アルカリ性を示す水酸化物イオン(OH^-)は陰イオンなので，陽極に引きつけられる。このため，赤色リトマス紙の陽極側が青色になる。

3 (1)BTB溶液は，酸性で黄色を示す。

(2)(3)水酸化ナトリウム水溶液中の水酸化物イオンと塩酸中の水素イオンの一部が結びつき，水になっている。つまり，中和が起こっている。水溶液中には水素イオンの残りがある。また，塩酸中の塩化物イオン，水酸化ナトリウム水溶液中のナトリウムイオンも水溶液中にある。

(5)(6)水酸化ナトリウム水溶液中の水酸化物イオンと塩酸中の水素イオンがすべて結びつき，水になっている。つまり，中和が起こっている。中性になっているので，水溶液中には水素イオンも水酸化物イオンも残っていない。このとき，塩酸中にふくまれていた塩化物イオンと水酸化ナトリウム水溶液中にふくまれていたナトリウムイオンが水溶液中にある。

(7)(8)塩化物イオン(酸の陰イオン)とナトリウムイオン(アルカリの陽イオン)が結びついて，塩化ナトリウム(塩)ができる。

(9)(10)水溶液がアルカリ性になっているとき，水溶液中には水酸化物イオンがあり，水素イオンはない。

(11)水酸化物イオンは水素イオンと結びつかずに残る。このとき，中和は起こっていない。

(12)水素イオン(酸の陽イオン)と水酸化物イオン(アルカリの陰イオン)が結びついて水ができる化学変化を中和という。

第3章　電池とイオン

p.68〜69　ステージ1

●教科書の要点

1 ①銅　②電子　③陽イオン　④電子

2 ①化学電池　②－　③＋　④電子
⑤亜鉛イオン　⑥電子　⑦銅イオン　⑧電子

3 ①一次電池　②電気　③燃料電池

●教科書の図

1 ①鉄　②銅イオン　③銅　④鉄　⑤銅

2 ①電子　②銅　③－極　④＋極

3 ①化学　②電気

p.70〜71　ステージ2

1 (1)引きつけられる。　(2)鉄
(3)マグネシウム　(4)ウ　(5)銅
(6)マグネシウム　(7)ウ　(8)銅　(9)鉄

2 (1)エ　(2)ウ　(3)㋑　(4)亜鉛

3 (1)イ　(2)燃料電池
(3)$2H_2+O_2 \longrightarrow 2H_2O$

解説

1 (1)(2)マグネシウムリボンには鉄が付着するため，磁石に引きつけられる。

(3)マグネシウムがマグネシウムイオンになって溶け，鉄イオンが鉄原子になって付着したことから，マグネシウムは鉄よりもイオンになりやすいことがわかる。

(4)〜(6)マグネシウムがマグネシウムイオンになって溶け，銅イオンが銅原子になって付着したことから，マグネシウムは銅よりもイオンになりやすいことがわかる。

(7)〜(9)鉄が鉄イオンになって溶け，銅イオンが銅原子になって付着したことから，鉄は銅よりもイオンになりやすいことがわかる。

2 亜鉛の電極の表面では，亜鉛原子が電子を２個放出して亜鉛イオンになって溶け出す。電子は亜鉛の電極から導線を通って銅の電極に移動する。銅の電極の表面では銅イオンが電子を２個受け取って銅原子になり，付着する。このような装置をダニエル電池という。このとき，銅の電極が＋極になり，亜鉛の電極が－極になる。

3 (1)(2)水を電気分解したあと，電子オルゴールにつなぐと，電気分解とは逆の化学変化が起き，電気エネルギーを取り出すことができる。このように，水素と酸素の化学変化によって電気エネルギーを取り出す装置を燃料電池という。燃料電池では，水素と酸素が結びついて水ができる。

p.72〜73　ステージ3

1 (1)鉄原子　(2)電子　(3)銅イオン
(4)銅　(5)鉄

❷ (1)亜鉛原子が電子を２個放出して亜鉛イオンになっている。
(2)銅イオンが電子を２個受け取って銅原子になっている。
(3)㋑　(4)銅の電極　(5)化学エネルギー

❸ (1)①使い切りの電池。
②くり返し充電して使う電池。
(2)図１
(3)図１…マンガン乾電池
図２…鉛蓄電池

❹ (1)㋐水素　㋑酸素
(2)電気エネルギーが化学エネルギーに移り変わった。
(3)イ
(4)水素と酸素の化学変化によって電流を取り出す装置。

解説

❶ 塩化銅水溶液に鉄板を入れると，次の図のようなことが起こる。

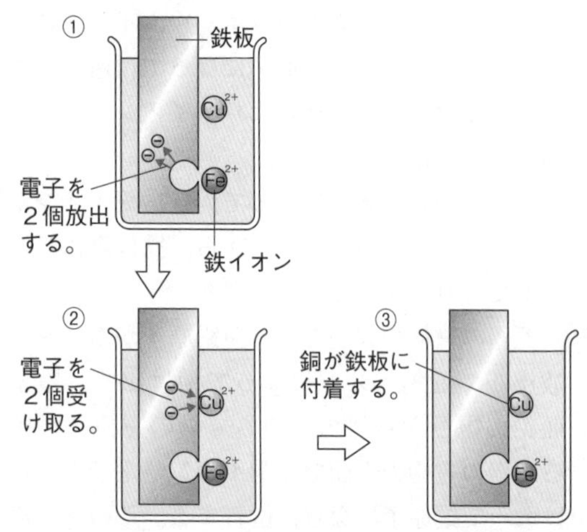

①鉄板の鉄原子が，電子を２個放出して鉄イオンになり，塩化銅水溶液の中に溶け出す。
②鉄板の中に残された電子２個を，塩化銅水溶液中にある銅イオンが受け取り，銅原子になる。
③銅原子が鉄板に付着する。
これらのことから，銅よりも鉄の方がイオンになりやすいことがわかる。

❷ (1)亜鉛の電極の表面では，亜鉛原子が電子２個を放出して亜鉛イオンとなり，硫酸亜鉛水溶液中に溶け出している。放出された電子は，導線を通って銅の電極に向かう。
(2)銅の電極の表面では，硫酸銅水溶液中の銅イオンが導線を通って移動してきた電子２個を受け取って銅原子となり，電極に付着する。
(3)(4)亜鉛の電極から銅の電極に向かって電子が移動することから，亜鉛の電極が－極，銅の電極が＋極になる。図にまとめると，次のようになる。

ダニエル電池の原理

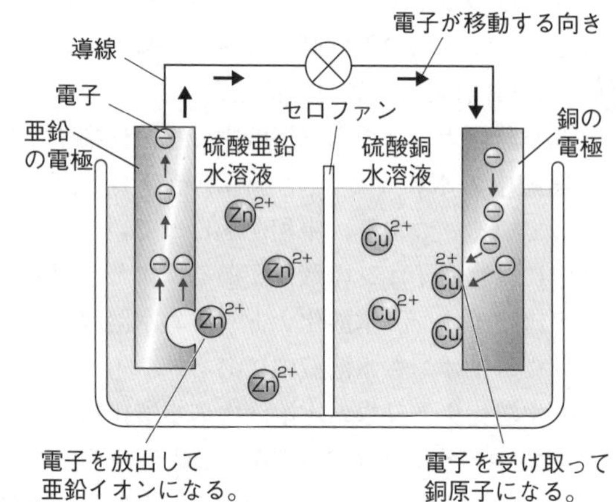

❸ (1)(2)マンガン乾電池やアルカリ乾電池は，電流を取り出すにつれて電池としてのはたらきが弱くなり，充電することができない。このような使い切りの電池を一次電池という。一方，鉛蓄電池やニッケル水素電池は，電池としてのはたらきが弱くなっても，充電すると，再び電池として使えるようになる。このように，くり返し充電して使う電池を二次電池という。
(3)マンガン乾電池は，懐中電灯やリモコンなどに使われる。鉛蓄電池は，自動車などに利用されている。

❹ (1)(2)水の電気分解では，陰極から水素が，陽極から酸素が発生する。このとき，電気エネルギーが水素と酸素の化学エネルギーに変換されている。
(3)電気分解をした直後に電子オルゴールにつなぐと，電子オルゴールが鳴る。これは，水素と酸素のもつ化学エネルギーが電気エネルギーに変換されて，電流が流れたからである。しかし，水素と酸素がすべて反応すると，電気エネルギーに変換する化学エネルギーがなくなり，電流は流れなくなる。その結果，電子オルゴールは鳴らなくなる。

p.74~75 単元末総合問題

❶ (1)陽極
(2)$CuCl_2 \longrightarrow Cu^{2+} + 2Cl^-$

(3)ウ　(4)塩素　(5)銅
(6)$CuCl_2 \longrightarrow Cu + Cl_2$

2 (1)㋒　(2)水素イオン
(3)㋑　(4)水酸化物イオン　(5)ア

3 (1)黄色　(2)イ
(3)Na^+, Cl^-
(4)塩化ナトリウム　(5)中和　(6)H_2O

4 (1)イ　(2)イ　(3)ウ
(4)㋑　(5)亜鉛の電極

解説

1 (2)塩化銅($CuCl_2$)は，銅イオン(Cu^{2+})と塩化物イオン(Cl^-)に電離する。電離の式に表すときは，$\longrightarrow$の右側で，陽イオンの＋の数と陰イオンの－の数が等しいか確かめる。また，$\longrightarrow$の左右で，原子とイオンの数が等しいか確かめる。

(3)(4)陽極で発生する塩素は，プールの消毒剤のようなにおいがし，インクの色を消す性質(漂白(ひょうはく)作用)がある。

(5)陰極には，赤色の銅が付着する。

(6)塩化銅水溶液を電気分解すると，銅(Cu)と塩素(Cl_2)ができる。

2 (1)(2)酸性を示す水素イオン(H^+)は陽イオンなので，電圧をかけると陰極に引きつけられる。このため，青色リトマス紙の陰極側(㋒)が赤色になる。

(3)(4)アルカリ性を示す水酸化物イオン(OH^-)は陰イオンなので，電圧をかけると陽極に引きつけられる。このため，赤色リトマス紙の陽極側(㋑)が青色になる。

3 (1)BTB溶液は酸性で黄色，中性で緑色，アルカリ性で青色を示す試薬である。塩酸は酸性なので，BTB溶液を加えると黄色になる。

(2)pHの値が７より小さいほど酸性が強いことを表し，７より大きいほどアルカリ性が強いことを表す。また，７のときは中性である。

(3)中性になっているので，水溶液中には水素イオン(H^+)と水酸化物イオン(OH^-)はない。水溶液中には，塩酸中にあった塩化物イオン(Cl^-)と水酸化ナトリウム水溶液中にあったナトリウムイオン(Na^+)がある。

(5)(6)酸性の水溶液とアルカリ性の水溶液がたがいの性質を打ち消し合う反応を中和という。このとき，水素イオンと水酸化物イオンが結びついて水ができる。

4 (1)～(3)図のような装置をダニエル電池という。亜鉛の電極の表面では，亜鉛原子(Zn)が電子２個を放出して亜鉛イオン(Zn^{2+})になり，水溶液中に溶け出す。亜鉛の電極に放出された電子は導線を通って銅の電極へ移動する。銅の電極の表面では，移動してきた電子２個を硫酸銅水溶液中にある銅イオン(Cu^{2+})が受け取り，銅原子(Cu)となって付着する。

(4)電子が移動する向きは，亜鉛の電極から銅の電極に向かう向きなので，㋑である。

(5)電子は－極から出て＋極に向かうので，亜鉛の電極が－極である。

3－4 地球と宇宙

第1章　太陽系と宇宙の広がり

p.76～77　ステージ1

●教科書の要点

❶ ①天体　②太陽系　③惑星　④公転
⑤地球型惑星　⑥木星型惑星　⑦衛星
⑧地球　⑨恒星　⑩プロミネンス
⑪コロナ　⑫黒点　⑬自転
⑭エネルギー

❷ ①恒星　②銀河　③天の川銀河

●教科書の図

1 ①プロミネンス　②6000
③黒点　④球形

2 ①銀河　②天の川銀河
③太陽系　④地球

p.78～79　ステージ2

❶ (1)太陽系
(2)㋐水星　㋑金星　㋒火星
㋓土星　㋔海王星
(3)地球型惑星
(4)赤道半径が小さく，平均密度が大きい。
(5)木星型惑星
(6)赤道半径が大きく，平均密度が小さい。
(7)公転
(8)①金星　②木星　③水星　④地球

❷ (1)衛星　(2)イ　(3)ウ　(4)クレーター
(5)イ　(6)ガニメデ

❸ (1)イ　(2)イ，ウ

解説

❶ (2)太陽系の惑星は，太陽に近いものから順に，水星，金星，地球，火星，木星，土星，天王星，海王星である。

(3)(4)太陽に近い，水星，金星，地球，火星の４つの惑星を地球型惑星という。地球型惑星は，赤道半径や質量は比較的小さいが，平均密度の大きい惑星である。

(5)(6)太陽から遠い，木星，土星，天王星，海王星の４つの惑星を木星型惑星という。木星型惑星は，赤道半径や質量は比較的大きいが，平均密度の小さい惑星である。

(7)惑星は，太陽のまわりを公転している。その周期を公転周期といい，地球は太陽のまわりを１回公転するのに１年かかる。

(8)①～③表から読み取ることもできる。

④地球は，さまざまな環境が整っているため，生物が生存できる。

❷ (2)月は地球から最も近い天体である。

(3)月は約1か月をかけて地球のまわりを公転している。そのため，月が満ち欠けしてもとの形になるまで約１か月かかる。

(4)(5)月の表面は岩石でできていて，クレーターとよばれる隕石が衝突したあとが多数見られる。表面の黒っぽい部分は有色鉱物を多くふくみ，白っぽい部分は無色鉱物を多くふくむ。

(6)ガニメデは木星の衛星で，太陽系で最も大きな衛星である。

❸ (1)小惑星は，主として火星と木星の軌道の間で太陽のまわりを公転している小さな天体である。小惑星は主に岩石でできている。

(2)すい星は，主に氷でできていて，太陽に近づくと尾を伸ばす天体である。すい星の多くは，太陽の近くを通る細長いだ円形の公転軌道をもっている。

p.80～81　ステージ2

❶ (1)A…エ　B…ウ
(2)イ　(3)黒点　(4)㋐
(5)自転　(6)ウ　(7)球形

❷ (1)コロナ　(2)プロミネンス(紅炎)
(3)ウ　(4)イ　(5)ウ

❸ (1)天の川銀河(銀河系)　(2)エ
(3)ウ　(4)銀河

解説

❶ (1)太陽に向けた天体望遠鏡の接眼レンズやファインダーを絶対に直接のぞいてはいけない。失明する危険がある。必ずしゃ光板を取りつけ，太陽投影板に投影して観測する。

(4)太陽の像は投影されているため，裏返しにうつる。記録用紙にかいた円から黒点がずれていく方向を西として，黒点の位置や形を記録する。

(5)(6)黒点の位置は，日がたつと移動していく。これは，太陽が自転しているからである。太陽は，約25日かけて１回自転している。

(7)次の図のように，黒点は，周縁部にくるとつぶれて見える。これは，太陽が球形をしているからである。

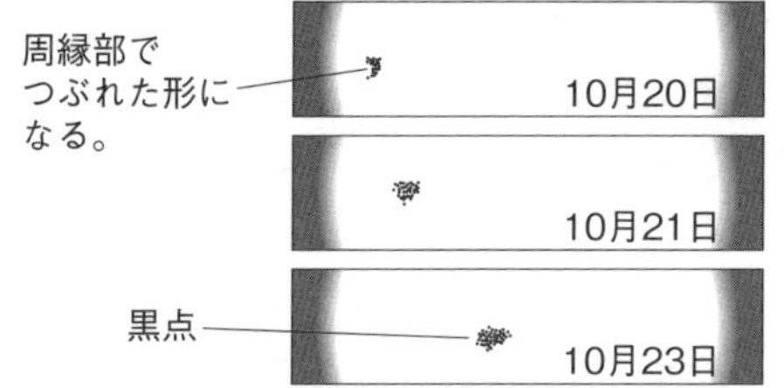

❷ (1)コロナは，太陽を取りまくガスの層で，淡くかがやいて見える。コロナの温度は100万℃以上である。

(2)プロミネンスは紅炎ともいい，約１万℃の濃いガスである。プロミネンスは，太陽表面から噴き出した炎のような形で出現する。

(3)黒点が黒く見えるのは，まわりより温度が低いからである。太陽の表面は約6000℃なのに対し，黒点の温度は約4000℃である。

(4)太陽の直径は約140万kmで，地球の約109倍である。

❸ 宇宙には，恒星や星雲からできた銀河とよばれる集団が無数にある。銀河のうち，太陽系をふくむものを天の川銀河(銀河系)という。天の川銀河は，約2000億個の恒星からなり，うずを巻いた円盤状をしている。

p.82~83 ステージ3

❶ (1)太陽のまわりをまわっている大きな天体。
(2)木星　(3)水星　(4)ア，イ
(5)水星，金星，地球，火星
(6)木星，土星，天王星，海王星

❷ (1)惑星などのまわりを公転している天体。
(2)球形　(3)黒っぽい部分　(4)エ
(5)小惑星　(6)すい星　(7)太陽系外縁天体(がいえんてんたい)

❸ (1)黒点
(2)周囲よりも温度が低いから。
(3)ア　(4)球形
(5)月より太陽の方が遠くにあるから。
(6)恒星

❹ (1)ウ　(2)天の川銀河(銀河系)
(3)うずを巻いた円盤状　(4)イ
(5)光が１年間に進む距離。

解説

❶ (4)~(6)惑星のうち，水星，金星，地球，火星を地球型惑星，木星，土星，天王星，海王星を木星型惑星という。地球型惑星は木星型惑星よりも質量が小さく，密度が大きい。

❷ (1)惑星などのまわりを公転する天体を衛星という。月は地球の衛星である。

(4)土星のタイタン，木星のイオ，エウロパ，ガニメデ，カリストなど，多くの衛星がある。

(5)太陽系の天体には，惑星や衛星のように大きなものだけでなく，小さな天体もたくさんある。主に火星と木星の軌道の間で太陽のまわりを公転する小さな天体は，小惑星とよばれる。

(6)すい星は，主に氷でできていて，細長いだ円形の公転軌道をもつ。太陽に近づいて氷がとけるときにふきとばされるガスやちりが，尾となって見えることがある。

(7)海王星の軌道の外側にある天体を太陽系外縁天体という。冥王星などがこれにあたる。

❸ (1)太陽の表面の温度は約6000℃で，黒点は約4000℃である。周囲よりも温度が低く，かがやきが弱いため，暗く見える。

(5)地球からの距離は月より太陽の方が約400倍離れていて，直径は月より太陽の方が約400倍大きい。このため，地球から見ると太陽と月は，ほぼ同じ大きさに見える。

❹ (5)光が1年間に進む距離(約9兆4600億km)を１光年といい，恒星までの距離の単位などに用いられる。

第２章　太陽や星の見かけの動き(1)

p.84~85 ステージ1

●教科書の要点

❶ ①公転　②地軸　③自転　④方位
⑤北　⑥天球

❷ ①日周運動　②南中　③南中高度
④西　⑤自転　⑥夏至　⑦冬至
⑧北　⑨南　⑩公転

●教科書の図

1 ①夏　②冬　③地軸
④多い　⑤長い　⑥短い

2 ①夏至　②春分・秋分　③冬至　④南中

⑤日の入り

p.86〜87 ステージ2

❶ (1)点P(円の中心)　(2)太陽
(3)南　(4)イ　(5)日の入りの方位
(6)一定になっている。

❷ (1)南中　(2)南中高度　(3)日周運動
(4)①自転　②東　③西

❸ (1)㋑
(2)最も長い日…㋑　最も短い日…㋓
(3)2回　(4)①公転面　②公転

❹ (1)A…東　B…北　C…西　D…南
(2)㋒　(3)㋐
(4)秋分の日…㋑　夏至の日…㋐
(5)㋐　(6)白夜

解説

❶ (1)(2)透明半球は，天球のモデルを表している。透明半球に太陽の位置を記録するとき，油性ペンの先端の影を円の中心(点P)に合わせて印をつける。この印は，半球の中心(点P)に観測者がいると考えたときの，観測者から見た太陽の位置と一致する。
(3)(4)太陽は,東から昇り,南の空を通って西に沈む。この動きを，太陽の日周運動という。太陽の日周運動では，太陽が真南の方向にきたときに，太陽の高度が最も高くなる。また，太陽が最も高くなる時刻は12時ごろである。
(5)透明半球につけた印を結んだ曲線は，日の出から日の入りまでの太陽の動きを表している。この曲線が厚紙と交わる2点はそれぞれ日の出と日の入りの方位を表していて，図3の点Aは日の入りの方位を表している。
(6)透明半球上で1時間ごとの太陽の動く距離(印の間隔)は，一定になっている。つまり，太陽はいつも一定の速さで動いている。これは，地球が一定の速さで自転しているからである。

❷ (1)(2)太陽が真南にきたときを南中したといい，南中したときの高度を南中高度という。
(4)地球が西から東へ自転することで，太陽は東から西へ動いて見える。

❸ 夏至の日は，南中高度が1年で最も高く，昼の長さが1年で最も長い。一方，冬至の日は，南中高度が1年で最も低く，昼の長さが1年で最も短い。また，春分の日と秋分の日は，昼と夜の長さがほぼ同じになる。

❹ (1)太陽が最も高くなるDの方位が南である。
(2)〜(4)㋐は夏至の日の道すじである。日の出の位置は真東よりも北よりで，日の入りの位置は真西よりも北よりになっている。また，南中高度が最も高い。㋑は春分・秋分の日の道すじである。日の出の位置は真東で，日の入りの位置は真西になっている。㋒は冬至の日の道すじである。日の出の位置は真東よりも南よりで，日の入りの位置は真西よりも南よりになっている。また，南中高度が最も低い。
(5)地軸が太陽の方に傾いていて，夜よりも昼の時間の方が長く，南中高度も高いことから，夏のようすだとわかる。

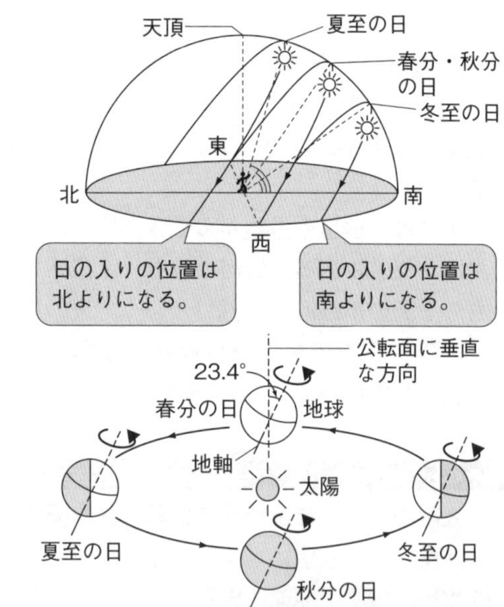

(6)北緯66.6°以北の北極圏(けん)，南緯66.6°以南の南極圏では，1日中太陽が沈まない時期がある。この現象を白夜という。

p.88〜89 ステージ3

❶ (1)地軸　(2)ア　(3)子午線　(4)天球

❷ (1)㋔　(2)北…㋐　西…㋑
(3)南　(4)南中　(5)南中高度
(6)東から西
(7)地球が西から東の方向に自転しているから。
(8)一定になっている。

❸ (1)㋒　(2)㋒　(3)夜の長さ
(4)地面が1日に受ける太陽からのエネルギー

が少なくなるから。
(5)地球が，地軸を公転面に垂直な方向から傾けたまま公転しているから。

4 (1)A　(2)C
(3)A…夏　B…秋　C…冬　D…春
(4)冬

解説

1 地球は地軸を中心に，1日に1回自転している。地軸は，地球の公転面に対して垂直な方向から23.4°傾いている。

2 (1)透明半球の中心㋔に観測者がいると考える。太陽と㋔を結ぶ線と透明半球の交わる点に印をつけると，㋔から見た印の位置は，観測者から見た太陽の位置と一致する。
(2)太陽が最も高くなるのは南の空なので，㋒が南である。
(4)(5)太陽が真南の空にきたとき，南中したといい，南中したときの高度を南中高度という。南中高度は∠㋕㋔㋒で表される。
(6)(7)太陽は東から昇って，南の空を通り，西に沈むように見える。この動きは地球が西から東へ自転していることによるものである。
(8)地球は一定の速さで自転しているので，太陽の日周運動の速さも一定である。

3 (1)～(3)冬至の日は，日の出の位置は真東よりも南よりで，日の入りの位置は真西よりも南よりになる。また，南中高度が最も低く，昼の長さが最も短くなる。
(4)(5)地球は，地軸を公転面に垂直な方向から約23.4°傾けたまま公転している。そのため，冬は夏に比べて太陽の南中高度が低く，昼の長さが短くなる。その結果，地面が1日に受ける太陽からのエネルギーが最も少なくなり，寒くなる。

4 (1)日本では，地球がAの位置にあるとき(夏)に南中高度が最も高くなる。
(2)日本では，地球がCの位置にあるとき(冬)に南中高度が最も低く，一定の面積の地平面に入る太陽の光の量が少ない。
(4)南半球にあるオーストラリアでは，北半球にある日本とは季節が逆になっている。地球がAの位置にあるとき，オーストラリアでは太陽の高度が最も低くなり，昼の長さが最も短くなる。

第2章　太陽や星の見かけの動き(2)
第3章　天体の満ち欠け

p.90～91　ステージ1

●教科書の要点

1 ①東　②日周運動　③自転
④年周運動　⑤黄道　⑥公転

2 ①満ち欠け　②公転　③日食　④月食

3 ①明けの明星　②よいの明星　③大きく

●教科書の図

1 ①秋分　②黄道

2 ①西　②よいの明星　③東　④明けの明星

p.92～93　ステージ2

1 (1)㋐西　㋑北　㋒東　㋓南
(2)天の北極(北極星)
(3)㋐B　㋑A　㋒B　㋓B
(4)日周運動　(5)b　(6)d

2 (1)しし座　(2)みずがめ座
(3)秋(の位置)　(4)しし座　(5)黄道

3 (1)図1　(2)㋒　(3)午後6時ごろ
(4)公転

解説

1 (1)～(3)㋐は西の空の星の動きで，南の高いところから西へ沈むように，右下の方向に動いて見える。㋑は北の空の星の動きで，天の北極(北極星付近)を中心に，反時計回りに回転して見える。㋒は東の空の星の動きで，東から南の高いところへ昇っていくように，右上に動いて見える。㋓は南の空の星の動きで，東側から西側へ，右向きに動いて見える。
(4)星の動く方向は方位によって異なるが，天球全体としては地軸を延長した軸を中心として，東から西に1日に1回転して見える。これを，星の日周運動という。星の日周運動は，太陽の日周運動と似ている。
(5)(6)星が東から西に日周運動をして見えるのは，地球が西から東に1日に1回自転しているためである。

2 (1)次の図のように，夜に南の空に見られる星座は，太陽と反対の方向にある星座である。春の位置にすわったとき，太陽と反対の方向にある星座は，しし座である。

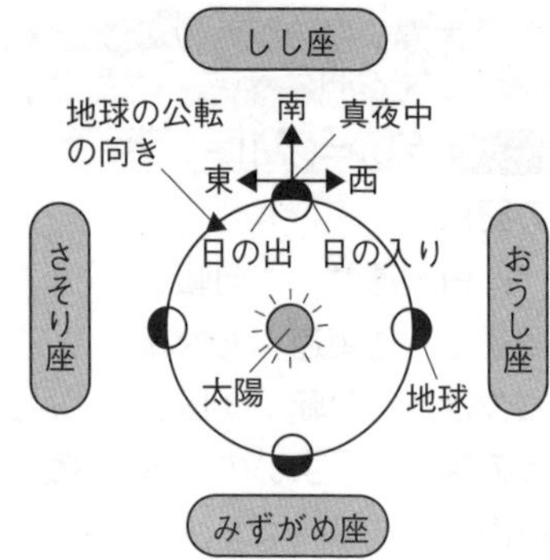

(2)春の位置にすわったとき，太陽の方向にある星座はみずがめ座である。

(3)太陽と反対の方向にみずがめ座があるのは，秋の位置にすわったときである。

(4)一日中見ることができないのは，太陽の方向にある星座である。秋の位置にすわったとき，太陽の方向にある星座はしし座である。

3 (1)図1のさそり座は，夏に見られる代表的な星座である。図2のオリオン座は，冬に見られる代表的な星座である。

(2)星の年周運動では，1年(12か月)で360°移動する。よって，1か月では30°東から西に移動して見える。つまり，1か月後の同じ時刻には，㋑よりも約30°西の㋒の位置に見える。

(3)年周運動のため，1か月後の午後8時には，図2の位置よりも30°西の位置に見える。星の日周運動では，1日(24時間)で360°移動する。よって，1時間では15°東から西に移動して見える。つまり，午後8時に30°西の位置に見られるということは，図2の位置に見えるのは2時間前の午後6時ごろである。

p.94~95 ステージ2

1 (1)東　(2)ウ　(3)㋖　(4)公転

2 (1)日食　(2)①皆既日食　②金環日食

(3)月食　(4)㋐新月　㋑満月　(5)新月

3 (1)①東　②西　(2)㋑　(3)大きくなる。

(4)㋓　(5)㋐い　㋑う　㋒あ

(6)①㋐　②㋓

4 (1)イ，エ，オ　(2)ある。

(3)火星は地球より外側を公転しているから。

解説

1 (1)日没直後の月の位置は，日がたつにつれて西から東に移り変わっていき，形も三日月から満月へと変化していく。

(2)新月の日から約3日で三日月に，約7日で上弦の月に，約15日で満月に，約22日で下弦(かげん)の月とよばれる形になり，約1か月で新月にもどる。

(4)毎日同じ時刻に観測したときに，月の位置が動いて見えるのは，月の公転が原因である。

2 (1)太陽・月・地球がこの順で一直線にならんだとき，地球から見た太陽が月にかくされる状態を日食という。日食は新月のときに起こるが，新月のときに必ず日食が起こるわけではない。

(2)太陽の一部がかくされるのが部分日食，全部かくされるのが皆既日食，太陽が月からはみ出して見えるのが金環日食である。

(3)太陽・地球・月がこの順で一直線にならんだとき，地球から見た月が地球の影に入る状態を月食という。月食が起こるのは満月のときだが，満月のときに必ず月食が起こるわけではない。

3 注意 金星の見え方は，下の図のようになる。

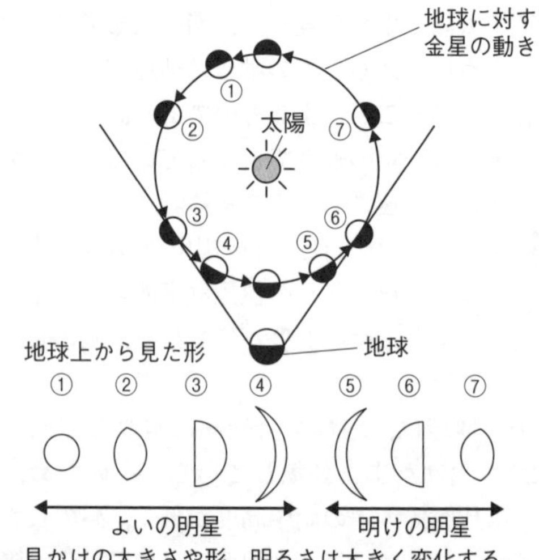

見かけの大きさや形，明るさは大きく変化する。
天体望遠鏡で見たときは，上下左右が逆になる。

(1)(2)太陽の西側にあり，明け方の東の空に太陽よりも先に昇ってくる金星は，明けの明星とよばれる。一方，太陽の東側にあり，太陽が沈んだあとの西の空に残って見える金星は，よいの明星とよばれる。

(3)(4)金星は，地球に近い位置にあるほど大きく明るく見え，地球から離れるほど小さく暗く見える。また，地球に近いほど三日月の形のように見え，地球から離れるほど丸い形に見える。

(5)(6)㋐の位置では，地球上から，太陽と金星が最も離れて見える。このとき，金星は半月形に見える。また，太陽の光が当たっている右側がかがやいて見える。㋑の位置では，大きく三日月のように見える。また，左側がかがやいて見える。㋒の位置では，半月よりやや丸く，少し小さく見える。また，左側がかがやいて見える。

4 (1)火星は，見かけの大きさや形，明るさが変化するが，三日月のような形にはならない。
(2)(3)火星は，公転軌道が地球より外側にあるため，地球から見て太陽の反対の方向にくることがある。このとき，真夜中に見ることができる。

p.96〜97 ステージ3

1 (1)東から西
(2)地球が西から東に自転しているから。
(3)午前1時　(4)㋑

2 (1)D　(2)おうし座　(3)黄道
(4)西から東　(5)年周運動
(6)地球が西から東に公転しているから。

3 (1)㋐　(2)e　(3)c
(4)太陽，月，地球の順に一直線にならんだとき。
(5)満月

4 (1)イ　(2)㋐B　㋑D　㋒G
(3)明けの明星　(4)よいの明星　(5)D

解説

1 (1)(2)地球が西から東へ自転しているため，天体は東から西へ動くように見える。
(3)星は1時間に約15°移動して見えるため，30°移動するのには2時間かかる。よって，午後11時の2時間後である午前1時に㋔の位置に見られる。
(4)1日後の同時刻には，1回転してほぼ同じ位置に見える。

2 (1)太陽と反対の方向にしし座が見られるのは，地球がDの位置にあるときである。
(2)地球がAの位置にあるとき，太陽の方向にある星座はおうし座である。

3 (1)地球の自転は，地球の公転や月の公転と同じ向きで，地球の北極側から見たときに，反時計回りとなる向きである。
(2)(3)aは上弦の月，cは満月，eは下弦の月，gは新月，hは三日月である。満月は0時，下弦の月は6時，新月は12時，上弦の月は18時ごろに南の空に見られる。
(4)太陽・月・地球がこの順で一直線にならんだとき，太陽が月にかくされる状態を日食という。
(5)太陽・地球・月がこの順で一直線にならんだとき，月が地球の影に入る状態を月食という。このときの月は，満月である。

4 (2)㋐小さく，左側が少し欠けているので，地球から比較的遠いところにあり，太陽の左側にあるBの金星の見え方である。
㋑大きく，三日月形で，右側がかがやいているので，地球に近いところにあり，太陽の左側にある，Dの金星の見え方である。
㋒半月形で，左側がかがやいているので，地球から太陽と金星が最も離れて見え，太陽の右側にある，Gの金星の見え方である。
(3)(4)日の出の少し前から東の空に見える金星を明けの明星，日の入りの直後に西の空に見える金星をよいの明星という。
(5)金星の欠け方が大きいのは，地球に近い位置にあるときなので，A〜Dの中ではDである。地球に最も近いEの位置にある金星は，太陽の方向にあるため見えない。

p.98〜99 単元末総合問題

1 (1)㋕　(2)㋓　(3)㋒，㋓，㋔　(4)㋑
(5)惑星が太陽のまわりを1周するのにかかる時間。

2 (1)C　(2)㋑　(3)ア　(4)日周運動
(5)地球が1日に1回，西から東に自転しているから。

3 (1)㋓　(2)さそり座　(3)みずがめ座
(4)㋐　(5)おうし座
(6)星座が太陽と同じ方向にあるから。

4 (1)よいの明星　(2)西　(3)①㋓　②㋑
(4)ウ，オ　(5)水星

解説

1 (1)公転軌道が太陽から最も遠いのは，公転周期が最も長い㋕(海王星)である。
(2)地球の次に公転周期が長いのは，㋓(火星)である。
(3)地球型惑星は，水星，金星，地球，火星の4つで，太陽の近くを公転している。よって，㋒(金星)，

㋓，㋔(水星)である。

(4)土星は，６番目に太陽に近い惑星である。また，木星の次に質量の大きな惑星である。

2 (2)星は，東の空では右上に昇っていくように見え，南の空では右へ(東から西へ)動いて見える。また，西の空では右下に沈んでいくように見える。

(3)〜(5)地球が１日に１回，西から東へ自転しているため，天球全体としては，地軸を延長した軸を中心として，東から西に１日に１回転して見える。このような動きを，星の日周運動という。

3 (1)おうし座は，冬の夜に見られる星座である。地球から見て，おうし座が太陽と反対の方向にあるとき(㋓)が冬である。

(2)地球が㋓の位置にあるとき，太陽の方向にあるのはさそり座である。

(3)地球が㋒の位置にあるとき，真夜中に南の空に見えるのは，太陽と反対の方向にあるみずがめ座である。

(4)星座が太陽と反対の方向にあるとき，一晩中見ることができる。しし座が太陽と反対の方向にあるのは，地球が㋐の位置にあるときである。次の図は，地球が㋐の位置にあるときのしし座の見え方を表したものである。

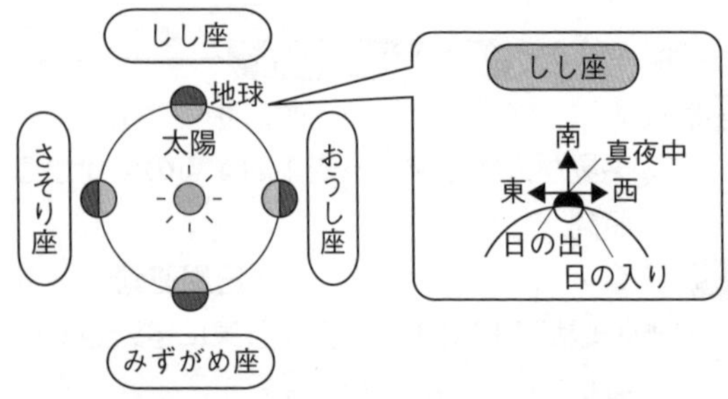

(5)(6)太陽の方向にある星座は，見ることができない。このため，地球が㋑の位置にあるとき，地球上からは太陽の方向にあるおうし座を見ることができない。

4 (1)(2)日の入りの直後に金星が見られるのは，西の空である。このときの金星は，よいの明星とよばれる。

(3) **注意** 金星は，公転軌道が地球のすぐ内側にあるため，地球からの最も遠いときと最も近いときに見える大きさの変化や，満ち欠けが大きい。金星が地球に近いほど大きく見え，欠け方が大きい。また，地球上から見て太陽と反対の方向に位置することがなく，真夜中に見ることはできない。

①最も大きく，欠け方の大きい㋓が，金星が地球に最も近づいているときの見え方である。

②次の図のように，地球から見て，太陽と金星が最も離れて見えるとき，太陽の方向と金星の方向のつくる角度が最も大きくなっている。このとき，半月のように右半分がかがやいて見える。よって，㋑が太陽と金星が最も離れて見えるときの見え方である。

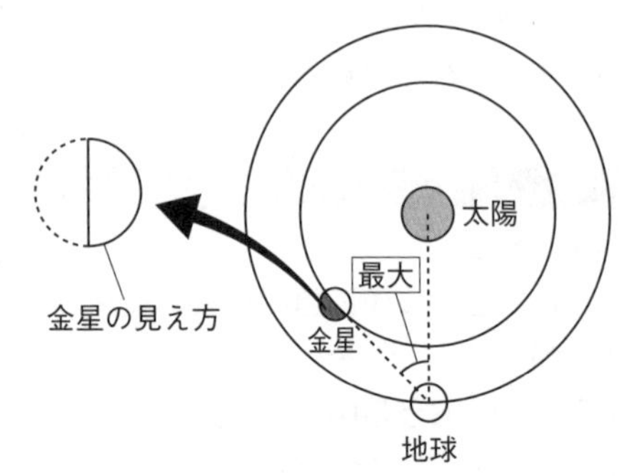

(5)地球の内側を公転している惑星は，金星と水星だけである。

3－5 自然・科学技術と人間

自然・科学技術と人間

p.100～101 ステージ1

●教科書の要点

1 ①外来種 ②在来種 ③汚染 ④下水処理場 ⑤二酸化炭素 ⑥異常気象 ⑦オゾン層 ⑧紫外線

2 ①再生可能 ②放射線

3 ①人工知能 ②持続可能な開発目標 ③環境保全

●教科書の図

1 ①化学エネルギー ②位置エネルギー ③核エネルギー ④光エネルギー

p.102～103 ステージ2

1 (1)外来種
(2)在来種の生活場所や食物を奪(うば)う。その地域にはなかった病気を持ちこむ。などから1つ
(3)シロツメクサ (4)在来種

2 (1)㋐ポリエチレンテレフタラート ㋑ポリエチレン
(2)石油 (3)㋑，㋒

3 (1)地下資源を燃焼させるだけで，大量の熱を発生させて発電機を回すことができる。
(2)ダムの建設に適した場所に限りがある。もともとあった自然が破壊される。人が暮らしてきた土地が水没(すいぼつ)する。などから1つ
(3)ウラン (4)イ
(5)再生可能エネルギー

4 (1)㋐ (2)エ (3)イ→ウ→ア
(4)自動車の排ガス(などにふくまれる粉塵(ふんじん))

解説

1 (1)(2)ミシシッピアカミミガメはペットとして輸入されたが，在来種の生息場所を奪い，問題になっている。
(3)ワカメやマメコガネは，日本から外国に持ちこまれ，問題となっている生物である。

2 プラスチックにはいろいろな種類があり，目的に応じて使い分けられている。

3 (1)火力発電は，石炭や石油，天然ガスなどの地下資源を燃焼させるだけで大量の熱が発生し，発電できる。一方，地下資源の量には限りがある，二酸化炭素，窒素酸化物，硫黄酸化物などを排出するなどの短所もある。
(2)水力発電は，有害な廃棄物が生じないという長所がある一方で，ダムが建設できる場所に限りがある，ダムによって自然や人の暮らしが破壊されるなどの短所もある。
(3)(4)原子力発電は，ウランの原子核の分裂を利用していて，石油などの燃焼よりもずっと少ない量で大量のエネルギーを得られる。また，二酸化炭素や有害なガスを排出しない。一方で，ウランが得られる量に限りがある，放射線を出す廃棄物が生じるなどの短所もある。
(5)再生可能エネルギーには，太陽光のほかに，風力，水力，地熱，バイオマスなどがある。

4 (1)黒い物質でつまっているように見える部分が，汚れている気孔である。
(2)マツは，光合成や呼吸を行うときに，気孔から気体を取り入れている。取り入れた空気が汚れていると，気孔に汚れがつく。
(3)(4)自動車がたくさん通る場所ほど，マツの気孔が汚れている。これは，自動車などの排ガスにふくまれる粉塵によって，空気が汚れているからである。

p104～105 ステージ3

1 (1)増加している。 (2)温室効果
(3)上昇している。
(4)大気中の二酸化炭素の濃度の増加。

2 (1)㋐化学エネルギー ㋑運動エネルギー
(2)ある。
(3)窒素酸化物，硫黄酸化物などから1つ
(4)原子力発電 (5)バイオマス発電

3 (1)①人工知能 ②セルロースナノファイバー ③自己治癒セラミックス ④カーボンナノチューブ
(2)工事現場で重たいものを持ち上げるとき。

4 (1)石油，石炭，天然ガスなどから1つ
(2)火力発電 (3)光化学スモッグ
(4)エ
(5)使い続けてもなくならない。
(6)3Ｒ (7)持続可能な開発目標(SDGs)

解説

❶ (3)地球の年平均気温は，上下しながらも少しずつ上昇している。

(4)空気中の二酸化炭素の濃度の増加は，地球温暖化の原因の１つと考えられている。

❷ (4)2011年に発生した東北地方太平洋沖地震(たいへいようおきじしん)の影響によって，原子力発電所が長期停止した。そのため，火力発電の発電電力量が増加した。

(5)バイオマスは，再生可能エネルギーである。バイオマス発電は，今まで捨てていたものを資源として活用できる発電方法として注目されている。

❸ (1)①自動車の自動運転や農作物の状況調査など，人工知能はさまざまな分野で活用がはじまっている。

②③④新素材とよばれる，高性能な材料が開発されている。

(2)からだに装着して使うロボットは，工事現場のほかに，農作業や介護(かいご)などの場面でも利用が広がっている。

❹ (1)(2)石炭や石油，天然ガスなどの資源を化石燃料という。火力発電では，化石燃料の燃焼による熱で水蒸気を発生させ，その力で発電機を回して発電している。化石燃料は，地下資源の量に限りがあり，いつまでも利用し続けることができない。

(3)(4)化石燃料を燃焼させると，窒素酸化物や硫黄酸化物が発生する。これらは光化学スモッグを発生させるオキシダントなどができる原因となる。そのため，硫黄酸化物を取り除く排煙脱硫装置を設置するなど，有害な物質を出さないための努力が行われている。

(6)リサイクル(Recycle，再生利用)，リデュース(Reduce，発生抑制)，リユース(Reuse，再利用)の３つ頭文字から，３Rとよばれる。環境保全のためには，３Rの努力をするなど，物質資源を効率よく利用することが必要である。

(7)持続可能な社会をつくるために，持続可能な開発目標(SDGs)が決められた。これは，自然環境の保護だけでなく，格差の問題や気候変動対策など，すべての国に関わる普遍(ふへん)的な目標である。この目標の達成のため，国際的に協力することが求められている。

p106~107 単元末総合問題

1 (1)火力発電
(2)㋐化学エネルギー　㋑熱エネルギー
(3)水力発電　(4)位置エネルギー
(5)図１…ウ　図２…ア
(6)図１…イ　図２…ウ

2 (1)使い続けてもなくならないエネルギー資源。
(2)イ，ウ，エ
(3)持続可能な社会

3 (1)下水処理場　(2)硫黄酸化物
(3)酸性雨(さんせいう)　(4)生態系，建造物などから１つ
(5)イ，ウ，エ

4 (1)地震，火山の噴火(ふんか)，台風などから１つ
(2)ハザードマップ　(3)養殖(ようしょく)

解説

1 (1)(2)火力発電では，化石燃料の化学エネルギーを燃焼によって熱エネルギーに変換し，水を加熱して水蒸気を発生させる。そして，水蒸気の力でタービンを回して運動エネルギーに変換し，発電機を回して電気エネルギーに変換する。

(3)(4)水力発電では，ダムにたくわえた水がもつ位置エネルギーを，管に流すことで運動エネルギーに変換して，水の力で水車を回す。そして，発電機を回して電気エネルギーに変換する。

(5)図１…化石燃料などの地下資源を燃焼させるだけで,大量の熱を発生させ,多くの電気エネルギーを得ることができる。

図２…ダムの上流に雨が降る限り発電を続けることができる。また，発電の過程で二酸化炭素が発生せず，有害なガスも発生しない。

(6)図１…地下資源の量に限りがある。また，地球温暖化の原因と考えられている二酸化炭素，大気汚染の原因となる窒素酸化物や硫黄酸化物などが発生するなどの問題もある。

図２…建設に適した場所には限りがある。また，自然が破壊されたり，人や動物の生活場所が水没したりするなどの問題もある。

2 (1)(2)使い続けてもなくならないエネルギー資源を再生可能エネルギーという。地熱，風力，バイオマスのほか，太陽光，水力などがある。

3 (1)私たちが家庭から出す生活排水は，下水道を通って下水処理場に運ばれ，有機物などをできるだけ減らす処理が行われている。

⑵〜⑷化石燃料の燃焼によって発生した窒素酸化物や硫黄酸化物は，酸性雨の原因となる。酸性雨は生態系や建造物などに悪影響をおよぼす。そこで，排煙から硫黄酸化物を取り除く排煙脱硫装置の設置などが行われている。

⑸3Rとは，リサイクル(再生利用)，リデュース(発生抑制)，リユース(再利用)のことである。

4》 ⑴日本列島は，世界の中でも地震や火山の噴火による災害が多い場所である。また，台風の通り道になることから，大雨や暴風による自然災害も多い。

⑵自然災害の種類や被害がおよぶ範囲は地域によってさまざまである。自治体などでは，想定される災害や避難場所などをまとめたハザードマップをつくっている。災害が起こる前に，ハザードマップなどを利用して備えておくことが大切である。

⑶過剰な漁などによる魚介類の生物量の減少が問題になっている。漁獲量を調整したり，養殖を行ったりするなど，将来にわたって持続可能な利用ができるように技術の開発が進んでいる。

p.108 計算力UP

1 ⑴500cm/s

⑵18km/h

2 ⑴4 J

⑵1 W

⑶1.6W

⑷2 m

⑸6秒

解説

1 ⑴100mは10000cm，走った時間は20秒なので，

$$\frac{10000[\mathrm{cm}]}{20[\mathrm{s}]}=500[\mathrm{cm/s}]$$

⑵100mは0.1km，20秒は$\frac{20}{3600}$時間なので，

$$0.1[\mathrm{km}]\div\frac{20}{3600}[時間]=18[\mathrm{km/h}]$$

2 ⑴800gの物体が受ける重力は8 Nなので，仕事の大きさは，

$$8[\mathrm{N}]\times0.5[\mathrm{m}]=4[\mathrm{J}]$$

⑵4 Jの仕事を4秒でしたので，仕事率は，

$$\frac{4[\mathrm{J}]}{4[\mathrm{s}]}=1[\mathrm{W}]$$

⑶物体を持ち上げるのにかかった時間は，

$$\frac{0.5[\mathrm{m}]}{0.2[\mathrm{m/s}]}=2.5[\mathrm{s}]$$

4 Jの仕事を2.5秒でしたので，仕事率は，

$$\frac{4[\mathrm{J}]}{2.5[\mathrm{s}]}=1.6[\mathrm{W}]$$

⑷力の大きさが2.0N，仕事の大きさは⑴より4 Jなので，力の向きに動かした距離は，

$$4[\mathrm{J}]\div2.0[\mathrm{N}]=2[\mathrm{m}]$$

⑸3 Wの仕事率で12秒かかったときの仕事の大きさは，

$$3[\mathrm{W}]\times12[\mathrm{s}]=36[\mathrm{J}]$$

この仕事を6 Wの仕事率で行ったときにかかった時間は，

$$\frac{36[\mathrm{J}]}{6[\mathrm{W}]}=6[\mathrm{s}]$$

p.109~110 作図力UP

3 (1)

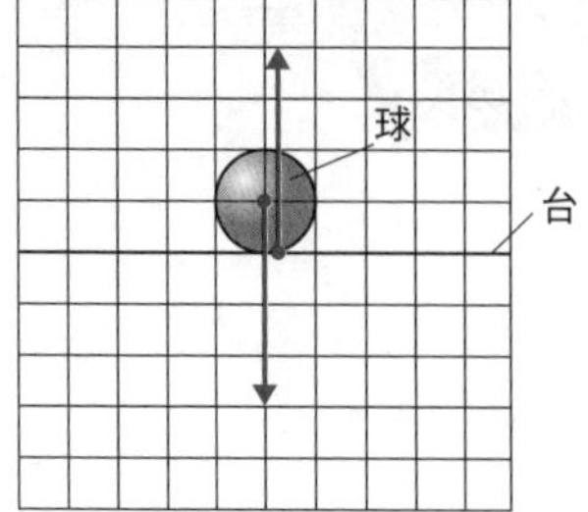

(2)

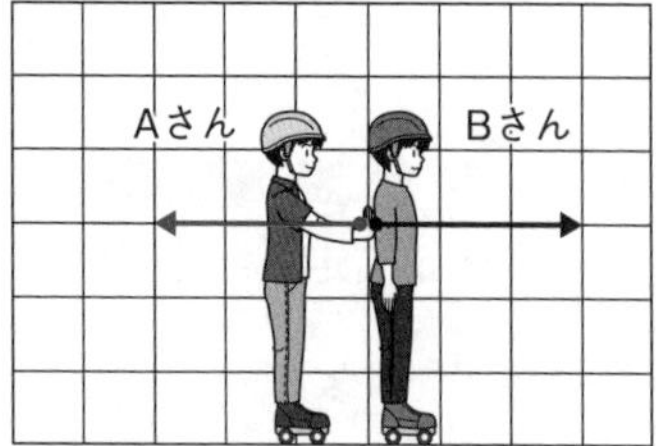

4 (1)

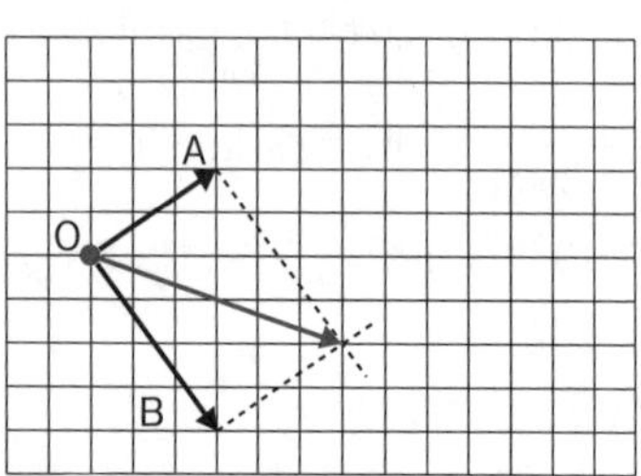

(2)

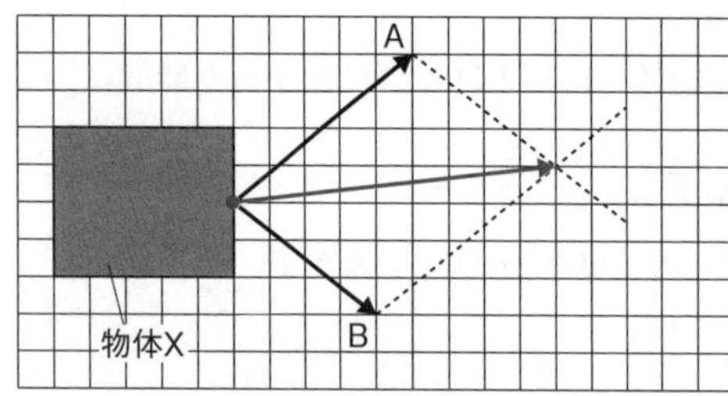

(3)

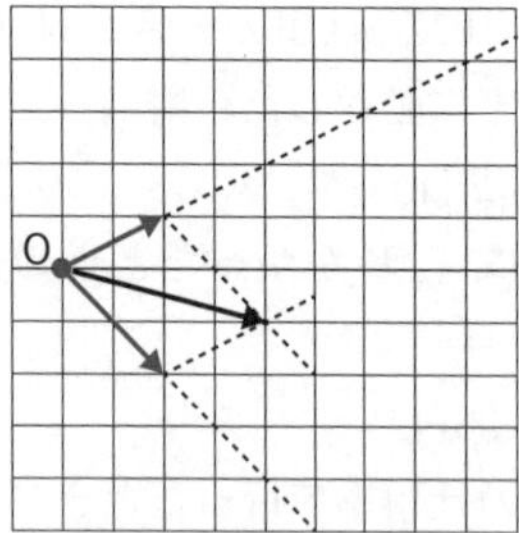

(4)

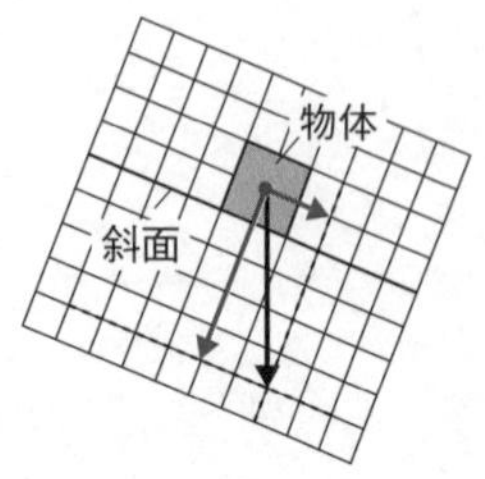

5

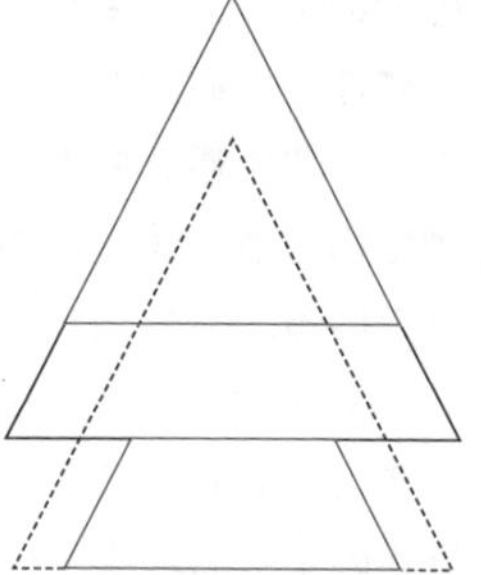

6 (1)

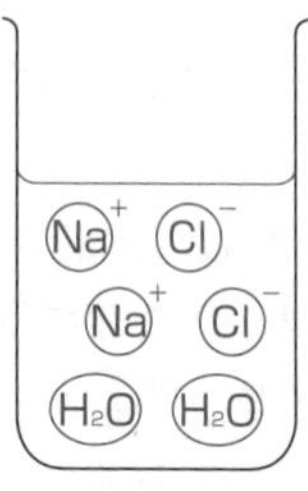

(2)

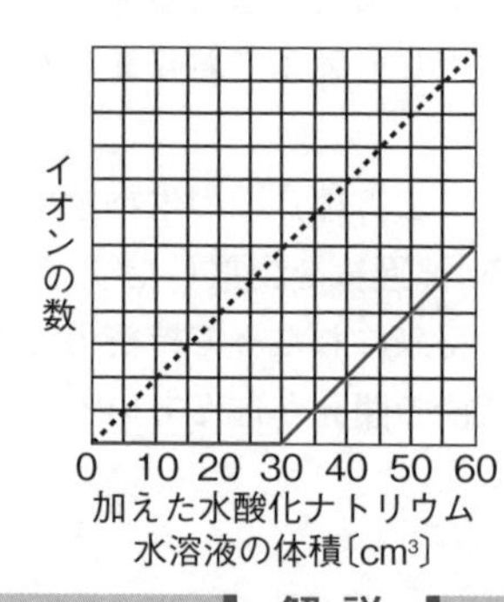

解説

3 (1)40gの球は，0.4Nの重力を受ける。1目盛りは0.1Nなので，球の中心から下向きに4目盛り分の矢印をかく。また，球は机から垂直抗力も受けている。静止している球が受ける垂直抗力は重力とつり合っているので，球と机の接点から上向きに4目盛り分の矢印をかく。線が重なって見えづらいときは，少しずらしてかいてもよい。

(2)AさんがBさんを押すとき，Aさんは同じ大きさで逆の向きの力をBさんから受ける。

4 (1)(2)2つの力の合力を表す矢印を作図するときは，もとの2力を表す矢印を2辺とする平行四辺形をかき，その対角線を求めればよい。

(3)(4)ある力の2つの分力を表す矢印を作図するときは，もとの力の矢印を対角線とする平行四辺形のとなり合う2辺を求めればよい。

5 生物量を表すピラミッドを作図するときは，生物量の増減する幅を決め，これに合わせてもとの三角形の左右の辺に平行な線をかく。

6 (1)2つの水溶液を混ぜると，それぞれのイオンの数は，H^+が２個，Cl^-が２個，Na^+が２個，OH^-が２個である。このうちH^+２個とOH^-２個は結びついてH_2O(水)２個になる。したがって，ビーカーの中には，Cl^-が２個，Na^+が２個，H_2Oが２個ある。

(2)塩酸に水酸化ナトリウム水溶液を加えていったとき，水溶液が中性になるまでは，OH^-はH^+と結びついてH_2Oになるため，数が変わらない（0である）。水溶液が中性になったあとは，水酸化ナトリウム水溶液を加えた分だけ，Na^+と同じようにOH^-の数が増えていく。

p.111〜112　記述力UP

7 (1)水の重さによって生じる，水中の物体のあらゆる向きの面に垂直にはたらく力。

(2)物体が受ける水圧が上面よりも下面の方が大きいことによって生じる，上向きの力。

(3)物体にはたらく重力より浮力の方が大きいとき。

8 有性生殖…両方の親の遺伝子が子に伝えられるので，子の形質が親と同じになるとはかぎらない。

無性生殖…親の遺伝子がそのまま伝えられるので，子の形質は親と同じになる。

9 (1)黒点の位置がしだいに動いていくこと。

(2)黒点の形が，太陽の周縁部ではつぶれた形に見えること。

(3)地球は，太陽からの距離が適度であるために，液体の水が存在でき，表面には酸素をふくむ大気があるから。

10 (1)北極星が地軸のほぼ延長線上にあるから。

(2)地球が１日に１回自転しているから。

(3)地球が１年に１回太陽のまわりを公転しているから。

11 地球上から見た太陽と金星の位置関係が変わり，金星への太陽の光の当たり方が変化するから。

12 分解者が有機物を分解するときに，大量の酸素を消費するから。

13 (1)利用する地下資源の量に限りがあること。

(2)発電の過程で二酸化炭素が出ないこと。

＋解説＋

7 (1)水の重さによる圧力を水圧といい，水中にある物体のあらゆる向きの面に対して，垂直にはたらく。また，深さが深いほど，水圧は大きくなる。

(2)水中にある物体が，水から受ける上向きの力を浮力という。物体が受ける水圧は，物体の上面よりも下面の方が大きい。また，物体の側面にはたらく水圧は打ち消し合う。その結果，水中の物体は上向きの力を受ける。

(3)物体にはたらく浮力が重力よりも大きいとき，物体は浮かび上がっていく。一方，物体にはたらく浮力が重力よりも小さいとき，物体は水に沈む。

8 有性生殖では，両親から半分ずつ遺伝子を受けついでいる。そのため，遺伝子の組み合わせによっては，親と子で異なる形質が現れることがある。一方，無性生殖では，親のもつ遺伝子がそのまま子に伝えられるので，親と子の形質はすべて同じになる。

9 (1)黒点の位置は，日がたつにつれて移動していくように見える。これは，太陽が自転しているからである。

(2)黒点の形は，周縁部にいくにしたがってつぶれた形に見える。これは，太陽が球形をしているからである。

(3)太陽からの距離が適度であるため，地球は適度な温度に保たれ，液体の水が存在できる。また，地球の表面は，酸素をふくむ大気でおおわれている。これらの環境が整っているため，地球には生物が存在できる。

10 (1)北極星は，地軸のほぼ延長線上(天の北極)にあるため，地球が自転しても動かないように見える。

(2)(3)地球の自転による星の1日の動きを，星の日周運動という。また，地球の公転による星の1年の動きを，星の年周運動という。

11 地球上から見て，金星が太陽の向こう側にあるときは，金星の手前側に太陽の光が当たって丸く見える。金星が太陽の手前側にあるときは，金星の手前側に太陽の光があまり当たらず，三日月のように見える。ただし，地球，太陽，金星が一直線にならぶときは，金星は見えない。

12 分解者は酸素を使って，有機物を無機物に分解している。

13 (1)化石燃料は大昔の生物の死がいからできているので，資源の量が増えない。

定期テスト対策 得点アップ! 予想問題

p.114〜115 第1回

[1] (1)㋑　(2)水の重さ　(3)浮力
(4)0.5 N　(5)ない。　(6)大きくなる。
(7)物体にはたらく重力

[2] (1)㋒
(2)右図 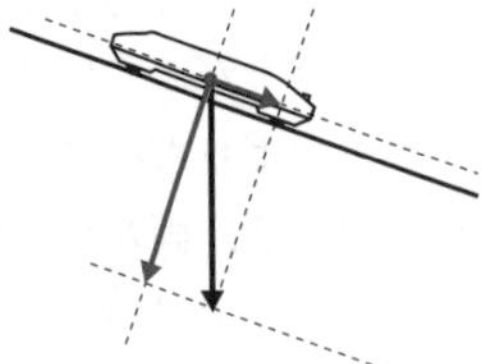
(3)①A，C
②A，B

[3] (1)72cm/s
(2)B
(3)はたらいていない。
(4)等速直線運動　(5)慣性の法則

[4] (1)0.1秒間　(2)㋕，㋖，㋗，㋘
(3)60cm/s　(4)小さくなる。

解説

[1] (1)〜(3)水圧は，水の重さによって生じるので，水の深さが深いほど大きくなる。物体を水に沈めると，物体の上面にはたらく水圧よりも下面にはたらく水圧の方が大きくなり，全体では上向きにはたらく力が生じる。この力を浮力という。
(4)2 − 1.5＝0.5〔N〕
(5)浮力は，物体の上面にはたらく水圧と下面にはたらく水圧の差である。水の深さを変えても，物体の上面と下面の深さの差は同じであるため，浮力の大きさは変わらない。
(6)物体の上面にはたらく水圧と下面にはたらく水圧の差は，物体の体積が大きいほど大きくなるので，浮力も大きくなる。
(7)物体が受ける浮力よりも物体が受ける重力の方が大きい場合，物体は沈む。

[2] (1)2力の合力は，2力をとなり合う2辺とする平行四辺形の対角線として表すことができる。2力の大きさが同じであるとき，その合力は，2力の間の角度が小さいほど大きくなる。よって，㋒であることがわかる。
(2)求める2力は，平行四辺形(長方形)のとなり合う2辺になる。
(3)①作用・反作用の関係にある2力は，2つの物体がたがいにおよぼし合う力である。Aは机から物体にはたらく力，Bは物体から机にはたらく力である。
②つり合っている2力は，1つの物体にはたらく力である。Aは物体が受ける垂直抗力，Bは物体が受ける重力である。

[3] (1)ボールは72cmを1秒で移動しているので，

$\frac{72〔cm〕}{1〔s〕}=72〔cm/s〕$

(2)球の間隔が大きいBの方がAより速く動いている。したがって，はじめに加えた力もBの方が大きい。
(3)〜(5)動いている物体は，受ける力の合力が0であるとき，等速直線運動を続けようとする性質がある。これを慣性の法則という。

[4] (2)記録テープの長さは，台車の速さを表している。記録テープの長さが同じ部分では，台車の速さが一定である。
(3)台車は6.0cmを0.1秒で移動しているので，

$\frac{6.0〔cm〕}{0.1〔s〕}=60〔cm/s〕$

p.116〜117 第2回

[1] (1)60 N　(2)30 N　(3)150cm
(4)45 J　(5)36 N　(6)5 W　(7)㋒

[2] (1)位置エネルギー　(2)運動エネルギー
(3)㋑　(4)㋑　(5)力学的エネルギー
(6)力学的エネルギーの保存

[3] (1)20cm　(2)40cm
(3)20cm　(4)20gの球
(5)①高い　②質量

[4] (1)対流　(2)伝導　(3)運動エネルギー
(4)運動エネルギーが位置エネルギーに移り変わっている。

解説

[1] (2)(3)動滑車を使うと，ひもを引く力は半分になり，ひもを引く長さは2倍になる。
(4)30Nの力でひもを1.5m引いたので，仕事は，
30〔N〕×1.5〔m〕=45〔J〕
(5)仕事の大きさは45Jなので，ひもを引いた力は，
45〔J〕÷1.25〔m〕=36〔N〕
(6)45Jの仕事をするのに9秒かかったので，

$\frac{45〔J〕}{9〔s〕}=5〔W〕$

(7)直接手で持ち上げても，いろいろな道具を使っても，仕事の大きさは変わらない。これを仕事の原理という。

2 (1)〜(4)おもりが㋐から㋑に移動するとき，おもりのもつ位置エネルギーは小さくなり，運動エネルギーは大きくなる。おもりが㋑から㋒に移動するとき，おもりのもつ位置エネルギーは大きくなり，運動エネルギーは小さくなる。

(5)(6)物体がもっている位置エネルギーと運動エネルギーの和を力学的エネルギーといい，摩擦力などがはたらかない場合，一定に保たれる。これを，力学的エネルギーの保存という。

3 (1)(2)グラフから読み取る。

(3)位置エネルギーの大きさは，物体が高い位置にあるほど大きい。よって，高い位置から転がした方が，木片の移動距離が大きくなる。

(4)位置エネルギーの大きさは，物体の質量が大きいほど大きい。よって，質量の大きい球を転がした方が，木片の移動距離が大きくなる。

4 (2)熱伝導ともいう。物体の中を熱が伝わる。

(3)水蒸気がはね車を回すことで，運動エネルギーに移り変わっている。

(4)はね車のもつ運動エネルギーが，おもりのもつ位置エネルギーに移り変わっている。

p.118〜119 第3回

1 (1)㋓ (2)染色体 (3)イ
(4)細胞分裂
(5)(細胞分裂によって)細胞の数が増えること。

2 (1)植物 (2)核 (3)2倍 (4)体細胞分裂
(5)(A→)C→D→F→B→E (6)1倍

3 (1)生殖細胞 (2)受精 (3)有性生殖
(4)無性生殖 (5)形質
(6)㋑ (7)発生 (8)胚

4 (1)花粉管 (2)エ (3)精細胞 (4)卵細胞
(5)受精卵 (6)㋔

解説

1 根の先端より少し上の部分で，細胞分裂がさかんに起こって細胞の数が増え，増えた細胞の1つひとつが大きくなることで，根が成長していく。

2 (1)細胞壁が見られることから，植物の細胞であることがわかる。

(3)(6)体細胞分裂では，はじめに核の中で染色体が複製され，その数が2倍になる。これが2等分されて2つの核のもととなり，やがて2個の細胞になる。その結果，体細胞分裂の前後で細胞の染色体の数は同じになる。

3 (4)(5)個体のもつ形や性質を形質といい，受精によらない生殖である無性生殖では，子の形質は親と同じになる。

(7)(8)受精卵が細胞分裂をくり返し，からだがつくられていく過程を発生という。また，受精卵が細胞分裂を始めてから，自分で食物をとり始めるまでを胚という。

4 (2)めしべの柱頭や花柱の中の環境と同じにするために，ショ糖水溶液を用いる。

(3)〜(5)被子植物では，花粉管の中を運ばれる精細胞の核と，胚珠の中にある卵細胞の核が合体(受精)して，受精卵ができる。

(6)㋓の子房が果実に，㋔の胚珠全体が種子になり，受精卵は胚になる。

p.120〜121 第4回

1 (1)減数分裂のとき，親のもつ1対の遺伝子が分かれて別べつの生殖細胞に入ること。
(2)㋑ (3)丸粒
(4)3：1 (5)顕性の形質

2 (1)DNA (2)遺伝子組換え技術
(3)医薬品の製造，農作物の改良などから1つ

3 (1)生物が長い時間をかけて世代を重ねるうちに，形質が変化すること。
(2)相同器官 (3)シダ植物

4 (1)生態系 (2)㋑ (3)㋓ (4)㋑
(5)食物連鎖 (6)㋑

5 (1)㋐二酸化炭素 ㋑酸素
(2)光エネルギー (3)A
(4)A…生産者 B…消費者
C…消費者 D…分解者
(5)ア (6)増える。

解説

1 (1)減数分裂のとき，親のもつ1対の遺伝子が分離し，別べつの生殖細胞に入る。これを分離の法則という。

(2)〜(4)子の遺伝子の組み合わせは次の図のように

なる。

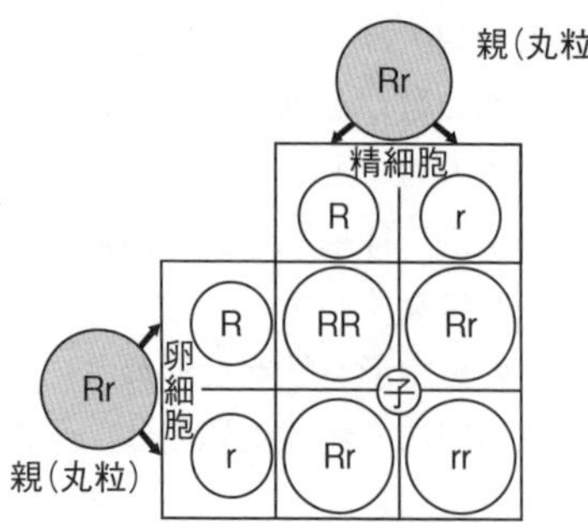

このとき，RR，Rrは丸粒の形質が，rrはしわ粒の形質が現れる。

Aの遺伝子の組み合わせはRrなので，現れる形質は丸粒である。

また，子の丸粒としわ粒の種子の数の比は，

丸粒：しわ粒＝３：１となる。

(5)対立形質をもつ親どうしをかけ合わせたとき，子に現れる形質を顕性の形質，子に現れない形質を潜性の形質という。

2 (1)遺伝子の本体はDNA（デオキシリボ核酸）という物質である。DNAは，染色体の中にふくまれている。

(2)(3)DNAをある生物からほかの生物に人工的に移す技術である。殺虫剤をあまり使わずにすむ農作物や，医薬品の成分となる微生物などがつくられている。

3 (1)親から子に遺伝子が伝わるとき，まれに変化が起こる。その変化が積み重なり，長い時間の間に生物のすがたなどが変化していく。

(3)シダ植物よりも裸子植物の方が，乾燥に耐えられるつくりをもっている。

4 植物は生産者，植物を食べるチョウの幼虫は一次消費者である。また，チョウの幼虫を食べるモズは二次消費者，モズを食べるタカは三次消費者とよばれる。

5 (1)すべての生物は，呼吸で酸素を取りこんで二酸化炭素を排出している。また，植物は光合成をするときに二酸化炭素を吸収して酸素を排出している。

(6)生物Bの生物量が減ると，生物Bに食べられている生物Aの生物量が増え，生物Bを食べている生物Cの生物量が減る。やがて，生物Bの生物量が増え，生物Bの食物である生物Aが減り，生物Bを食べる生物Cが増えるので，もとの生物量にもどる。このように，自然界では一時的にある生物の生物量が変化しても，長い時間をかけて再びつり合いのとれた状態になる。

p.122～123 第5回

1 ①原子核　②電子　③陽子
④中性子　⑤陽　⑥陰

2 (1)電解質　(2)電離　(3)陰極　(4)銅
(5)＋　(6)塩素　(7)－　(8)消える。
(9)$CuCl_2 \longrightarrow Cu + Cl_2$

3 (1)図1　(2)水素イオン　(3)鉄イオン
(4)２個少なくなっている。
(5)①$HCl \longrightarrow H^+ + Cl^-$
②$FeCl_2 \longrightarrow Fe^{2+} + 2Cl^-$

4 (1)㋐ナトリウムイオン　㋑塩化物イオン
(2)Na^+
(3)㋑　(4)流れない。　(5)流れる。
(6)$NaCl \longrightarrow Na^+ + Cl^-$　(7)ウ

解説

1 同じ原子であっても，原子によっては中性子の数が異なることがある。このような原子どうしを同位体という。

2 (2)塩化銅（$CuCl_2$）は，銅イオン（Cu^{2+}）と塩化物イオン（Cl^-）に電離する。

(3)～(5)銅イオンは＋の電気を帯びているため，陰極に引きつけられる。その結果，陰極に銅が付着する。

(6)～(8)塩化物イオンは－の電気を帯びているため，陽極に引きつけられる。その結果，陽極で塩素が発生する。塩素には，インクの色を消す性質がある。

3 (1)～(3)塩酸中の陽イオンは水素イオン（H^+）である。一方，塩化鉄水溶液中の陽イオンは鉄イオン（Fe^{2+}）である。㋐は＋，㋑は２＋となっていることから，㋐が水素イオン，㋑が鉄イオンであることがわかる。

(4)鉄イオンは，鉄原子が電子を２個放出してできた陽イオンである。

(5)塩化水素（HCl）は，水素イオンと塩化物イオン（Cl^-）に電離する。このとき，水素イオン１つに対し，塩化物イオンも１つできる。一方，塩化鉄（$FeCl_2$）は，鉄イオンと塩化物イオンに電離する。このとき，鉄イオン１つに対し，塩化物イオ

ンは２つできることに注意する。電離の式では，⟶の左側と右側で原子とイオンの数が等しいか，⟶の右側で陽イオンの＋の数と陰イオンの－の数が等しいかを確かめる。

4 ⑴～⑶ナトリウムイオン(Na^+)は＋の電気を帯びた陽イオンである。塩化物イオン(Cl^-)は－の電気を帯びた陰イオンである。

⑷⑸塩化ナトリウムは固体のままでは電流が流れない。しかし，水に溶けると陽イオンと陰イオンに電離するので，水溶液には電流が流れる。

⑺砂糖は水溶液中で電離しないため，砂糖の水溶液には電流が流れない。

p.124～125 第6回

1 ⑴黄色　⑵水素　⑶青色リトマス紙
⑷塩化水素　⑸酸　⑹赤色
⑺赤色リトマス紙　⑻アルカリ
⑼大きくなる。
⑽$NaOH \longrightarrow Na^+ + OH^-$

2 ⑴㋑　⑵OH^-　⑶水酸化物イオン
⑷㋒　⑸H^+　⑹水素イオン

3 ⑴こまごめピペット
⑵中性
⑶中和　⑷$H^+ + OH^- \longrightarrow H_2O$
⑸NaCl　⑹塩　⑺青色　⑻ア

4 ⑴化学電池　⑵亜鉛　⑶亜鉛イオン
⑷㋑　⑸銅の電極

解 説

1 ⑴～⑶塩酸は酸性の水溶液である。酸性の水溶液にマグネシウムリボンを入れると，水素が発生する。また，酸性の水溶液は，緑色のBTB溶液を黄色に変え，青色リトマス紙を赤色に変える。

⑸酸の水溶液は，酸性を示す。

⑹⑺水酸化ナトリウム水溶液はアルカリ性の水溶液である。アルカリ性の水溶液は，フェノールフタレイン溶液を赤色に変え，赤色リトマス紙を青色に変える。

⑻アルカリの水溶液は，アルカリ性を示す。

⑼水溶液が中性のとき，pHの値は7になる。酸性のときは7よりも小さく，アルカリ性のときは7よりも大きくなる。

2 ⑴～⑶水酸化ナトリウムは，水溶液中でナトリウムイオン(Na^+)と水酸化物イオン(OH^-)に電離している。赤色リトマス紙の陽極側が青色に変化したことから，陰イオンである水酸化物イオンが陽極に引きつけられ，リトマス紙の色を変えたと考えられる。このことから，水酸化物イオンがアルカリ性の性質を示すと考えられる。つまり，アルカリとは，電離して水酸化物イオンを生じる化合物のことである。

⑷～⑹塩化水素は，水溶液中で水素イオン(H^+)と塩化物イオン(Cl^-)に電離している。青色リトマス紙の陰極側が赤色に変化したことから，陽イオンである水素イオンが陰極に引きつけられ，リトマス紙の色を変えたと考えられる。このことから，水素イオンが酸性の性質を示すと考えられる。つまり，酸とは，電離して水素イオンを生じる化合物のことである。

3 ⑶⑷酸性の水溶液とアルカリ性の水溶液を混ぜると，たがいにその性質を打ち消し合う中和が起こる。中和では，酸の水素イオンとアルカリの水酸化物イオンが結びついて，水ができる。

⑻アルカリ性の水溶液になっているので，水素イオンは存在しない。

4 亜鉛の電極の表面では，亜鉛原子が電子２個を放出して亜鉛イオンになり，水溶液中に溶け出す。放出された電子は，導線を通って銅の電極に向かって流れる。銅の電極では，硫酸銅水溶液中の銅イオンが，導線から流れてきた電子を２個受け取り，銅原子になって付着する。このとき，電子は㋑の向きに移動するので，亜鉛の電極が－極に，銅の電極が＋極になっている。

p.126～127 第7回

1 ⑴長くなっている。　⑵地球型惑星
⑶火星　⑷金星

2 ⑴㋒西　㋓南　⑵北極星　⑶３時間
⑷A→B　⑸日周運動　⑹自転
⑺年周運動　⑻公転

3 ⑴A　⑵C　⑶㋑　⑷㋐
⑸㋒　⑹おうし座

4 ⑴C　⑵東　⑶ア　⑷㋔
⑸㋐　⑹よいの明星　⑺月食

解 説

1 ⑴太陽系の惑星では，外側を公転する惑星ほど公転周期が長くなっている。

(2)木星型惑星は水素やヘリウムでできている部分が多いため，赤道半径が大きく，密度が小さい。
(3)地球型惑星は，水星，金星，地球，火星の4つである。

[2] (3)(5)(6)日周運動は地球が西から東へ，1日に1回自転することによって起こる。そのため，星は東から西へ，1時間に約15°動いていくように見える。45°動くには3時間かかる。
(7)(8)星の年周運動は，地球が太陽のまわりを1年に1回公転していることによって起こる。

[3] (3)真夜中に南の空に見られる星座は，地球から見て太陽の反対側にある。
(4)地球から見て太陽の方向にある星座は，一日中見ることができない。
(5)南中高度が最も高くなるのは夏である。夏の代表的な星座であるさそり座が太陽と反対の方向にあるのは，㋒の位置である。
(6)昼の長さが最も短くなるのは冬である。

[4] (1)金星が地球に近いため，大きく，三日月のように見える。また，太陽の光が当たる左側がかがやいて見える。
(2)(3)㋒，㋓，㋔の金星は，明け方に東の空に見えるため，明けの明星とよばれる。
(4)地球から最も遠くにある㋔が，最も小さく見える。
(5)(6)㋐の金星は，太陽が沈んだあとの西の空に見えるため，よいの明星とよばれる。
(7)太陽・地球・月の順にならび，月が地球の影に入る状態を月食という。月食は満月のときに起こる。一方，太陽・月・地球の順にならび，太陽が月にかくされる状態を日食という。日食は新月のときに起こる。

p.128 第8回

[1] (1)大気(空気)　(2)死滅する。
(3)地球温暖化　(4)地震

[2] (1)㋐，㋑，㋒
(2)㋓，㋕
(3)使い続けてもなくならないエネルギー資源。
(4)㋔

[3] (1)プラスチック　(2)ウ　(3)AI

解説

[1] (1)気孔が汚れていると，気孔が黒い物質でつまっているように見える。自動車の交通量の多い地点ほど，排ガスにふくまれる粉塵も多く，マツの葉の気孔の汚れ率は大きくなる。
(2)すべての生物は，酸素を取りこんで呼吸している。

[2] (1)化石燃料を燃焼させると，二酸化炭素ができる。
(2)(3)太陽光，風力，水力，地熱，バイオマスのように，使い続けてもなくならないエネルギー資源を再生可能エネルギーという。

[3] (2)科学技術の発展によって，これらの高性能な新素材が開発されている。
(3)自動車の運転や農作物の調査など，人工知能(AI)はさまざまな分野で活用がはじまっている。

6 5 4 3 2
D C B A